普通高等教育"计算机类专业"规划教材

U0290042

C程序设计与案例分析

刘志海 鲁青 主编

赵协广 王亮 高洁 王成龙 副主编

清华大学出版社

北京

内 容 简 介

本书通过大量实例讲解 C 语言程序设计方法。全书共 12 章,首先介绍数据类型及表达式、三种基本结构的程序设计、数组、指针、结构体与链表和文件等内容;其次,特别安排了一章综合设计实例,通过万年历设计、通讯录设计、访问 dbf 数据库等 5 个综合实例培养读者分析问题和综合应用 C 语言基本知识解决问题的能力;最后,作为 C 语言与硬件联合应用的实例,介绍了 C 语言在开发 89C52 单片机中的应用,以提高读者的学习兴趣。各章均设有不同数量的应用实例和习题,内容讲解透彻。

本书附带电子教案、详细的习题参考答案和试题库管理系统,通过试题库系统可以快速输出规范正式的试卷和参考答案。

本书注重理论与实践的结合,融理论讲解、实例分析和实验指导为一体。本书可作为高等院校公共基础课教材或课程设计参考书,也适合于工程技术人员或 C 语言自学者使用。本书程序在 Visual C++ 6.0 环境下调试通过。

图书在版编目(CIP)数据

C 程序设计与案例分析/刘志海,鲁青主编.—北京:清华大学出版社,2014(2024.7 重印)
普通高等教育"计算机类专业"规划教材
ISBN 978-7-302-35959-3

Ⅰ.①C… Ⅱ.①刘… ②鲁… Ⅲ.①C 语言－程序设计－高等学校－教材 Ⅳ.①TP312

中国版本图书馆 CIP 数据核字(2014)第 066038 号

责任编辑:白立军 战晓雷
封面设计:常雪影
责任校对:白 蕾
责任印制:杨 艳

出版发行:清华大学出版社
　　　网　　　址:https://www.tup.com.cn,https://www.wqxuetang.com
　　　地　　　址:北京清华大学学研大厦 A 座　　　　　　邮　　编:100084
　　　社 总 机:010-83470000　　　　　　　　　　　　邮　　购:010-62786544
　　　投稿与读者服务:010-62776969,c-service@tup.tsinghua.edu.cn
　　　质量反馈:010-62772015,zhiliang@tup.tsinghua.edu.cn
　　　课件下载:https://www.tup.com.cn,010-83470236
印 装 者:三河市龙大印装有限公司
经　　销:全国新华书店
开　　本:185mm×260mm　　印　张:22.5　　　　　字　　数:545 千字
版　　次:2014 年 8 月第 1 版　　　　　　　　　　印　　次:2024 年 7 月第 10 次印刷
定　　价:59.00 元

产品编号:053112-02

C 程序设计语言最早是由 Dennis Ritchie 于 1972 年设计并实现的,从那时起,C 语言即不断展现其青春活力和卓越功能,并风靡全球,成为世界上学习和应用最多的一门高级语言。许多软件,如 UNIX 操作系统、C 编译器和几乎所有的 UNIX 应用程序等,都是在 C 语言及其衍生的各种语言的基础上开发出来的。

本书从 C 语言的语法基础入手,由浅入深,用大量的实例讲解 C 语言程序的设计方法,每一章后都有一定数量的练习和编程习题,帮助读者掌握相关的知识点。本书主要内容包括 C 语言的数据类型、运算符和表达式、C 语言程序的基本结构、数组和指针、函数、结构体与链表、文件、综合程序设计、C 语言在单片机开发中的应用和实验指导。

本书具有以下特点:

(1) 每章均有若干个应用实例,类型多样,内容丰富,分析透彻,以便读者阅读理解和掌握。

(2) 特别安排了一章综合实例,通过 5 个综合实例,即万年历设计、大数字进制转换、彩票模拟程序、通讯录设计以及读取 dbf 数据表格,培养读者分析问题、设计算法和利用 C 语言编程解决实际问题的能力。

(3) 安排一章介绍 C 语言在单片机开发中的应用,以提高读者的学习兴趣,帮助读者开阔视野,了解 C 语言在硬件设计中的编程应用,精选当前流行的单片机开发练习板进行实例设计。

(4) 安排了一章实验指导,指导学生进行上机练习。

(5) 安排 2012 年 3 月和 9 月两套全国计算机等级考试二级 C 笔试试卷,供读者测试和练习。

(6) 本书附带电子课件、源程序、习题参考答案以及自主知识产权的试题库管理系统,教师可以直接使用试题库管理系统产生正式的考试试卷及参考答案。

(7) 本书是作者在十余年的教学和编程应用实践的基础上,并综合多位同行的教学科研经验精心编写而成的。

对于理论教学 30 学时的专业,建议学时分配如下:第 1 章 C 语言概述 2 学时;第 2 章数据类型 2 学时;第 3 章运算符和表达式 2 学时;第 4 章 C 语言程序的基本结构 4 学时;第 5 章数组与指针 6 学时;第 6 章函数与参数传递 4 学时;第 7 章编译预处理 1 学时;第 8 章结构体与链表 4 学时;第 9 章文件 1 学时;第 10 章综合设计实例 2 学时;第 11 章 C 语言在单片机开发中的应用 2 学时。其他专业的授课学时,可以参照进行。

不同专业可以根据培养计划和教学大纲的要求,选讲本书第 8 章 8.4 节,第 10 章 10.4 节和 10.5 节,第 11 章 11.2 节的内容。

本书由山东科技大学的刘志海、鲁青任主编,赵协广、王亮、高洁、王成龙任副主编。刘志海编写了本书的第 1、第 5 和第 8 章,王亮、高洁编写了本书的第 3 和第 4 章,王宝仁、武洪恩编写了本书的第 6 和第 9 章,王成龙编写了本书的第 2 章,鲁青编写了本书的第 12 章和附录,赵协广编写了本书的第 10 章,梁慧斌、李学华参与了本书第 7 和第 11 章的编写和校稿,机电控制与智能装备研究所的李守志、王天超、刘继龙、苏兴明、朱岩朋等研究生也参与了相关材料的整理和校稿,最后由刘志海进行了全书统稿。部分从事 C 语言教学的同事对本书的编写提出了许多合理的建议,在此对参与本书立项及撰写的有关同事同行表示感谢。

本书程序全部在 Visual C++ 6.0 环境下调试通过。本书配套的多媒体课件、实例源代码和习题参考答案可在清华大学出版社网站(www.tup.com.cn)下载,或发邮件至 zhihliu@126.com 与作者联系。本书参评并荣获"2016 年全国煤炭行业优秀教材"。

由于编写时间仓促及作者能力有限,书中难免存在不当之处,恳请读者批评指正。

作　者
2014 年 5 月

FOREWORD

第 1 章　C 语言概述

【本章概述】

C 语言是一种通用的程序设计语言,尤其适合于编写编译器和操作系统。C 语言除提供了很多数据类型之外,还提供了基本的控制流结构,如选择结构、循环结构等。在利用 C 语言进行程序设计之前,有必要了解 C 语言程序文件的组成以及 C 语言程序的编译和调试过程。

【学习要求】

- 了解:C 语言的发展。
- 掌握:C 语言的特点、简单 C 语言程序的组成。
- 掌握:C 语言程序的上机调试步骤。
- 重点:简单 C 语言程序的组成和上机调试步骤。
- 难点:集成开发环境和程序调试方法。

1.1　计算机语言的发展

自 1946 年第一台电子计算机问世以来,计算机已被广泛地应用于生产、生活的各个领域,推动着社会的进步与发展。特别是 Internet 出现后,传统的信息收集、传输及交换方式发生了革命性的改变。计算机科学的发展依赖于计算机硬件和软件技术的发展,硬件是计算机的躯体,软件是计算机的灵魂。没有软件,计算机只是一台"裸机",什么也不能干;有了软件,计算机才有"思想",才能做相应的事。软件是用计算机语言编写的。计算机语言的发展经历了从机器语言、汇编语言到高级语言的历程。

1.1.1　机器语言

计算机使用的是由 0 和 1 组成的二进制数,二进制编码方式是计算机语言的基础。计算机发明之初,科学家只能用二进制数编制的指令控制计算机运行。每一条计算机指令均由一组 0、1 数字按一定的规则排列组成,若要计算机执行一项简单的任务,需要编写大量的这种指令。这种由有规则的二进制数组成的指令集就是机器语言(machine language,也称为指令系统)。不同系列的 CPU 具有不同的机器语言,如目前个人计算机中常用 AMD 公司的系列 CPU 和 Intel 公司的系列 CPU 就具有不同的机器语言。

机器语言是计算机唯一能识别并直接执行的语言,与汇编语言或高级语言相比,执行效率高,但可读性差,不易记忆;编写程序既难又繁,容易出错;程序调试和修改难度巨大,不容易掌握和使用。此外,因为机器语言直接依赖于中央处理器,所以用某种机器语言编写的程序只能在相应的计算机上执行,无法在其他型号的计算机上执行,也就是说,可移植性差。

1.1.2 汇编语言

为了减轻使用机器语言编程的痛苦,20 世纪 50 年代初,出现了汇编语言(assemble language)。汇编语言用比较容易识别和记忆的助记符替代特定的二进制串。下面是几条 Intel 80x86 的汇编指令:

```
ADD AX,BX       ;表示将寄存器 AX 和 BX 中的内容相加,结果保存在寄存器 AX 中
SUB AX,NUM      ;表示将寄存器 AX 中的内容减去 NUM,结果保存在寄存器 AX 中
MOV AX,NUM      ;表示把数 NUM 保存在寄存器 AX 中
```

通过这种助记符,人们就能较容易地读懂程序,调试和维护也更方便了。但这些助记符号计算机无法识别,需要一个专门的程序将其翻译成机器语言,这种翻译程序被称为汇编程序。

汇编语言的一条汇编指令对应一条机器指令,汇编语言与机器语言在性质上是一样的,只是表示方式做了改进,与机器语言相比其可移植性仍然较差。总之,汇编语言是符号化的机器语言,执行效率稍逊于机器语言,由于采用了助记符,一定程度上提高了程序的可读性,因此,汇编语言至今仍是一种常用的软件开发工具。

1.1.3 高级语言

尽管汇编语言比机器语言方便,但汇编语言仍然具有许多不便之处,程序编写的效率远远不能满足需要。1954 年,第一个高级语言——FORTRAN 问世了。高级语言是一种利用能表达各种意义的"词"和"数学公式"按一定的"语法规则"编写程序的语言,也称为高级程序设计语言或算法语言。半个多世纪以来,有几百种高级语言问世,影响较大、使用较普遍的有 FORTRAN、A LGOL、COBOL、BASIC、LISP、SNOBOL、Pascal、C、PROLOG、C++、Visual C++、Visual Basic、Delphi 和 Java 等。高级语言的发展经历了从早期语言到结构化程序设计语言再到面向对象程序设计语言的过程。

高级语言与自然语言和数学表达式相当接近,不依赖于计算机型号,通用性较好。高级语言的使用,大大提高了程序编写的效率和程序的可读性。

与汇编语言一样,计算机无法直接识别和执行高级语言,必须翻译成等价的机器语言程序(称为目标程序)才能执行。高级语言源程序翻译成机器语言程序的方法有"解释"和"编译"两种。解释方法是边解释边执行,如早期的 BASIC 语言即采用解释方法,在执行 BASIC 源程序时,解释一条 BASIC 语句,执行一条语句。编译方法采用相应语言的编译程序,先把源程序编译成指定机型的机器语言目标程序,然后再把目标程序和各种标准库函数连接装配成完整的目标程序,在相应的机型上执行。如 C、C++、Visual C++ 及 Visual Basic 等语言均采用编译的方法。编译方法比解释方法效率更高。

1.1.4 结构化程序设计语言

高级语言编写程序的效率虽然比汇编语言高,但随着计算机硬件技术的日益发展,人们对大型、复杂的软件需求量剧增,而同时因缺乏科学规范、系统规划与测试,程序含有过多错误而无法使用,甚至带来巨大损失。20 世纪 60 年代中后期"软件危机"的爆发,使人们认识到大型程序的编制不同于小程序。"软件危机"的解决需要对程序设计方法、程序的正确性

和软件的可靠性等问题进行深入研究。

结构化程序设计(structural programming)是进行以模块功能和处理过程设计为主的详细设计的基本原则。其概念最早由 E. W. Dijkstra 在 1965 年提出的,是软件发展的一个重要的里程碑。结构化程序设计的主要观点是采用自顶向下、逐步求精及模块化的程序设计方法;使用顺序、选择和循环 3 种基本控制结构来构造程序,而模块化是把程序要解决的总目标分解为子目标,再进一步分解为具体的小目标,每一个小目标即称为一个模块。结构化程序设计主要强调的是程序的易读性。

结构化程序设计有以下优点:

(1) 整体思路清楚,目标明确。经过自顶向下、逐步求精的分析后,目标变得十分明确。

(2) 设计工作中阶段性非常强,有利于系统开发的总体管理和控制。软件设计分为可行性分析、系统分析、功能设计、代码设计、运行及维护多个阶段,每个阶段的任务非常明确,需要产生对应的技术或说明文档。

(3) 在系统分析时可以诊断出原系统中存在的问题和结构上的缺陷。软件开发只是整个系统设计的一部分,经过可行性分析、功能设计和详细设计之后的开发目标已非常明确,系统开发中的问题也已基本考虑周全。

结构化程序设计也存在以下的缺点:

(1) 用户要求难以在系统分析阶段准确定义,致使系统在交付使用时产生许多问题。

(2) 用系统开发每个阶段的成果来进行控制,不能适应事物变化的要求。

(3) 系统的开发周期长。软件设计的每个阶段都需要投入一定的时间去分析和设计,导致整个系统的开发周期长。

1.2 C 语言的发展

C 语言是世界上最流行的计算机程序设计语言之一。

C 语言的祖先是 BCPL 语言。1967 年,剑桥大学的 Martin Richards 对 CPL 语言进行了简化,于是产生了 BCPL(Basic Combined Pogramming Language)语言。1970 年,美国贝尔实验室的 Ken Thompson 以 BCPL 语言为基础,设计出很简单且很接近硬件的 B 语言(取 BCPL 的首字母),他用 B 语言写了第一个 UNIX 操作系统。1972 年美国贝尔实验室的 D. M. Ritchie 在 B 语言的基础上最终设计出了一种新的语言,他取了 BCPL 的第二个字母作为这种语言的名字,这就是 C 语言。1978 年由美国电话电报公司(AT&T)贝尔实验室正式发表了 C 语言。同时由 B. W. Kernighan 和 D. M. Ritchit 合著了著名的 *The C Programming Language* 一书,奠定了 C 语言的基础,形成了 K&R 的 C 语言标准。但是,在该书中并没有定义完整的 C 语言标准。随着微型计算机的日益普及,出现了许多 C 语言版本。由于没有统一的标准,使得这些 C 语言之间出现了一些不一致的地方。为了改变这种情况,1983 年,由美国国家标准学会(ANSI)在此基础上制定了 C 语言标准,通常称之为 ANSI C。1987 年,ANSI 又公布了新标准——87 ANSI C。1990 年,国际标准化组织(ISO)接受 87 ANSI C 为 ISO C 的标准(ISO 9899—1990),目前许多流行的 C 编译系统都是以该标准为基础的。1999 年,ISO 又对 C 语言标准进行了修订,在基本保留原有 C 语言特征的基础上,针对应用需要,添加了一些功能,尤其是 C++ 中的部分功能,命名为 C99 标准。

1.3 C语言的特点及简单程序组成

1.3.1 C语言的特点

C语言由于它的强大功能和诸多优点逐渐为人们所知,并很快在各类大、中、小型和微型计算机上得到了广泛使用,成为当代最优秀的程序设计语言之一,并形成多种版本,目前最流行的有 Microsoft C(或称 MS C),Borland Turbo C(或称 Turbo C)和 AT&T C。

这些 C语言版本不仅实现了 ANSI C 标准,而且在此基础上各自做了一些扩充,使之更加方便、完美。

C语言是一种结构化程序设计语言,编写的程序层次清晰,便于按模块化方式组织,易于调试和维护,并且 C语言的表现能力和处理能力极强。其主要特点如下:

(1) 简洁、紧凑,使用方便、灵活。C语言只有 32 个关键字、5 种基本语句和 9 种控制语句,程序书写形式自由,主要用小写字母表示。

(2) 具有丰富的运算符和数据类型,便于实现各类复杂的数据结构。C语言提供的数据类型有整型、实型、字符型、数组类型、指针类型、结构体类型和共用体类型等。特别是指针类型,使得程序员能够通过操作内存空间地址来直接处理数据,提高了程序设计的灵活性及执行效率。

(3) 能够直接访问内存的物理地址,进行位的操作。具有汇编语言的部分功能,能直接对硬件进行操作,因此 C语言又常被称为"中级语言"。

(4) 具有结构化控制语句,便于实现程序的模块化设计。

(5) 既可用于系统软件的开发,也适合于应用软件的开发。

(6) C语言编制的程序较其他高级语言编制的程序更具有效率高、可移植性强等特点。

1.3.2 C语言程序的组成

下面通过一个简单的小程序开始学习 C语言。

【例 1.1】 一个简单的小程序。

```
#include <stdio.h>              /* 编译预处理包含命令 */
void main()                     /* 主函数 */
{
    printf("hello,world!");     /* 格式输出函数 */
}
```

上述程序即称为 C语言源程序,简称 C程序。

该程序第一行中 include 是一条编译预处理命令,其含义是把尖括号(< >)内指定的文件包含到本程序中来,成为本程序的一部分,有时也采用 #include"文件名"方式,二者区别在于:("")方式首先在当前工程目录下寻找被包含文件,若找不到,再到编译器的设定目录下寻找被包含文件;(< >)方式则直接到编译器设定目录下寻找被包含文件。被包含的文件通常是由系统提供的,其扩展名为 .h,因此也称为头文件或首部文件。C语言的头文件中包括了各个标准库函数的函数原型。因此,凡是在程序中调用一个库函数时,都必须包含该函数原型所在的头文件。如例 1.1 中,include 的作用是将后面的 stdio.h 头文件包含到设计的程序中来,因为在 stdio.h 头文件中有程序要用到的 printf 函数。

main 是一个函数名,表示"主函数"。C 程序总是由一个或多个函数组成,程序通过函数实现要做的各种操作,函数名可以按照标识符的命名法则随程序员的喜好去取,但是需要注意的是,在 C 程序中主函数只有一个,就是 main 函数,C 程序总是从 main 函数中的第一条语句开始执行,至主函数中的最后一条语句结束运行。

花括号({ })括起来的部分是函数的语句部分,称为函数体。例 1.1 的函数体中只有一条语句:

```
printf("hello,world!");
```

这是一条函数调用语句,printf 是函数名称,它的定义在 stdio.h 头文件中。该语句的功能是输出""中的内容。在 C 语言中,语句以";"作为结束符。

注意:printf("hello,world!")只是函数调用,只有后面加上";"之后才能构成一条 C 语言的语句。

/ * … * /中间的部分是注释,是为了便于程序阅读及维护而添加的,对于程序的编译和执行没有影响。注释可以加到程序的任何位置,但需要注意的是,注释不能够嵌套,即在注释中不能再含有/ * … * /。对于注释形式,在 C89 标准中只允许用/ * … * /形式,而在 C++ 中还允许使用//…的注释形式,C99 标准中正式纳入了//…的注释形式。

将上面的程序在 Turbo C 2.0 编译系统(使用方法见附录)中经过编辑、编译、连接和执行之后的运行结果是在显示器中输出字符串:

```
Hello,world!
```

【例 1.2】 C 语言程序实例。

```
#include<math.h>
#include<stdio.h>
void main()
{
    double x,s;                        / * 变量定义 * /
    printf("input number:\n");         / * 格式输出函数 * /
    scanf("%lf",&x);                    / * 格式输入函数,定义在 stdio.h 头文件中 * /
    s=sin(x);                          / * 正弦函数,定义在 math.h 头文件中 * /
    printf("sine of %lf is %lf\n",x,s);
}
```

可以看出在例 1.2 中有两条 include 命令,其作用是分别将 math.h 和 stdio.h 两个头文件包含进来。

在本例的主函数体中又分为两部分,一部分为说明部分,另一部分为执行部分。说明是指变量的类型说明。在本例函数体的 5 条语句中,double x,s;为函数体的说明部分,是变量定义语句,该语句的作用是通过编译程序告诉计算机在存储空间内划分出两个 double 型的空间提供给变量 x 和 s 使用,分别表示输入的自变量和 sin 函数值。因例 1.1 中未使用任何变量,因此无说明部分。

注意：在 C 语言中规定，源程序中所有用到的变量都必须先说明、后使用，否则将会出错。

函数体中变量定义语句后面的 4 条语句是执行部分或称为执行语句部分，用以完成程序的指定功能。执行部分的第 1 行是输出语句，调用 printf 函数在显示器上输出提示字符串，提示操作人员输入自变量 x 的值；第 2 行为输入语句，调用 scanf 函数，接收键盘上输入的数并存入变量 x 中；第 3 行是调用 sin 函数并把函数值赋予变量 s；第 4 行是用 printf 函数输出变量 s 的值，即 x 的正弦值。

将本程序编译、连接和执行后，首先在显示器上输出提示串 input number，这是由执行部分的第一个 printf 函数完成的；然后用户从键盘上输入某一数值，如 30，按回车键，接着在屏幕上给出计算结果，运行结果如下：

```
input number:
30
sine of 30.000000 is -0.988032
```

【例 1.3】 从键盘输入两个整型数字，通过函数调用输出最大值。

本例中定义求两个整型数字最大值的函数 max，函数原型为"int max(int a, int b)"，其中 max 是函数名称，括号中的 int a 和 int b 表示两个参数，参数名称分别是 a 和 b，对应的数据类型为有符号整型 int，即这两个参数既可以是负的整数，也可以是正的整数。

```c
#include "stdio.h"
int max(int a, int b);          //函数声明,max 函数处于调用函数 main 之后需要加声明
void main()
{
    int a,b,c;
    printf("input two numbers:");
    scanf("%d%d",&a,&b);        //输入两个数字,数字之间可用空格分隔
    c=max(a,b);                 //函数调用语句,此处调用 max 函数
    printf("max value=%d\n",c);
}
int max(int a, int b)           //求两个整型数字最大值的函数定义
{
    int c;
    if(a>b)
        c=a;
    else
        c=b;
    return(c);                  //将得到的最大值返回到调用位置处(main 函数中)
}
```

程序运行时，首先执行 main 函数，输出"input two numbers:"的提示，根据该提示语句，利用 scanf 函数从键盘输入两个整型数字并存入 a 和 b 两个变量中，然后程序将 a 和 b 的数值按照数值传递的方式传递给 max 函数的 a 和 b 两个形式参数，继而执行 max 函数的执行语句，得到两个数中的最大值，通过 return 函数将该最大值返回到 main 函数的调用位置处并将最大

值赋给变量 c,最后输出得到的最大值 c。程序运行时的输入和输出结果如下:

```
input two numbers:12 8
max value=12
```

由此可以看出,一个 C 程序的基本组成包括如下内容:

(1)编译预处理部分,主要有包含头文件(用♯include 引起,如:♯include "stdio.h")、宏的定义(用♯define 引起,如:♯define PI 3.14159)以及条件编译(用♯ifdef 引起)。

(2)用户自定义函数,如例 1.3 中的 max 函数。自定义函数的格式如下:

数据类型说明符　函数名称 (形参列表)

在模块化程序设计中,需要根据程序功能定义若干个自定义函数。

(3)主函数,一个 C 程序中只能有一个主函数 main(),C 程序的执行就是从 main 函数开始,并且程序执行完成后还要从 main 函数退出,稍复杂些的程序需要在 main 函数中依次调用其他函数。

(4)函数体,其中包含数据类型的定义、赋值和一系列的执行语句,如例 1.3 中 max 函数的一对大括号构成的内容。

1.4　C 程序的调试方法

从编写一个 C 程序到完成运行的基本过程如图 1-1 所示。表 1-1 对程序设计各阶段生成的文件进行了比较。

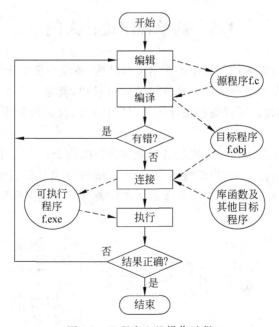

图 1-1　C 程序上机操作过程

C 程序上机操作过程主要包括以下几个步骤:

(1)编辑。选择合适的编辑程序,将 C 语言源程序通过键盘输入到计算机中,并保存为

表 1-1　程序设计各阶段文件比较

	源 程 序	目标程序	可执行程序
内容	程序设计语言	机器语言	机器语言
能否执行	不可执行	不可执行	可执行
文件扩展名	c	obj	exe

扩展名为 c 的源文件。可以建立源文件的编辑软件有很多,很多编译系统集成了相应的编辑工具供程序员使用,例如 Turbo C 2.0、Visual C++ 等编译系统。

（2）编译。该过程对编辑好的源文件经过 C 编译程序进行编译,生产扩展名为 obj 的目标文件。在编译过程中,编译程序能够对一定的语法错误进行检查,如果编译后出现语法错误,程序员需要重新利用编辑程序来修改源程序,然后再重新进行编译。

（3）连接。经过编译后生成的目标文件还是不能执行的,还需要通过连接程序将源文件生成的目标文件和其包含的库函数及其他目标文件连接后才能生成扩展名为 exe 的可执行程序。

（4）执行。执行过程是将连接生成的可执行文件在操作系统下运行,检查程序的运行结果。因为通过编译连接生成的可执行文件只是在语法上没有错误,如果源程序的算法、数据等存在问题,编译程序是检查不出来的。程序员需要通过可执行程序运行后对程序运行结果进行分析,如果发现运行结果错误,就需要程序员对源程序进行算法检查,找出错误后通过编辑程序修改源程序,重新编译、连接生成可执行程序,再来检查运行结果正确与否,直到结果正确为止。

1.5　简单程序设计入门

现行的计算机系统大多都是采用冯·诺依曼结构,系统主要由运算器、控制器、存储器、输入设备和输出设备 5 个部分组成。计算机的运行过程,就是其 5 个基本组成部分相互交换信息、处理信息的过程。可以通过用计算机程序设计语言编写程序来完成对计算机运行过程的控制。

计算机语言程序就是一组计算机能够识别和执行的指令集合。计算机能够直接识别和执行的指令是机器语言指令,而用汇编语言、C 语言等程序设计语言编制的程序,需要通过编译程序或解释程序翻译成机器语言指令后才能够被计算机识别和执行。图 1-2 说明了程序设计语言的发展。

图 1-2　程序设计语言的发展

程序设计的过程,简单地说就是数据被加工的过程。人们可以通过程序在计算机中的执行来完成对计算机的各种控制。学习程序设计的目的就是学会控制计算机的能力。

一个程序应包括以下两个方面：

（1）对数据的描述。在程序中要指定数据的类型和数据的组织形式，即数据结构（data structure）。

（2）对操作的描述。即操作步骤，也就是算法（algorithm）。

使用C语言进行程序设计的主要步骤如下：

（1）分析所要处理的具体问题，确定需要的数据结构及解决问题的方法。

（2）通过一定方式对数据结构和算法进行描述。

（3）用C语言对解决问题需要的数据结构、算法进行描述，即编制C程序。

（4）将编制好的C程序通过编译、连接和执行后得出解决问题的结果。

1.6　Visual C++ 6.0 集成环境调试

1.6.1　启动 Visual C++ 6.0

如果用户计算机系统已经安装了 Visual C++ 6.0 集成开发环境，依次单击"开始"→"所有程序"→Microsoft Visual Studio 6.0→Microsoft Visual C++ 6.0，得到的程序界面如图1-3所示。

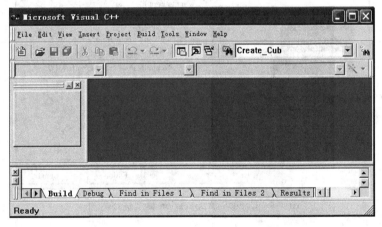

图 1-3　Visual C++ 6.0 集成开发环境界面

1. 创建新工程

选择菜单 File→New 命令，在出现的 New 对话框中选中 Projects 选项卡，如图 1-4 所示。

选中工程类型为 Win32 Console Application，输入工程的名称（Project name），然后单击 OK 按钮，出现如图 1-5 所示的 Win32 Console Application -Step 1 of 1 对话框。

选择 An empty project 单选按钮，然后单击 Finish 按钮。

2. 创建源文件

选择菜单 File→New 命令，出现如图 1-6 所示的 New 对话框。

选择 Files 选项卡并选择文件类型为 C++ Source File，输入文件的名称（在右侧的 File 文本框中），选中右上方的 Add to project 复选框，然后单击 OK 按钮，出现打开的源程序编辑界面，如图 1-7 所示。

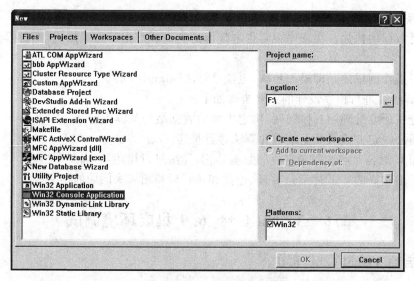

图 1-4　创建工程对话框

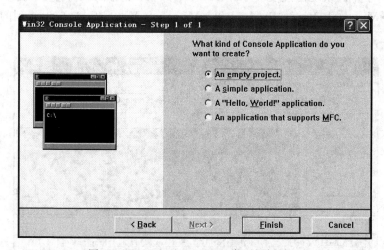

图 1-5　Console Application 类型选择界面

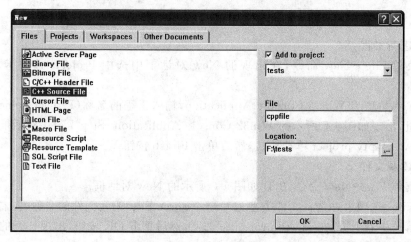

图 1-6　新建源文件界面

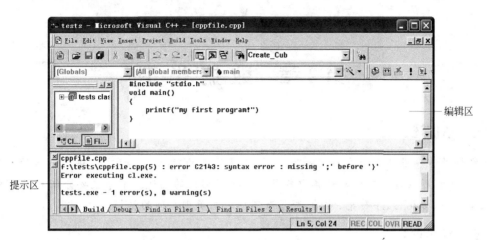

图 1-7   源程序编辑界面

1.6.2　源程序的调试与运行

1. 源程序书写

创建了工程文件和源程序文件之后，就可以在如图 1-7 所示的编辑区中编辑源程序代码。

注意：在书写源程序过程中，应将相同控制结构的程序代码左对齐，这样从整体来看，源程序代码层次结构清晰。

2. 源程序编译

书写完成源程序后，选择菜单 Build→Compile xxxxx. cpp（其中 xxxxx 表示要进行编译的文件名），如果在书写源程序的过程中遗漏了"；"或其他符号，程序中有未定义的变量等情况发生时，系统将出现编译错误，并将错误或警告信息显示在如图 1-7 所示的提示区，可以拖动其右侧的滚动条上下移动查看。通过查看错误或警告信息，找出最容易修改的错误信息进行修改，然后再次编译源程序，若还有错误，参照上述内容进行修改。直到编译过程中不再出现错误为止。

注意：编译中出现的警告信息不影响程序的正常运行，但有可能导致程序运行结果不正确。此外，在没有警告和错误信息的情况下，若程序运行结果与预期结果不同，则表示程序编写中存在某些逻辑错误，需要修改程序后再次编译运行。

3. 运行程序

在调试通过之后，选择菜单 build→execute xxxxx. exe 命令，运行编译之后所产生的可执行文件，查看程序的输出结果，如果输出的结果与期望的结果不同，则表明程序中有表达错误；如果输出结果与期望的结果相同，则表明程序逻辑正确。

习　　题

1. C 语言的主要优点有哪些？它与其他程序设计语言的区别是什么？
2. 什么是程序？程序设计的目的是什么？程序设计的步骤有哪些？
3. 简要叙述 C 程序的上机调试过程。
4. 冯·诺依曼结构指的是什么？计算机有哪些组成部分？各部分的功能是什么？
5. 改写例 1.3 的程序，求 3 个数的最大值。

第2章 数据类型

【本章概述】

数据是程序设计中的重要组成部分,是程序处理的对象。C语言提供了丰富的数据类型,方便了程序设计者对现实世界中各种各样数据形式的描述。本章主要介绍C语言的基本数据类型、标识符、字符集、常量、变量及不同数据类型之间的转换。

【学习要求】

- 掌握:C语言的数据类型和标识符。
- 掌握:变量的定义方法。
- 掌握:不同类型数据间的转换规则。
- 重点:整型数据、实型数据和字符型数据的表示方法及各类数值型数据间的混合运算。
- 难点:各类数值型数据间的混合运算。

2.1 标识符和字符集

2.1.1 标识符

在程序中使用的变量名、函数名和标号等统称为标识符。除库函数的函数名由系统定义外,其余都由用户自定义。C语言规定,标识符只能是字母(A~Z,a~z)、数字(0~9)和下划线(_)组成的字符串,并且其第一个字符必须是字母或下划线。

以下标识符是合法的:

a, x, _3x, BOOK_1, sum5

以下标识符是非法的:

365days	以数字开头
num * price	出现非法字符 *
−3x	以负号开头
bowy−1	出现非法字符−(减号)

在使用标识符时还必须注意以下几点:

(1) 标准C语言不限制标识符的长度,但它受各种版本的C语言编译系统的限制,同时也受到具体机器的限制。例如,在某版本C语言中规定标识符前8位有效,当两个标识符前8位相同时,则被认为是同一个标识符。

(2) 在标识符中,大小写是有区别的。如BOOK和book是两个不同的标识符。

(3) 标识符虽然可由程序员随意定义,但标识符是用于标识某个量的符号。因此,命名应尽量有相应的意义,以便阅读理解,做到"顾名思义"。

C 语言的标识符可分为以下 3 类。

1. 关键字

关键字是由 C 语言规定的具有特定意义的字符串,通常也称为保留字。用户定义的标识符不应与关键字相同。C 语言的关键字分为以下几类:

(1) 类型说明符。用于定义、说明变量、函数或其他数据结构的类型。如前面例题中用到的 int 和 double 等。

(2) 语句定义符。用于表示一个语句的功能。如例 1.3 中用到的 if…else 就是条件语句的语句定义符。

(3) 预处理命令字。用于表示一个预处理命令,如前面各例中用到的 include。

C 语言共有 32 个关键字,如表 2-1 所示。

表 2-1　C 语言关键字

auto	break	case	char	const
continue	default	do	double	else
enum	extern	float	for	goto
if	int	long	register	return
short	signed	sizeof	static	struct
switch	typedef	unsigned	union	void
volatile	while			

2. 特定字

特定字是具有特殊含义的标识符。它们虽然不是关键字,但是在习惯上把它们看成关键字,所以一般用户定义的标识符也不要使用它们。特定字如表 2-2 所示。

表 2-2　C 语言特定字

define	undef	include	ifdef
ifndef	endif	line	

3. 用户定义字

用户定义字指用户按照语法规则定义的标识符。用户定义字可以用来标识用户自己使用的变量、符号常量、数据类型以及函数等。

注意:

(1) 不能使用关键字和特定字。

(2) 用户定义字是为了标识不同的对象,标识符的前 8 个字符要有区别。

(3) 标识符最好有含义。

(4) 避免使用容易混淆的字符。如 l 与 1,o 与 0,z 与 2 等。

(5) 大写和小写代表不同的意义。

(6) 尽量不要与某个库函数同名。

2.1.2　字符集

字符集是高级语言的编译系统所能识别的字母、数字和特殊符号。每种高级语言都有自己特定的字符集。

C 语言的字符集由以下几种符号组成。

(1) 大小写英文字母：A ,B,… ,Z,a,b,…,z。

(2) 数字：0,1,2,…,9。

(3) 运算符：＋ － ＊ / ％ ＞ ＜ ＝ & | ?!^ ~。

(4) 括号：(){ } [ ]。

(5) 标点符号：' " ; 。

(6) 特殊符号：\ _ $ #。

(7) 空白符：空格符、换行符和制表符。

2.2　数 据 类 型

在第 1 章中已经看到，程序中使用的各种变量都应预先加以说明，即先说明后使用。对变量的说明可以包括 3 个方面：数据类型、存储类型和作用域。所谓数据类型是按被说明量的性质、表示形式、占据存储空间的多少和构造特点来划分的。C 语言提供了图 2-1 所示的数据类型，由这些数据类型可以构造出不同的数据结构。

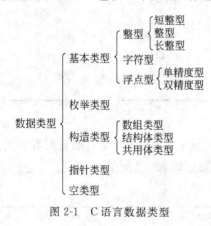

图 2-1　C 语言数据类型

本章主要介绍基本数据类型，其余类型将在以后各章中陆续介绍。对于基本类型数据量，按其取值是否可改变又分为常量和变量两种。在程序执行过程中，取值不发生改变的量称为常量，取值可变的量称为变量。它们可与数据类型结合起来分类。例如，可分为整型常量、整型变量、浮点常量、浮点变量、字符常量、字符变量、枚举常量和枚举变量。在程序中，常量是可以不经声明而直接引用的，而变量则必须先声明后使用。

2.3　常量和变量

2.3.1　常量和符号常量

在程序运行过程中，其值不能被改变的量称为常量。常量区分为不同的类型，如 12、0、－3 为整型常量，4.6、－1.23 为实型常量,'a'、'd'为字符常量。常量一般从其字面形式即可判别。这种常量称为字面常量或直接常量。此外，也可以用一个标识符代表一个常量。

【例 2.1】 符号常量的使用。

```
#define  PRICE  20                    //定义符号常量
#include <stdio.h>
void main()
{
    int num,total;
    num=40;
```

```
    total=num * PRICE;
    printf("total=%d", total);
}
```

以上程序中用♯define命令行定义PRICE代表常量20,此后凡在本文件中出现的PRICE都代表20,可以和常量一样进行运算,程序运行结果如下:

```
total=800
```

习惯上,符号常量名用大写,变量名用小写,以示区别。使用符号常量的好处如下:

(1) 含义清楚。如上面的程序中,看程序时从PRICE就可知道它代表价格。因此定义符号常量名时应考虑"见名知义"。

(2) 在需要改变一个常量时能做到"一改全改"。例如在程序中多处用到某物品的价格,如果价格用常数表示,则在价格调整时,就需要在程序中作多处修改;若用符号常量PRICE代表价格,只需改动一处即可。如例2.1中的"♯define PRICE 20"改为

```
#define PRICE 35
```

则在程序中所有用PRICE代表的价格就会一律自动改为35。

2.3.2 变量

变量是由程序命名的一块计算机内存区域,用来存储一个可以变化的数值。

在使用一个变量之前,程序员必须为每个变量起个名字,同时还要声明它的数据类型,以便编译系统根据不同的数据类型为其静态地分配内存空间,这个过程称为定义变量。

定义变量的格式为

类型说明符 变量名表;

请注意区分变量名和变量值这两个不同的概念,如图2-2所示。变量名实际上是以一个名字对应,代表一个地址。

在对程序进行编译和连接时,由编译系统给每一个变量名分配对应的内存地址。从变量中取值,是通过变量名找到相应的内存地址,从该存储单元中读取数据。

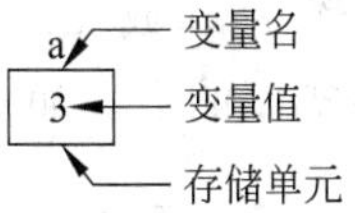

图 2-2　变量及值

2.4　整型数据类型

2.4.1 整型常量

整型常量就是整常数。在C语言中,使用的整常数有八进制、十六进制和十进制3种。

(1) 八进制整常数。八进制整常数必须以0开头,即以0作为八进制数的前缀,数码取值为0~7。八进制数通常是无符号数。

以下各数是合法的八进制数:015(十进制为13),0101(十进制为65),0177777(十进制为65535)

以下各数是非法的八进制数:256(无前缀0),03A2(包含了非八进制数码),-0127(出

现了负号)

(2) 十六进制整常数。十六进制整常数的前缀为 0X 或 0x,其数码取值为 0~9,A~F 或 a~f。

以下各数是合法的十六进制整常数:0X2A(十进制为 42),0XA0(十进制为 160),0XFFFF(十进制为 65535)。

以下各数是非法的十六进制整常数:5A(无前缀 0X),0X3H(含有非十六进制数码)。

(3) 十进制整常数。十进制整常数没有前缀,其数码为 0~9。以下各数是合法的十进制整常数:237,−568,65535,1627。

以下各数不是合法的十进制整常数:023(不能有前导 0),23D(含有非十进制数码)。

在程序中是根据前缀来区分各种进制数的,因此在书写常数时不要把前缀弄错,以免造成结果不正确。

(4) 整型常数的后缀在 16 位字长的机器上,基本整型的长度也为 16 位,因此表示的数的范围也是有限定的。十进制无符号整常数的范围为 0~65 535,有符号数为 −32 768~+32 767。八进制无符号数的表示范围为 0~0177777。十六进制无符号数的表示范围为 0X0~0XFFFF 或 0x0~0xFFFF。如果使用的数超过了上述范围,就必须用长整型数来表示。长整型数是用后缀 L 或 l 来表示的。例如:

十进制长整常数 158L(十进制为 158)。

八进制长整常数 012L(十进制为 10),077L(十进制为 63),0200000L(十进制为 65536)。

十六进制长整常数 0X15L(十进制为 21),0XA5L(十进制为 165),0X10000L(十进制为 65536)

长整数 158L 和基本整常数 158 在数值上并无区别。但因为 158L 是长整型量,C 编译系统将为它分配 4B 存储空间。而因为 158 是基本整型,只分配 2B 的存储空间。因此在运算和输出格式上要予以注意,避免出错。无符号数也可用后缀表示,整型常数的无符号数的后缀为 U 或 u。例如 358u、0x38Au、235Lu 均为无符号数。前缀、后缀可同时使用以表示各种类型的数。如 0XA5Lu 表示十六进制无符号长整数 A5,其十进制为 165。

2.4.2 整型变量

1. 整型变量的分类

整型变量可分为以下几类:

(1) 基本型。类型说明符为 int,在 Visual C++ 中占 4 字节,其取值为基本整常数。

(2) 短整型。类型说明符为 short int 或 short。在 Visual C++ 中占 2 字节,其取值为短整常数。

(3) 长整型。类型说明符为 long int 或 long,在 Visual C++ 中占 4 字节,其取值为长整常数。

(4) 无符号型。类型说明符为 unsigned。

无符号型又可与上述 3 种类型匹配而构成:

无符号基本型,类型说明符为 unsigned int 或 unsigned。

无符号短整型,类型说明符为 unsigned short int 或 unsigned short。

无符号长整型,类型说明符为 unsigned long int 或 unsigned long。

各种无符号类型量所占的内存空间字节数与相应的有符号类型量相同。但由于省去了符号位,故不能表示负数。表 2-3 列出了 Visual C++ 6.0 中各类整型量的位数及数的表示范围。

表 2-3　整数类型的有关数据

类型说明符	位数/b	取 值 范 围
[signed] int	32	−2 147 483 648～2 147 483 647
[signed] short [int]	16	−32 768～32 767
unsigned int	32	0～4 294 967 295
unsigned short [int]	16	0～65 535
long [int]	32	−2 147 483 648～2 147 483 647
unsigned long [int]	32	0～4 294 967 295

2. 整型数据在内存中的存放形式

数据在内存中是以二进制形式存放的。如果定义了一个整型变量 i:

```
short i;                              /* 定义短整型变量 */
i=10;                                 /* 给 i 赋以整数 10 */
```

十进制数 10 的二进制形式为 1010,在 32 位微机上使用的 C 编译系统,每一个短整型变量在内存中占 2 字节。图 2-3(a)是数据存放的示意图,图 2-3(b)是数据在内存中实际存放的情况。

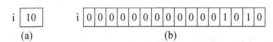

图 2-3　数据在内存中的存储

实际上,在计算机中存储的数值是以补码(complement)形式表示的。对一个正数来说,原码、反码和补码形式均相同,都是该数字的二进制表示,并扩展到该类型数字所占的字节数。图 2-3(b)就是用补码形式表示的短整型数字 10。如果数值是负的,在内存中如何用补码形式表示呢?

求负数的补码的方法是:首先使用该数绝对值的二进制形式得到原码(最高位为 1 表示负数),除最高位外其余按位取反再加 1。例如,求短整型数 −10 的补码,取 −10 的绝对值 10;−10 的原码为 1000000000001010。

保持最高位(左一)不变,其余位取反:1111111111110101。再加 1 得 1111111111110110,如图 2-4 所示。

−10的原码	1	0	0	0	0	0	0	0	0	0	0	0	1	0	1	0
−10的反码	1	1	1	1	1	1	1	1	1	1	1	1	0	1	0	1
−10的补码	1	1	1	1	1	1	1	1	1	1	1	1	0	1	1	0

图 2-4　原码、反码和补码

可知短整数的 16 位二进制数据中,最左面的一位表示符号,该位为 0,表示数值为正;

为 1 则数值为负。

3. 整型变量的说明

变量说明的一般形式为

类型说明符 变量名标识符,变量名标识符,…;

例如：

```
int a,b,c;                          (a、b、c 为整型变量)
long x,y;                           (x、y 为长整型变量)
unsigned p,q;                       (p、q 为无符号整型变量)
```

在书写变量说明时,应注意以下几点：

(1) 允许在一个类型说明符后说明多个相同类型的变量。各变量名之间用逗号间隔。类型说明符与变量名之间至少用一个空格间隔。

(2) 最后一个变量名之后必须以";"号结尾。

(3) 变量说明必须放在变量使用之前,一般放在函数体的开头部分。

【例 2.2】 整型变量的定义和使用。

```
#include <stdio.h>
void main()
{
    int a, b, c, d;              /* 指定 a、b、c、d 为整型变量 */
    unsigned x;                  /* 指定 x 为无符号整型变量 */
    a=12; b=-24; x=10;
    c=a+x; d=b+x;
    printf("a+x=%d, b+x=%d\n", c, d);
}
```

运行结果如下：

```
a+x=22, b+x=-14
```

可以看到,不同种类的整型数据可以进行算术运算。在本例中是 int 型数据与 unsigned int 型数据进行加减运算。

【例 2.3】 整型数据的溢出。

```
#include <stdio.h>
void main()
{
    int a, b;
    a=2147483647;
    b=a+1;
    printf("%d, %d\n", a, b);
}
```

而在 Visual C++ 6.0 环境下,int 类型占 4 字节,所以输出结果如下：

```
2147483647, -2147483648
```

变量 a 和 b 的存储格式如图 2-5 所示,由于 a 和 b 均为有符号的短整型数,从图中可以看出,a 的最高位(左一)是 0,表示正数;而 b 的最高位(左一)是 1,表示负数,所以 b 的结果为负数,是 $-2\,147\,483\,648$ 的补码形式,所以输出变量 b 的值为 $-2\,147\,483\,648$。

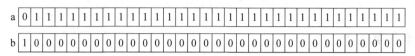

图 2-5　整型数据在内存的存储格式

注意:一个有符号整型变量只能容纳 $-2\,147\,483\,648 \sim 2\,147\,483\,647$ 范围内的整数,无法表示大于 $2\,147\,483\,647$ 的数。遇此情况就发生"溢出",但运行时并不报错。从这里可以看到,C 语言的用法比较灵活,往往出现副作用,而系统又不给出"出错信息",要靠程序员的细心和经验来保证结果的正确。

2.5　浮点型数据类型

2.5.1　浮点常量

C 语言中的浮点数就是平常所说的实数。它有两种形式:十进制数形式和指数形式。

1. 十进制数形式

十进制数形式的浮点数由数码 0~9 和小数点组成。例如 0.0,.25,5.789,0.13,5.0,300.,-267.8230 等均为合法的浮点数。

2. 指数形式

指数形式的浮点数由十进制数、阶码标志 e 或 E 以及阶码(只能为整数,可以带符号)组成。其一般形式为 $a\text{E}n$(a 为十进制数,n 为十进制整数)其值为 $a \times 10^n$,如 2.1E5(等于 2.1×10^5),3.7E$-$2(等于 3.7×10^{-2}),0.5E7(等于 0.5×10^7),$-2.8\text{E}-2$(等于 -2.8×10^{-2})。以下不是合法的实数:345(无小数点),E7(阶码标志 E 之前无数字),-5(无阶码标志),53.$-$E3(负号位置不对),2.7E(无阶码)。

标准 C 语言允许浮点数使用后缀,后缀为 f 或 F 即表示该数为浮点数。

【例 2.4】　浮点型数据类型的使用。

```
#include <stdio.h>
void main()
{
    printf("%f  ", 2014.);
    printf("%f  ", 2014);
    printf("%f\n",2014.0f);
    return;
}
```

程序输出结果如下:

`2014.000000  0.000000  2014.000000`

第 1、3 两个 printf 输出的对象均为浮点数,按照%f 的控制格式输出浮点数

214.000000,结果正确,而第 2 个 printf 输出的对象为整数 2014,其在内存中的表示形式为:0 00000000 00000000 00001111 1011110,按%f 的控制格式输出时,将该内容以单精度浮点数类型(float)处理,格式见 2.5.3 节,因其指数部分为 0(小于 127),所以输出结果为 0.000000。

2.5.2 浮点变量

C 语言中浮点型变量分为单精度(float)型、双精度(double)型和长双精度(long double)型 3 类。定义的形式如下:

```
float   a,b;
double c,d;
long double t;
```

在初学阶段,对 long double 型用得较少,因此不作详细介绍。

在一般计算机系统中,为 float 型的变量分配 4B 的存储单元,为 double 型的变量分配 8B 的存储单元,并按浮点型数的存储方式存放数据。说明为浮点型的变量只能存放浮点型数值,不能用整型变量存放一个浮点型数。

由于实数在内存中也是以有限的字节来存放的,因此实数的范围也不可能是无限的。在 C 语言中单精度浮点数的数值范围约在 $-10^{-38} \sim 10^{38}$ 之间,并提供 7 位有效位;双精度浮点数的数值范围约在 $-10^{-308} \sim 10^{308}$ 之间,并提供 $15 \sim 16$ 位有效位,具体的精确位数与机器有关,如表 2-4 所示。

表 2-4 浮点数类型说明

类型说明符	比特数(字节数)/b(B)	有效数字	数的范围
float	32(4)	$6 \sim 7$	$10^{-37} \sim 10^{38}$
double	64(8)	$15 \sim 16$	$10^{-307} \sim 10^{308}$
long double	128(16)	$18 \sim 19$	$10^{-4931} \sim 10^{4932}$

【例 2.5】 把一个浮点实型常数 987 654.321 9 分别赋给一个 float 型变量和 double 型变量,以验证单精度变量和双精度变量的区别。

```
#include <stdio.h>
void main()
{
    float a;
    double b;
    a=987654.3219;
    b=987654.3219;
    printf("a=%f  b=%lf\n",a,b);
}
```

运行结果如下:

```
a=987654.312500   b=987654.321900
```

由于 float 型变量 a 只能接受 7 位有效数字,因此,从第 8 位(即小数点后第 2 位)起数字已不准确,而 double 型变量 b 能全部接受上述 10 位数字,所以结果正确。

2.5.3　单精度浮点型数据的存储

float 型数值在计算机内存中占用 4 字节(Byte)共 32 位来存储。非 0 值遵循 IEEE 754 的格式标准,即一个浮点数由两部分组成:底数 M 和指数 E(均使用二进制表示)。格式如下:

$$\pm M \times 2^E$$

底数 M 使用二进制数来表示此浮点数的实际值,占用 24 个二进制位,由于其最高位始终为 1,所以最高位省去不存储,还剩余 23 个二进制位。

指数 E 占用 8 个二进制位,表示数值范围为 0~255。但指数可正可负,所以 IEEE 规定,算出的幂次须减去 127 才是真正的指数,指数范围为 -127~128。

float 型数值的正负符号标志 S 用 1 个二进制位表示和存储,数字是正数时该位为 0,为负数时该位为 1。

float 型数值的存储格式(字节与二进制位)如表 2-5 所示。

表 2-5　float 型数值的存储格式

内存基地址+3B 最高字节	内存基地址+2B 高字节	内存基地址+1B 低字节	内存基地址 最低字节
SEEE EEEE	*EMMM MMMM*	*MMMM MMMM*	*MMMM MMMM*

【例 2.6】　分析单精度 float 型数值 17.625 的内存存储形式并编写程序验证。

(1) 存储形式分析:

首先,将 17.625 换算成二进制数 10001.101。

其次,将 10001.101 向右移位,直到小数点前只剩一位,变成 1.0001101×2 的 4 次方(因为右移了 4 位)。底数部分 M,因为小数点前必为 1,IEEE 规定只记录小数点后的即可,所以此处底数为 0001101;指数部分 E,实际为 4,但须加上 127,故为 131,即二进制数 10000011;符号部分 S,由于是正数,所以为 0。

综上所述,17.625 的 float 型存储格式为 0 10000011 0001101000000000000000000。

(2) 验证程序:

```c
#include <stdio.h>
void main()
{
    float n=17.625;
    char * p=(char * )&n +3;       //定义字符型的指针并指向 n 的最高字节
    for(int i=0;i<=3;i++)          //共 4 个字节,循环 4 次
    {
        printf("%X  ",p);          //输出每个字节的内存地址
        for(int j=0;j<=7;j++)      //每个字节 8 位,循环输出每个位值
            printf("%d ",(* p>>(7-j))& 0x01);     //输出每个位
        printf("\n");              //每输出一个字节后换行
```

```
        p--;                        //输出一个字节内容后,指针移到下一个字节位置
    }
}
```

程序运行结果如下:

```
241FE4  0 1 0 0 0 0 0 1
241FE4  1 0 0 0 1 1 0 1
241FE4  0 0 0 0 0 0 0 0
241FE4  0 0 0 0 0 0 0 0
```

2.6 字符型数据类型

2.6.1 字符型常量

字符型常量是用单引号括起来的一个字符。例如'a'、'b'、'='、'+'、'?'都是合法的字符型常量。在 C 语言中,字符型常量有以下特点:

(1) 字符型常量只能用单引号括起来,不能用双引号或括号。

(2) 字符型常量只能是单个字符,不能是字符串。

(3) 字符可以是字符集中任意字符。但数字被定义为字符型之后虽然能参与数值运算,但结果不同。如'5'和 5 是不同的,'5'是字符常量,运算中用其 ASCII 码,5+10＝15,而'5'+10＝63。

转义字符是一种特殊的字符型常量。转义字符以反斜线"\"开头,后跟一个或几个字符。转义字符具有特定的含义,不同于字符原有的意义,故称"转义"字符。例如,在前面各例中,printf 函数的格式串中用到的"\n"就是一个转义字符,其意义是"回车换行"。转义字符主要用来表示那些用一般字符不便于表示的控制代码,如表 2-6 所示。

表 2-6 转义字符及其含义

转义字符	含 义	ASCII 代码	转义字符	含 义	ASCII 代码
\n	换行,将当前位置移到下一行开头	10	\t	水平制表(跳到下一个 Tab 位)	9
\v	垂直制表	11	\b	退格,将当前位置移到前一列	8
\r	回车,将当前位置移到本行开头	13	\f	换页,将当前位置移到下页开头	12
\a	响铃	7	\\	反斜线	92
\'	单引号	39	\"	双引号	34
\ddd	3 位八进制数代表的字符		\xhh	2 位十六进制数代表的字符	

广义上讲,C 语言字符集中的任何一个字符均可用转义字符来表示。表 2-6 中的\ddd 和\xhh 正是为此而提出的。ddd 和 hh 分别为八进制和十六进制的 ASCII 代码。如\101 表示字符'A',\102 表示字符'B',\134 表示反斜线,\X0A 表示换行等。

【例 2.7】 转义字符的使用。

```
#include <stdio.h>
void main()
{
    int a,b,c;
```

```
    a=5; b=6; c=7;
    printf("%d\n\t%d %d\n %d %d \t\b%d\n",a,b,c,a,b,c);
}
```

程序运行结果如下：

```
5
        6 7
 5 67
```

程序在第一列输出 a 的值 5 之后就是'\n',故回车换行；接着又是'\t',于是跳到下一制表位（制表位间隔为 8 个字符宽度），再输出 b 值 6；空一格再输出 c 值 7 后又是'\n',因此再回车换行；空一格之后又输出 a 值 5；再空一格又输出 b 的值 6（此时光标在 6 的后面一空格上）；再次遇到'\t'跳到下一制表位（与上一行的 6 对齐），但下一转义字符'\b'又使光标退回 4 个间隔，退回原来光标处，因此紧挨着 6 再输出 c 值 7。

2.6.2　字符型变量

字符型变量的取值是字符型常量，即单个字符。字符型变量的类型说明符是 char。字符型变量类型说明的格式和书写规则都与整型变量相同。例如：

```
char a,b;
```

每个字符型变量被分配一个字节的内存空间，因此只能存放一个字符。字符值是以ASCII 码的形式存放在变量的内存单元之中的。对字符型变量 a、b 赋予'x'和'y'值：a='x',b='y'；字符'x'的十进制 ASCII 码是 120,字符'y'的十进制 ASCII 码是 121。则在 a、b 两个变量单元内存放 120 和 121 的二进制代码：

$$a\ \ 01111000$$
$$b\ \ 01111001$$

所以也可以把字符型变量看成是整型变量。C 语言允许对整型变量赋予字符值，也允许对字符型变量赋予整型值。在输出时，允许把字符型变量按整型变量输出，也允许把整型变量按字符型变量输出。整型变量为 4B,字符型变量为 1B,当整型变量按字符型变量处理时，只有最低字节参与处理。

【例 2.8】　向字符型变量赋予整数。

```
#include <stdio.h>
void  main()
{
    char a;
    int b;
    a=109;
    b='n';
    printf("%c,%c\n%d,%d\n",a,b,a,b);
}
```

程序输出结果如下：

```
m,n
109,110
```

本程序中定义 a 为字符型变量,b 为基本整型变量,在赋值语句中对 a 赋予整型值,对 b 赋予字符型值。从结果看,a、b 值的输出形式取决于 printf 函数格式串中的格式符,当格式控制符为%c 时,输出为字符;当格式控制符为%d 时,输出为整数。

【例 2.9】 大小写字母的转换。

```c
#include <stdio.h>
void main()
{
    char a,b;
    a='m';
    b='n';
    a=a-32;
    b=b-32;
    printf("%c,%c\n%d,%d\n",a,b,a,b);
}
```

运行结果如下:

```
M,N
77,78
```

本例中,a、b 被说明为字符型变量并赋予字符型值,C 语言允许字符型变量以 ASCII 码参与数值运算。由于大小写字母的 ASCII 码相差 32,因此运算后把小写字母换成大写字母,最后分别以字符型和整型输出。

2.6.3 字符串型常量

字符串型常量是由一对双引号括起的字符序列。例如,"CHINA"、"C program:"、"$12.5"等都是合法的字符串型常量。字符串型常量和字符型常量是不同的量,两者主要有以下区别:

(1) 字符型常量由单引号括起来,字符串型常量由双引号括起来;

(2) 字符型常量只能是单个字符,字符串型常量则可以含一个或多个字符;

(3) 可以把一个字符型常量赋予一个字符型变量,但不能把一个字符串型常量赋予一个字符型变量。在 C 语言中没有相应的字符串型变量,但是可以用一个字符数组来存放一个字符串型常量,将在第 5 章予以介绍;

(4) 字符型常量占一个字节的内存空间。字符串型常量占的内存字节数等于字符串的字节数加 1。增加的一个字节中存放字符'\0'(ASCII 码为 0)。这是字符串结束的标志。例如,字符串 "C program"在内存中为 C program\0。

字符型常量'a'和字符串型常量"a"虽然都只看到有一个字符,但在内存中的情况是不同的。'a'在内存中占 1 个字节;"a"在内存中占 2 个字节,由'a'和'\0'字符组成。

2.7 不同数据类型之间的转换

变量的数据类型是可以转换的。转换的方法有两种:一种是自动转换,另一种是强制转换。

2.7.1　自动转换

自动转换发生在不同数据类型的量混合运算时,由编译系统自动完成。自动转换遵循以下规则:

(1) 若参与运算的量的类型不同,则先转换成同一类型,然后进行运算。

(2) 转换按数据长度增加的方向进行,以保证精度不降低。如 int 型和 long 型的量运算时,先把 int 型的量转成 long 型后再进行运算。

(3) 所有的浮点运算都是以双精度进行的,即使仅含 float 单精度量运算的表达式,也要先转换成 double 型,再进行运算。

(4) char 型和 short 型的量参与运算时,必须先转换成 int 型。

(5) 在赋值运算中,赋值号两边量的数据类型不同时,赋值号右边的量的类型将转换为左边的量的类型。如果右边的量的数据类型长度比左边长时,将丢失一部分数据,这样会降低精度,丢失的部分按四舍五入向前舍入。图 2-6 表示了不同类型自动转换的规则。

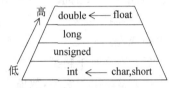

图 2-6　不同类型自动转换规则

【例 2.10】　数据类型转换。

```c
#include <stdio.h>
void main()
{
    float PI=3.14159;
    int s,r=5;
    s=r*r*PI;
    printf("s=%d\n",s);
}
```

程序运行结果如下:

```
s=78
```

本例程序中,PI 为实型,s 和 r 为整型。在执行 s=r*r*PI 语句时,r 和 PI 都转换成 double 型计算,结果也为 double 型。但由于 s 为整型,故赋值结果仍为整型,舍去了小数部分。

2.7.2　强制类型转换

强制类型转换是通过类型转换运算来实现的。其一般形式为

(类型说明符) (表达式)

其功能是把表达式的运算结果强制转换成类型说明符所表示的类型。例如(float)a 把 a 转换为实型,(int)(x+y)把 x+y 的结果转换为整型,在使用强制转换时应注意以下问题:

(1) 类型说明符和表达式都必须加括号(单个变量可以不加括号),如把(int)(x+y)写成(int)x+y 则成了把 x 转换成 int 型之后再与 y 相加。

(2) 无论是强制转换还是自动转换,都只是为了本次运算的需要而对变量的数据长度进行的临时性转换,而不改变数据说明时对该变量定义的类型。

【例 2.11】 强制类型转换。

```
#include <stdio.h>
void  main()
{
    float f=5.75;
  printf("(int)f=%d,f=%f\n",(int)f,f);
}
```

程序运行结果如下：

`(int)f=5,f=5.750000`

本例表明，f 虽强制转为 int 型，但只在运算中起作用，是临时的，而 f 本身的类型并不改变。因此，(int)f 的值为 5(删去了小数)，而 f 的值仍为 5.75。

如果赋值运算符两边的数据类型不相同，系统将自动进行类型转换，即把赋值号右边的类型换成左边的类型。具体规定如下：

(1) 实型赋予整型，舍去小数部分。

(2) 整型赋予实型，数值不变，但将以浮点数形式存放，即增加小数部分(小数部分的值为 0)。

(3) 字符型赋予整型，由于字符型为 1 个字节，而整型为 4 个字节，故将字符型量的 ASCII 码值放到整型量的最低位字节中，其余 3 个高位字节全为 0。整型赋予字符型，只把最低位字节值赋予字符型的量。

习　题

1. 简答题

(1) C 语言为什么要规定对所有用到的变量要"先定义，后使用"？ 有什么好处？

(2) 下列符号中，可以选用哪些做标识符？ 哪些不可以？ 为什么？

Look3　　page35　　-b　　if　　next_　　e_2　　OK?　　i*j　　$

(3) 字符型常量与字符串型常量有什么区别？

2. 填空题

(1) 下列程序段的运行结果是_____。

```
#include <stdio.h>
    void main( )
    {
        char a=2,b='a';
        int c;
        c=a+b;
        a=c;
        printf("%d,%d,%d\n",a,b,c);
        printf("%c,%c,%c\n",a,b,c);
    }
```

（2）求下面的算术表达式的值。

① 设 x=2.5,a=7,y=4.7,表达式 x+a%3＊(int)(x+y)%2/4 的值是_____。

② 设 a=2,b=3,x=3.5,y=2.5,表达式(float)(a+b)/2+(int)x%(int)y 的值是_____。

3. 编程题

（1）要将"China"译成密码,密码规律是：各个字母用其后的第4个字母代替。例如,字母"a"后面第4个字母为"e"。因此,"China"应译为"Glmre"。请编写程序,用赋初值的方法使 c1、c2、c3、c4、c5 这 5 个变量的值分别为'C'、'h'、'i'、'n'、'a',经过运算,使 c1、c2、c3、c4、c5 分别变为'G'、'l'、'm'、'r'、'e',并输出。

（2）从键盘输入一个小写英文字母,将其转换成大写字母输出结果。例如小写字母 c 转换成大写字母时,将小写字母的 ASCII 码值减去 32 即可求得对应大写字母的 ASCII 码值。

（3）改写例 2.6 程序,查看一个基本整型(int)数字在内存的存储。

第3章 运算符和表达式

【本章概述】

C 语言中的运算符有算术运算符、关系运算符、逻辑运算符、赋值运算符、条件运算符、位运算符、逗号运算符、指针运算符、强制类型转换运算符、分量运算符、下标运算符以及求字节数运算符等多种类型。而表达式也有算术表达式、逻辑表达式、赋值表达式等多种类型,这些内容是 C 语言的基础,需要认真学习和领会。

【学习要求】

- 掌握:算术运算符、关系运算符、逻辑运算符等常见运算符。
- 掌握:各种运算符的优先级。
- 掌握:各种表达式的组成及运算过程。
- 重点:运算符的优先级及表达式分析计算。
- 难点:自增、自减运算符。

3.1 算术运算符和算术表达式

3.1.1 算术运算符

C 语言提供了 7 种算术运算符,如表 3-1 所示。

表 3-1 算术运算符

类　型	含　义	示　例	优先级	结 合 方 向
＋	加	5＋8	4	从左到右
－	减或取负	6－7 或－4	4	为减号时从左到右,取负时从右到左
*	乘	12 * 4	3	从左到右
/	除	45/7	3	从左到右
％	取余	54％8	3	从左到右
＋＋	自增	i＋＋或＋＋i	2	从右到左
－－	自减	j－－或－－j	2	从右到左

自增 1 运算符记为＋＋,其功能是使变量的值自增 1。自减 1 运算符记为－－,其功能是使变量值自减 1。

自增 1,自减 1 运算符均为单目运算,都具有右结合性,有以下几种形式:

(1) ＋＋i:i 自增 1 后再参与其他运算。

(2) －－i:i 自减 1 后再参与其他运算。

(3) i＋＋:i 参与其他运算后其值再自增 1。

(4) i－－:i 参与其他运算后其值再自减 1。

在理解和使用上容易出错的是 i＋＋和 i－－，特别是当它们出现在较复杂的表达式或语句中时，常常难于弄清，因此应仔细分析。

对于除法运算符/而言，若两侧均为字符型或整型量，则结果必定为整数；若有一侧是浮点型，则相除的结果必定为双精度数值。因此算术表达式 7/2 的结果为 3，而 7.0/2 的结果为 3.500000。

对取余数运算符％而言，要求运算符两侧的运算数必须是整型（数值、变量或表达式）或者是字符型（数值、变量或表达式），如 9％2、'a'％10 等。

【例 3.1】 算术运算符的使用。

```
#include <stdio.h>
void main()
{
    int i=8;
    printf("%d ",++i);
    printf("%d ",--i);
    printf("%d ",i++);
    printf("%d ",i--);
    printf("%d ",-i++);
    printf("%d\n",-i--);
}
```

i 的初值为 8，第 1 个 printf 中 i 先加 1 后输出结果为 9；第 2 个 printf 中 i 先减 1 后输出结果为 8；第 3 个 printf 中先输出 i 的值 8 之后再加 1(i 为 9)；第 4 个 printf 先输出 i 的值 9 之后再减 1(i 为 8)；第 5 个 printf 中先输出 i 的值－8 之后再加 1(i 为 9)，第 6 个 printf 中先输出 i 的值－9 之后再减 1(i 为 8)。程序运行结果如下：

```
9 8 8 9 -8 -9
```

【例 3.2】 算术运算符的使用。

```
#include <stdio.h>
void main()
{
    int i=5,j=5,p,q;
    p=(i++)+(i++)+(i++);
    q=(++j)+(++j)+(++j);
    printf("%d,%d,%d,%d\n",p,q,i,j);
}
```

这个程序中，对 p＝(i＋＋)＋(i＋＋)＋(i＋＋)应理解为：首先是 3 个 i 相加，故 p 值为 15；然后 i 再自增 1 三次，相当于加 3，故 i 的最后值为 8。q＝(＋＋j)＋(＋＋j)＋(＋＋j)应理解为 q＝((＋＋j)＋(＋＋j))＋(＋＋j)，即 j 先自增 1 两次，相当于加 2 变为 7，两个 7 相加为 14，然后再执行最后一个＋＋j 运算，此时 j 再自增 1 一次变为 8，前面的结果 14 加 8 结果为 22，j 的最后值为 8。

程序运行结果如下：

15,22,8,8

在执行类似 q＝(＋＋j)＋(＋＋j)＋…＋(＋＋j)的运算中,只要右侧＋＋j 的表达式多于两个,都是先对前两个＋＋j 表达式计算(j 连续自增 1 两次,求和),然后顺序计算每个＋＋j 表达式(j 先自增 1 一次,求和)。如 j＝5,则 q＝(＋＋j)＋(＋＋j)＋(＋＋j)＋(＋＋j)＋(＋＋j)＋(＋＋j)运算执行后的结果是:q＝52,j＝11。

3.1.2 算术表达式

算术表达式是由算术运算符和括号将运算对象连接起来的式子,其中运算对象可以是常量、变量、函数和数组元素等内容。算术表达式的一般组成形式为

表达式 1　算术运算符　表达式 2…

例如:

a＊x＊x＋b＊x＋c

s＝s＋i

【例 3.3】　若 a＝5,b＝3,c＝2,x＝1.5,则算术表达式 a＊x＊x＋b＊x＋c 的结果是多少?

编程分析:对于表达式结果的求解,需要从表达式的优先级入手。整体上来看,对于表达式的求解是按照从左到右的顺序进行的;对于具体的某个运算对象而言,若左右两侧均有运算符,则需要考虑哪一侧的优先级高,如第二个 x,其左侧为＊,右侧为＋,而＊的优先级要比＋的优先级高,因此需要先结合＊,然后再结合＋。同理,对 b 而言,先结合右侧的＊,然后再将结果与左侧的结果相加,最终结果为 5＊1.5＊1.5＋3＊1.5＋2＝17.75。

【例 3.4】　已知 int a＝10,b＝5,c＝4;,计算表达式 a＊b/c－1.25＋'a'的值。

编程分析:b 左侧为＊,右侧为/,结合方向为从左向右;c 左侧为/,右侧为－,按运算符优先级结合,a＊b/c 的计算结果为 12。1.25 是单精度数,结果的数据类型转换为双精度。字符'a'在运算过程中用其 ASCII 码值表示,由于左侧计算的结果是双精度型,因此计算过程中将字符'a'的 ASCII 码值转换为双精度型参与运算,整个表达式的计算结果为107.750000。

注意:

(1) 当运算符/两侧的操作数为整型时,计算结果为整型,如 19/2＝9。

(2) 运算符％两侧的操作数必须是基本整型、短整型或长整型,而不能是浮点型。

(3) 运算符＋＋、－－只能用于变量,而不能用于常量或表达式。例如,i＋＋、－－j 均是正确的,而＋＋10、(a＋b)＋＋则是错误的。

(4) C 语言中,运算符的运算优先级共分为 15 级。1 级最高,15 级最低。在表达式中,优先级较高的先于优先级较低的进行运算。而在一个运算量两侧的运算符优先级相同时,则按运算符的结合性所规定的结合方向处理。

(5) 运算符的结合性:C 语言中各运算符的结合性分为两种,即左结合性(自左至右)和右结合性(自右至左)。例如,算术运算符的结合性是自左至右,即先左后右。如有表达式 x－y＋z,则 y 应先与－号结合,执行 x－y 运算,然后再执行＋z 的运算。这种自左至右的

结合方向就称为左结合性。而自右至左的结合方向称为右结合性。最典型的右结合性运算符是赋值运算符。如 x＝y＝z，由于＝的右结合性，应先执行 y＝z 再执行 x＝(y＝z)运算。C 语言运算符中有不少为右结合性，应注意区别，以避免理解错误。

3.2 赋值运算符和赋值表达式

3.2.1 赋值运算符

C 语言提供了 11 种赋值运算符，如表 3-2 所示。

表 3-2 赋值运算符

类　型	含　义	示　例	优先级	结合方向
＝	赋值	a＝b＋3	14	从右到左
＋＝	加等于	a＋＝b	14	从右到左
－＝	减等于	a－＝2	14	从右到左
＊＝	乘等于	a＊＝3	14	从右到左
/＝	除等于	a/＝(a＋3)	14	从右到左
％＝	取余等于	a％＝b	14	从右到左
＞＞＝	右移等于	a＞＞＝1	14	从右到左
＜＜＝	左移等于	a＜＜＝2	14	从右到左
&＝	按位与等于	a&＝b	14	从右到左
^＝	按位异或等于	a^＝b	14	从右到左
|＝	按位或等于	a|＝b	14	从右到左

＝运算符是一种基本赋值运算符，而其他赋值运算符则是复合赋值运算符，是对左侧的变量先进行某种运算之后再将结果赋值给该变量。

3.2.2 赋值表达式

赋值表达式是由赋值运算符和括号将运算对象连接起来的式子，其中运算对象可以是常量、变量、函数和数组元素等内容。赋值表达式的一般组成形式为

变量名称　赋值运算符　表达式

例如：

```
z=x+y
y=sin(angle * 3.14159/180)
```

对于变量自身参与运算过程并将计算结果重新赋值给该变量的，如 a＝a＋5，可以将＋和＝运算符合在一起，构成复合赋值运算符，记为＋＝，因此上式可以写成 a＋＝5。表格中其他复合赋值运算符均是同一道理。

在赋值运算符＝之前加上其他双目运算符可构成复合赋值运算符。构成复合赋值表达式的一般形式为

变量名称　双目运算符=表达式

它等效于

变量名称=变量名称 运算符 表达式

例如：

a+=5　　　　　　　等价于 a=a+5

x＊=y+7　　　　　等价于 x=x＊(y+7)

r%=p　　　　　　　等价于 r=r%p

对于复合赋值运算符这种写法,初学者可能不习惯,但它十分有利于编译处理,能提高编译效率并产生质量较高的目标代码。

【例 3.5】 已知 int a＝5,b＝3,x＝10,计算如下表达式的值。

a=a＊8　　　　　　　　　　　　表达式值为 40,a＝40

b%=2　　　　　　　　　　　　　表达式值为 1,b＝1

x＊=(a+b)　　　　　　　　　　表达式值为 410,x＝410

a=b=c=5　　　　　　　　　　　表达式值为 5,a、b、c 值为 5

a=(b=5)　　　　　　　　　　　表达值为 5,b＝5,a＝5

a=5+(c=6)　　　　　　　　　　表达式值为 11,c＝6,a＝11

a=(b=4)+(c=6)　　　　　　　　表达式值为 10,a＝10,b＝4,c＝6

a=(b=10)/(c=2)　　　　　　　表达式值为 5,a＝5,b＝10,c＝2

注意：

(1) 对于简单赋值运算符和复合赋值运算符,等号左侧的操作数只能是变量,而不能是常量或表达式,如 a＝5 是正确的,而 10＝3＋2 以及 a＋b＝8 都是错误的。

(2) 赋值运算符具有右结合性,因此 a＝b＝c＝10 是正确的,等价于 a＝(b＝(c＝10))。

(3) 当＝两侧的数据类型不同时,将要进行数据类型的转换。例如,int a＝3.5,此处等号左侧是整型变量 a,而右侧是单精度浮点数 3.5,赋值过程中将右侧的单精度数截取其整数部分赋给整型变量 a,因此 a 的数值是 3。具体转换规则如下：

① 实型赋给整型变量,舍去小数部分,如前例。

② 整型赋给实型变量,数值不变,但以浮点数形式存放,即增加小数部分(小数部分的值为 0),如 float f＝123,则 f 的结果为 123.000000。

③ 字符型赋给整型变量,由于内存中字符型占 1 字节,而整型占 4 字节,故将字符的 ASCII 码值放到整型变量的最低字节中,其余三个字节为 0。例如,int a＝'a',则取该字符的 ASCII 码值赋给整型变量 a,则 a 的结果为 97。

④ 整型赋给字符型变量,只把最低字节值赋予字符变量。例如,char c＝12345,12345 的十六进制为 0X3039,舍去高字节内容 30 后,取其低字节内容(0X39)赋给字符变量 c,则 c 的结果为 57。

3.2.3　赋值语句

在赋值表达式的基础上添加";"就构成了赋值语句。例如,x=(a=4)+8;,计算时先计算右侧括号中的内容,然后与 8 相加,并将结果赋给变量 x。

【**例 3.6**】 已知华氏温度与摄氏温度之间的转换公式为 $c=5(f-32)/9$,编写程序将输入的华氏温度转换为摄氏温度输出。

编程分析:题目中已经说明了二者之间的转换公式,输入待转换的华氏温度数值,转换为摄氏温度的过程可以用算术表达式来表示,计算结果由赋值运算符=来完成,最后输出摄氏温度值,编写过程中注意除号运算符的计算结果。

参考程序如下:

```
#include "stdio.h"
void main()
{
    int f;
    float c;
    scanf("%d",&f);                  /*输入华氏温度*/
    c=5/9*(f-32);
    printf("c=%f\n",c);              /*输出结果*/
}
```

输入 40 时,程序运行结果如下:

```
input a real number to F:40
c=0.000000
```

从输出内容来看,并不是期望的结果,究其原因,主要是等号右侧的/运算符造成的,由于其两侧均为整型数值(5 和 9),二者相除的结果必定为整型数,此处结果为 0,因此导致整个表达式的结果为 0。此处可以将 5/9 更改为 5.0/9 或(float)5/9 等形式。

3.3　关系运算符和关系表达式

3.3.1　关系运算符

C 语言提供了 6 种关系运算符,如表 3-3 所示。

表 3-3　关系运算符

类　型	含　义	示　例	优先级	结合方向
<	小于	5<8	6	从左到右
<=	小于等于	a<=b	6	从左到右
>	大于	a>b+1	6	从左到右
>=	大于等于	5<=8-2	6	从左到右
!=	不等于	a!=3	7	从左到右
==	等于	a==5	7	从左到右

3.3.2　关系表达式

关系表达式是由关系运算符和括号将运算对象连接起来的式子,其中运算对象可以是常量、变量、函数和数组元素等内容。关系表达式的一般组成形式为表达式 1　关系运算符　表达式 2 …

关系表达式成立则结果为 1,关系不成立则结果为 0。例如:

5<8	关系成立,表达式的值为 1
30>31	关系不成立,表达式的值为 0
(3+7)!=(2+8)	关系不成立,表达式的值为 0

若有 int i=5,则(i+=3)>6,i 的值为 8,8>6,因此该表达式的值为 1。

由于关系运算符具有从左向右结合的特性,因此表达式 5>2>7>8 在 C 语言中是允许的,表达式的值为 0。

【例 3.7】 关系表达式的应用。

若有 int a=3,b=2,c=1,d,f;,则

a>b	//表达式值为 1
(a>b)==c	//表达式值为 1
b+c<a	//表达式值为 0
d=a>b	//d=1
f=a>b>c	//f=0

注意:

(1) 表达式 1 和表达式 2 还可以是常量或变量的形式,也可以是赋值表达式、逻辑表达式和关系表达式等表达式嵌套的形式。

(2) 关系表达式的值为 0 或 1。

3.4　逻辑运算符和逻辑表达式

3.4.1　逻辑运算符

C 语言提供了 3 种逻辑运算符,如表 3-4 所示。

表 3-4　逻辑运算符

类　型	含　义	示　例	优先级	结合方向
!	逻辑非(取反)	!a	2	从右到左
&&	逻辑与(并且)	(5>3)&&12%7	11	从左到右
||	逻辑或(或者)	y/4||(x+3)==5	12	从左到右

其中逻辑与运算符 && 和逻辑或运算符|| 均为双目运算符,具有左结合性。非运算符! 为单目运算符,具有右结合性。

!b==c||d<a	等价于	((!b)==c)||(d<a)
a+b>c&&x+y<b	等价于	((a+b)>c)&&((x+y)<b)

逻辑运算的值为"真"和"假"两种,用 1 和 0 来表示。其求值规则如表 3-5 所示。

例如,由于 5 和 3 均为非 0 值,因此 5&&3 的值为"真",即为 1。又如 5||0 的值为"真",即为 1。

表 3-5 逻辑运算表

a	b	!a	!b	a && b	a‖b
真	真	假	假	真	真
真	假	假	真	假	真
假	真	真	假	假	真
假	假	真	真	假	假

3.4.2 逻辑表达式

逻辑表达式是由逻辑运算符和括号将运算对象连接起来的式子,逻辑表达式的一般形式为

表达式 1 逻辑运算符 表达式 2

其中运算对象可以是常量、变量和函数的形式,也可以是关系表达式和算术表达式等表达式嵌套的形式,逻辑表达式的结果为 1 或 0。

【例 3.8】 输入年份值,判断并输出该年的天数。

编程分析:判断某年的天数,实际是判断该年是闰年还是平年,而闰年的判断条件是:该年能被 4 整除,但不能被 100 整除;或者该年能被 400 整除。由此看出该条件由两部分组成,且这两部分是逻辑或关系,用逻辑运算符‖连接,只要有一个成立即可。能被 4 整除但不能被 100 整除是并列的关系,用逻辑与运算符 && 连接。

参考程序如下:

```
#include "stdio.h"
void main()
{
    int y;
    printf("input a year number:");           //提示输入
    scanf("%d",&y);                           //输入年份值
    if((y%4==0 && y%100!=0)|| y%400==0)
        printf("Year:%d Days=366\n",y);
    else
        printf("Year:%d Days=365\n",y);
}
```

程序运行结果如下:

```
input a year number:2013
Year:2013 Days=365
```

注意:

(1) 在逻辑运算值时,以 1 代表“真”,0 代表“假”;但在判断一个量是为“真”还是为“假”时,以 0 代表“假”,以非 0 的数值作为“真”。如 3 && 0.5,结果为 1。

(2) 在逻辑与 && 和逻辑或‖运算中,存在一种短路效应。如对于逻辑表达式 a&&b&&c,如果表达式 a 的逻辑值为“假”,由于逻辑表达式 a&&b 中逻辑与 && 运算符的运算规则,则整个表达式的结果为“假”,即 b 和 c 表达式均不再计算;但如果 a 的逻辑值

为"真",此时整个表达式的逻辑值尚无法求出,因此还要求取 b 表达式的值,若此时 b 的表达式的值为"假",则不再求取 c 的数值,否则在 a 和 b 表达式均为"真"的情况下还要计算 c 表达式的值。同理,对于逻辑表达式 a||b||c,在 a 为"真"的情况下不再求取 b 和 c 的值,否则一直进行到 b 或 c 表达式的值为"真"时为止。

【例 3.9】 计算逻辑表达式的值。

```c
#include "stdio.h"
void main()
{
    int i=1,j=2,k=3;
    float x=200,y=0.85;
    printf("%d,%d\n",i==5&&'c'&&(j=8),x+y||i+j+k);
}
```

分析：对于表达式 i==5&&'c'&&(j=8),由于 i==5 为假,逻辑值为 0,不再求取该表达式的第二部分和第三部分,可以判定该表达式的值为 0。对于表达式 x+y||i+j+k,由于 x+y 的值为非 0,故该表达式的值为 1,也不用计算 i+j+k 表达式的值。程序运行结果如下：

```
0,1
```

3.5 条件运算符和条件表达式

3.5.1 条件运算符

C 语言提供了 1 种条件运算符,如表 3-6 所示。

表 3-6 条件运算符

类 型	含 义	示 例	优先级	结合方向
?:	条件运算	a>b?a:b	13	从右到左

条件运算符是三目运算符,具有右结合性。

3.5.2 条件表达式

条件表达式是由条件运算符和有关表达式、变量或常量等组成的式子。条件表达式的一般形式为

表达式 1? 表达式 2:表达式 3

其求值规则为,如果表达式 1 的值为真,则以表达式 2 的值作为条件表达式的值,否则以表达式 3 的值作为条件表达式的值。如存在两个整型变量 a=5,b=10,求二者之间的较大值,可以用条件表达式表示为 a>b?a:b。

在双分支选择结构中,如果每个分支的执行语句部分均是对同一个变量进行赋值或输出操作,一般为如下的形式：

```
if(表达式)
    赋值语句 1;
else
    赋值语句 2;
```

此时完全可以转换为条件表达式的形式,不但使程序简洁,也提高了运行效率。例如,求两个数之间较大值的双重分支结构为

```
if(a>b)
    max=a;
else
    max=b;
```

改写成用条件表达式语句表示的形式为

```
max=a>b?a:b;
```

同理,对于 a、b、c 三个数求最大值的语句可以表示为

```
max= (max=a>b?a:b)>c? max:c;
```

注意:

(1) 条件运算符中“?”和“:”是一对运算符,不能分开单独使用。

(2) 条件运算符的结合方向是自右至左。因此 a>b?a:c>d?c:d 应理解为 a>b?a:(c>d?c:d)。

3.6　逗号运算符和逗号表达式

3.6.1　逗号运算符

C 语言提供了 1 种逗号运算符,如表 3-7 所示。

表 3-7　逗号运算符

类　型	含　义	示　例	优先级	结合方向
,	逗号	a>b,c! =0,x	15	从左到右

3.6.2　逗号表达式

逗号表达式是由逗号运算符和有关变量、常量和表达式等组成的式子。逗号表达式的一般形式为

表达式 1,表达式 2,表达式 3, …

求解的顺序是自左向右进行,先求解表达式 1 的值,然后求解表达式 2 的值,依此类推,整个逗号表达式的值是最后一个表达式的值。常用于循环 for 语句的第一个表达式中,作为循环变量赋初值或定义新变量并初始化。例如:

```
for(int i=0,sum=0; i<=100; i++)
```

【例 3.10】 计算如下逗号表达式的值。

```
a=3*5,a*4                    //a=15,表达式值 60
a=3*5,a*4,a+5                //a=15,表达式值 20
x=(a=3,6*3)                  //赋值表达式,表达式值 18,x=18
x=a=3,6*a                    //逗号表达式,表达式值 18,x=3
```

【例 3.11】 计算如下逗号表达式的值。

```
#include "stdio.h"
void main()
{
    int a=2,b=4,c=6,x,y;
    y=(x=a+b),(b+c);
    printf("y=%d,x=%d",y,x);
}
```

y＝(x＝a＋b),(b＋c)语句整体上是一个逗号表达式语句,由 y＝(x＝a＋b)和(b＋c)两个表达式语句组成,语句执行过程中,先执行第一个表达式的 x＝a＋b 部分,结果为 6 并将结果赋给 y,然后计算 b＋c 表达式的值,结果 10,即整个表达式的结果为 10。但要打印输出的是 y 和 x 变量的数值,程序运行结果如下:

```
y=6,x=6
```

注意:

(1) 并不是所有出现逗号的地方都是逗号表达式,如在变量说明中,函数参数表中逗号只是用作各变量之间的间隔符。

(2) 逗号表达式中各个表达式也可以是逗号表达式的形式,即

(表达式 1,表达式 2),表达式 3

构成表达式嵌套的形式。

(3) 通常是要分别求逗号表达式内各表达式的值,并不一定要求整个逗号表达式的值。

习　题

1. 单项选择题

(1) 若有说明语句 char c='\72';,则变量 c(　　)。

  A. 包含 1 个字符　　　　　　　　　　B. 包含 2 个字符

  C. 包含 3 个字符　　　　　　　　　　D. 说明不合法,c 值不确定

(2) 下列数据中属于"字符串常量"的是(　　)。

  A. ABC　　　　　B. "ABC"　　　　　C. 'ABC'　　　　　D. 'A'

(3) C 语言中,运算对象必须是整型的运算符是(　　)。

  A. /　　　　　　B. %　　　　　　C. ＋　　　　　　D. －

(4) 若有以下定义:char a;int b;float c;double d;则表达式 a*b+d－c 值的类型为(　　)。

A. float　　　　B. int　　　　C. char　　　　D. double

(5) 执行语句 x=(a=3,b=a−−)后,x、a、b 的值依次是(　　)。

A. 3,3,2　　　　B. 3,2,2　　　　C. 3,2,3　　　　D. 2,3,2

(6) 若有代数式 3ae/bc,则不正确的 C 语言表达式是(　　)。

A. a/b/c＊e＊3　　B. 3＊a＊e/b/c　　C. 3＊a＊e/b＊c　　D. a＊e/b/c＊3

(7) 设整型变量 n 的值为 2,执行语句 n+=n−=n＊n;后,n 的值是(　　)。

A. 0　　　　B. 4　　　　C. −4　　　　D. 2

(8) 已知 a=5,b=8,c=10,d=0;表达式的值为真的是(　　)。

A. a＊2>8+2　　B. a&&d　　C. (a＊2−c)||d　　D. a−b<c＊d

(9) 以下程序运行后的输出结果是(　　)。

```
void main()
{
    int m=12,n=34;
    printf("%d%d",m++,++n); printf("%d%d\n",n++,++m);
}
```

A. 12353514　　B. 12353513　　C. 12343514　　D. 12343513

(10) 设整型变量 s、t、c1、c2、c3、c4 的值均为 2,则执行语句(s=c1==c2)||(t=c3>c4)后,s、t 的值为(　　)。

A. 1,2　　　　B. 1,1　　　　C. 0,1　　　　D. 1,0

(11) 设有定义 int a=2,b=3,c=4;,则以下选项中值为 0 的表达式是(　　)。

A. (! a==1)&&(! b==0)　　　　B. (a<b)&&!c||1

C. a&&b　　　　D. a||(b+b)&&(c−a)

(12) 为表示关系 X≥Y≥Z,应使用 C 语言表达式是(　　)。

A. (X≥Y)&&(Y≥Z)　　　　B. X>=Y>=Z

C. (X>=Y)||(Y>=Z)　　　　D. (X>=Y)&&(Y>=Z)

(13) 表达式 (int)3.6＊3 的值为(　　)。

A. 9　　　　B. 10　　　　C. 10.8　　　　D. 18

(14) 以下语句的输出结果是(　　)。

```
int a=-1,b=4,k;
k=(++a<0)&&!(b--<=0);
printf("%d,%d,%d\n",k,a,b);
```

A. 1,0,4　　　　B. 1,0,3　　　　C. 0,0,3　　　　D. 0,0,4

(15) 已知 int x=3,y=4,z=5;,表达式!(x+y)+z−1&&y+z/2 的值是(　　)。

A. 6　　　　B. 0　　　　C. 2　　　　D. 1

2. 阅读程序写结果。

(1) 若 x 和 a 均是 int 型变量,计算表达式 x=(a=4,6＊2)后 x 的值为_____。

(2) 若有 int a=6,则计算 a+=a−−=a＊a 表达式后 a 的值为_____。

(3) 若有 int m=5,y=2;,则计算表达式 y+=y−=m＊=y 后 y 的值是_____。

（4）若有 int b＝7；float a＝2.5，c＝4.7；，下面表达式的值为_____。

a+(int)(b/3*(int)(a+c)/2)%4

（5）若 x 为 int 型，请以最简单的形式写出与逻辑表达式!x 等价的 C 语言关系表达式：_____。

（6）以下程序运行后的输出结果是_____。

```
void main()
{
    int p=30;
    printf("%d\n",(p/3>0?p/10:p%3));
}
```

（7）设 y 是 int 型变量，请写出判断 y 为奇数的关系表达式：_____。

第 4 章　C 语言程序的基本结构

【本章概述】

　　程序设计的最终产品是程序和文档。程序是利用计算机语言来解决某个问题而设计的一系列操作指令和数据的集合,语句是程序的基本组成单位,一个程序由若干个语句组成。C 语言是一种结构化程序设计语言,主要有顺序结构、选择结构和循环结构 3 种基本结构,更复杂的程序就是由这 3 种基本结构相互嵌套组成的。

【学习要求】

- 了解：C 语言语句的类型。
- 掌握：ANSI 和 N-S 流程图的绘制方法。
- 掌握：选择结构的基本形式。
- 掌握：选择结构、顺序结构的基本形式和执行过程。
- 掌握：循环控制语句的作用。
- 重点：3 种基本结构的形式及组成。
- 难点：循环嵌套及循环控制语句的作用。

4.1　结构化程序设计方法与算法

4.1.1　结构化程序设计方法

　　结构化程序设计(structured programming)是进行以模块功能和处理过程设计为主的详细设计的基本原则。其概念最早由迪克斯特拉(E. W. Dijkstra)在 1965 年提出的,是软件发展的一个重要的里程碑。其主要观点是采用自顶向下、逐步求精的程序设计方法;使用 3 种基本控制结构构造程序,任何程序都可由顺序、选择和循环 3 种基本控制结构来构造。结构化程序设计是以模块化设计为中心,将待开发的软件系统划分为若干个相互独立的模块,这样使完成每一个模块的工作变单纯而明确,为设计一些较大的软件打下了良好的基础。

　　C 语言就是一种结构化的程序设计语言。它层次清晰,便于按模块化方式组织程序,易于调试和维护。

　　程序设计的基本目标是用算法对问题的原始数据进行处理,从而获得所期望的效果。但这仅仅是程序设计的基本要求。要全面提高程序的质量,提高编程效率,使程序具有良好的可读性、可靠性、可维护性以及良好的结构。编制出好的程序,应当是每位程序设计工作者追求的目标,而要做到这一点,就必须掌握正确的程序设计方法和技巧。

　　在结构化程序设计思想提出之前,程序设计强调程序的效率。结构化程序的概念首先是针对以往编程过程中无限制地使用转移语句而提出的,转移语句可以使程序的控制流程强制性地转向程序的任一处,如果一个程序中多处出现这种转移情况,将会导致程序流程无序可循,程序结构杂乱无章,这样的程序是令人难以理解和接受的,并且容易出错。结构化程序设计方法是程序设计的先进方法和工具,其主要原则可以概括为:自顶向下,逐步求精,模块化,限制使用 goto 语句。与程序的效率相比,在结构化程序设计中,人们更重视程序的可理解性,即程序的易读性。

算法的实现过程是由一系列操作组成的,这些操作之间的执行次序就是程序的控制结构。1996 年,计算机科学家 Bohm 和 Jacopini 证明了这样的事实:任何简单或复杂的算法都可以由顺序结构、选择结构和循环结构这 3 种基本结构组合而成。这 3 种结构就被称为程序设计的 3 种基本结构,也是结构化程序设计必须采用的结构。这三种基本结构的含义如下:

(1) 顺序结构:是一种简单的程序设计,它是最基本、最常用的结构。顺序结构是指语句的执行顺序和它在程序中出现的次序是一致的,即一条语句执行完后紧跟着执行它下面的那条语句。

(2) 选择结构:又称为分支结构,包括简单选择结构和多分支选择结构。

(3) 重复结构:又称循环结构,有当型循环结构(先判断后执行循环体)和直到型循环结构(先执行循环体后判断)两种形式。

结构化程序与非结构化程序之间最重要的区别就是:结构化程序是用模块化的方法设计的,每个模块只能有一个入口和一个出口,复杂结构应该用嵌套的基本控制结构进行组合嵌套来实现。模块化设计带来了生产力的巨大提升:首先,小模块可以很快、很容易地编写;其次,通用模块可以被重用,使后续的程序可以更快地开发;最后,程序的模块可以独立进行测试,有助于减少调试的时间。

按结构化程序设计方法设计出的程序具有两大明显的优点:程序易于理解、使用和维护;提高了编程工作效率,降低了软件开发成本。

程序的质量首先取决于它的结构,其次取决于程序员的编程风格。具有良好的设计风格应该是程序员所具备的基本素质,良好的程序设计风格不仅有助于提高程序的可靠性、可理解性、可测试性、可维护性和可重用性,而且也能够促进技术的交流,改善软件的质量。程序编写过程中,从表达清晰、便于阅读、理解和维护的角度出发,应遵循以下规则:

(1) 一个说明或一个语句占一行。

(2) 标识符,包括模块名、变量名、常量名、标号名和子程序名等,这些名字应能反映它所代表的实际东西,有一定实际意义,使读者能顾名思义。

(3) 必要的程序注释是程序设计者与程序阅读者之间沟通的重要手段,可以是功能性注释(用以描述其后的语句或程序段用于完成什么样的工作),也可以是序言性注释(位于每个程序模块的开头部分,给出程序的整体说明)。

(4) 用{ }括起来的部分通常表示了程序的某一层次结构,可以是程序的复合语句,也可以是数组初始化、结构体、共用体或枚举的定义等内容。对于复合语句而言,{ }一般与该结构语句的第一个字母对齐,并单独占一行。

(5) 低一层次的语句或说明可比高一层次的语句或说明向右缩进若干字符后书写,即采用分层缩进的写法显示嵌套结构层次,整个程序呈现出锯齿形的缩进结构,这样可使程序的逻辑结构更加清晰,层次更加分明。

4.1.2 算法

人们使用计算机,就是要利用计算机处理各种不同的问题,一般要经过需求分析、设计算法、编写程序、上机调试与维护5个过程。解决问题中的这些具体的方法和步骤,其实就是解决一个问题的算法。

著名计算机科学家沃思(Niklaus Wirth)曾提出一个公式:

$$程序=数据结构+算法$$

其中,数据结构指对数据的描述,即程序中数据的类型和组织形式;算法(algorithm)是对拟解决问题的具体操作步骤的描述。解决一个问题可能有多种算法,例如,数学题常常有"一题多解",也就是说,解决一个问题的算法可能不止一种。这时,应该通过分析、比较,挑选一种最优的算法。编程时除了采用结构化编程思想之外,还要考虑解决问题的步骤和方式是否简洁和正确,否则有可能造成简单问题复杂化,导致程序的效率较低。因此,程序设计人员必须认真考虑和设计数据结构与操作步骤。

程序设计是指编写程序的全过程,而算法是解决一个问题所采取的方法和步骤。实际上,要编制一个完整的程序,除了数据结构和算法之外,还应该采用结构化程序设计思想,并且选用一种计算机语言来实现,因此,可以在沃思提出的公式的基础上扩展成以下公式:

$$程序设计=算法+数据结构+计算机语言+程序设计方法$$

在这4个组成部分中,算法是一个程序的灵魂,数据结构是加工对象,计算机语言是工具,程序设计方法是良好程序的基础。对于初学者来说,重要的是理解程序设计的基本思想和方法,学习高级语言的重点,掌握分析问题、解决问题的方法,锻炼分析、分解直至最终归纳整理出算法的能力。与之相对应,C语言的语法是工具,是算法的一个具体实现。所以在高级语言的学习中,一方面应熟练掌握该语言的语法,因为它是算法实现的基础,另一方面必须认识到算法的重要性,加强思维训练,以写出高质量的程序。

1. 算法的描述

算法,简单地讲,就是解决问题的流程安排,即先做什么,后做什么。精确地讲,算法是被精确定义的一系列规则,这些规则规定了解决特定问题的一系列操作顺序,以便在有限步骤内产生出所有问题的解答。人的思想要用语言来表达,而算法是人求解问题的思想方法,是对解题过程的精确描述,同样也需要用语言来表示。用于描述算法的工具很多,如自然语言法、传统流程图法、N-S流程图法和伪代码法等,理论上都可以用来表示算法,但是效率有很大差异。

1) 自然语言描述法

自然语言是人们日常使用的语言,可以是汉语、英语等多种形式。自然语言描述法是非常直观的一种表示方法,它所表示的含义往往不太严格,需要根据上下文进行理解,用该方法所描述的算法简单易懂,但存在结构冗长、容易出现歧义的缺点。例如,"他说他昨天出去玩了。"这里的两个"他"就构成了歧义——是指说话者本人还是其他人?自然语言描述法一般只用于简单问题的算法描述。

【例4.1】 计算 $1+2+3+\cdots+100$。

算法一:

S1:计算 $1+2$ 的结果,结果为3;

S2：利用 S1 的结果与 3 相加，结果为 6；

  ⋮

S98：利用 S97 的结果与 99 相加，结果为 4950；

S99：利用 S98 的结果与 100 相加，结果为 5050；

S100：输出计算结果。

该算法共由 100 个步骤完成，虽然易于理解，但内容比较烦琐，阅读和理解算法要花费很长时间，而要实现的功能却十分简单。在此，可以对该算法进行优化，将求和的过程改写成循环的方式，即添加用于计数的循环变量 i 和用于保存和的变量 s，在每次累加之前先判断循环变量 i 的数值是否超出界限。

算法二：

S1：定义循环变量 i=1，用于保存和的变量 s=0；

S2：判断 i 的数值是否小于等于 100，若是则执行 S3，否则跳转到 S4 执行；

S3：将 i 的数值累加到 s，然后变量 i 自身加 1，转到 S2 执行；

S4：输出 s 的数值。

2）传统流程图描述法

自然语言描述的算法虽然简单易懂，但只适用于简单问题算法的描述，对于复杂问题的描述，采用自然语言描述法则文字冗长，特别是对于有较多分支结构、选择结构和嵌套的问题，用自然语言来描述更是错综复杂。因此，美国国家标准化协会（American National Standard Institute，ANSI）规定了一些常用的流程图符号，用于表示程序的执行步骤与控制流向，主要有图 4-1 所示的几种符号，将这些符号组合起来，就可以表示比较复杂的算法。

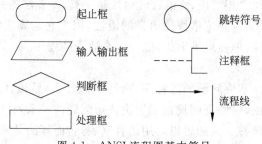

图 4-1　ANSI 流程图基本符号

说明：

- 起止框用于流程图的开始和结束位置，标志算法的开始和结束，每个算法都有一个开始和结束标志。
- 输入输出框用于标志算法中需要输入的数据和输出算法的结果。
- 判断框用于对给定的条件进行判断，根据对条件计算的结果是否成立来决定如何执行后续的操作，有一个入口，可以有一个或两个出口。
- 处理框用于表示算法中的各种具体操作。
- 跳转符号用于绘制较大流程图时控制流程的转向，由于空间或功能的限制，较大的流程图有时需要转向其他位置的入口点。
- 注释框用于对流程图中的内容进行注释，做到直观、易于理解。
- 流程线用于表明流程的走向，表示具体操作的执行顺序。

人们经过长期的实践,在应用和总结的基础上,提出了结构化程序设计的思想,将算法的描述归纳为顺序结构、选择结构和循环结构 3 种基本结构的顺序组合,共同点是只有一个入口和一个出口。使用 3 种基本结构描述的算法是结构化的算法,按照结构化算法编写出来的程序具有良好的可读性和可维护性。

3 种基本结构的流程图如图 4-2 所示。

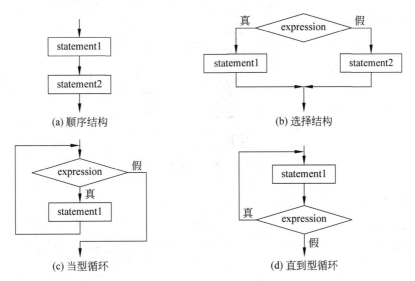

图 4-2　3 种基本结构的流程图

【例 4.2】　用传统流程图表示 $1+2+\cdots+100$ 的算法。

编程分析:根据题意,是要求 100 个自然数的和,在此采用循环的方式,定义循环变量 i 和用于保存求和结果的变量 s,每次执行循环语句(求和、变量加 1)前先判断 i 的数值是否小于等于 100,大于 100 则结束循环并输出求和结果。流程图如图 4-3 所示。

参考程序如下:

```
#include "stdio.h"
void main()
{
    int i=1,s=0;
    while(i<=100)
    {
        s=s+i;
        i++;
    }
    printf("%d\n",s);
}
```

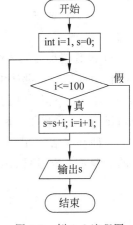

图 4-3　例 4.2 流程图

【例 4.3】　判断输入年份的天数,用 ANSI 流程图表示其算法。

编程分析:闰年的判断条件是:该年份是 4 的整倍数但不是 100 的整倍数,或者是 400 的整倍数。整倍数的判断是用两个整数相除并判断余数是否为 0 来实现的,判断年份 n 为

闰年的 C 语言表达式为(n%4==0 && n%100!=0)||n%400==0。流程图如图 4-4 所示。

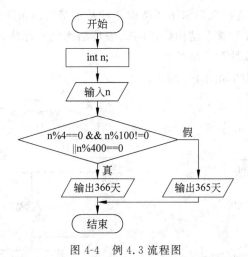

图 4-4　例 4.3 流程图

参考程序如下：

```
#include "stdio.h"
void main()
{
    int n;
    scanf("%d",&n);              /＊此处必须带 & 符号,表示输入到 n 的内存地址中＊/
    if(n%4==0 && n%100!=0 ||n%400==0)
        printf("366 days\n");    /＊\n 表示输出后光标到下一行＊/
    else
        printf("365 days\n");
}
```

3）N-S 流程图描述法

在结构化程序设计中,可以由 3 种基本结构顺序组合成各种复杂的算法结构,因此,ANSI 结构流程图中的流程线就成了多余,于是 1973 年美国学者 I. Nassi 和 B. Shneiderman 提出了一种新的程序控制流程图的表示方法,即 N-S 结构图,它使用矩形框来表示 3 种基本结构,由 3 种基本结构的矩形框嵌套,可以组成各种复杂的程序算法。N-S 结构的 3 种基本流程图如图 4-5 所示。

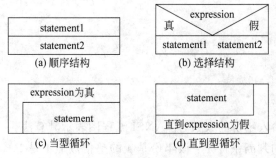

图 4-5　N-S 结构的流程图

【例 4.4】 输出两个整数中的较大值,用 N-S 结构的流程图表示算法。

编程分析:对于两个数求较大值,就是根据其数值大小用比较的方式得出,如果前者大于后者,则较大值为前者,否则,较大值为后者。在 C 语言中可以使用关系运算符(>、<、>=、<= 等)来表示数据之间的大小关系。流程图如图 4-6 所示。

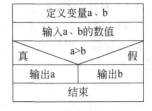

图 4-6 例 4.4 流程图

参考程序如下:

```c
#include "stdio.h"
void main()
{
    int a,b;
    scanf("%d,%d",&a,&b);
    if(a>b)
        printf("bigger=%d\n",a);
    else
        printf("bigger=%d\n",b);
}
```

程序执行时,请输入两个数字,二者之间用逗号分隔,如 23,56,程序运行结果如下:

```
23,65
bigger=65
```

2. 算法的特点

尽管算法因求解问题的不同而千变万化、简繁各异,但它们都必须具备以下 5 个特征,在表示一个算法时需要从这些特征出发,以使得设计的算法切实可行。

(1)有穷性:一个算法必须保证执行有限步之后结束。如果一个算法不具备有穷性,但具有算法的其他特性,则称为计算方法。比如对无极调和级数的计算就不是一个算法,而是一个计算方法。但是在确定了项数或者精度之后,再进行的计算就是有穷的了,这时对调和级数的计算(如求和)就变成了算法。

(2)确切性:算法的每一步骤必须有确切的定义,即每种运算所执行的操作都必须是确定的、无二义性的。比如在配制某种溶液时候,应明确指出"5 升水加 100 克药粉",而不能是"一桶水加适量药粉"这种不确定的说法。

(3)输入:一个算法有 0 个或多个输入,以刻划运算对象的初始情况,所谓 0 个输入是指算法本身给定了初始条件。

(4)输出:一个算法有一个或多个输出,以反映对输入数据加工后的结果。没有输出的算法是毫无意义的。

(5)可行性:算法原则上能够精确地运行,且人们用笔和纸做有限次运算后即可完成。

4.2 C 程序语句

C 程序的执行部分是由语句组成的,程序的功能也是由执行语句实现的。在 C 程序中,共有 5 种类型的语句,分别是表达式语句、函数调用语句、控制语句、复合语句和空语句。

1. 表达式语句

表达式是由运算符和操作数组合起来的符合 C 语言格式的式子,表达式本身并不设有执行的功能。根据使用的运算符的类型不同,可以将表达式分为算术表达式、逻辑表达式和关系表达式等多种形式。

PI=3.1415926 和 sqrt(l * (l−a) * (l−b) * (l−c)) 就是表达式,在这些表达式中,运算符有=、*、(、−,操作数有 3.1415926、l、a、b。

表达式语句由一个完整的表达式及分号";"构成,执行表达式语句就是计算表达式的值,表达式语句的 C 语言格式为

表达式;

例如:

x=y+z;   赋值语句;

y+z;   加法运算语句,但计算结果不能保留,无实际意义;

i++;   自增 1 语句,i 值增 1。

注意:表达式和表达式语句的区别就在于后者带有分号,表达式语句是一个可以运行的语句。例如 a=5 是赋值表达式,表达式的值等于 a 的值,即 5。而 a=5;则是赋值表达式语句,用于为变量 a 赋值。

2. 函数调用语句

函数调用语句是在函数调用的基础上加分号";"组成的,函数调用语句的 C 语言格式为

函数名称(实参表列);

函数调用的目的是避免重复性的编程劳动,提高模块化程序设计的独立性,这里的函数既可以是系统定义的函数,也可以是用户自定义的函数。在没有数据传递的情况下,允许实参表列内容为空。例如:

```
c=getchar();              /* 用于从键盘读入一个字符 */
printf("c=%c",c);         /* 用于将 c 进行格式输出 */
m=max(a,b,c);             /* 用于求取 a、b、c 三者之间的最大值并将结果赋值给 m */
```

3. 控制语句

控制语句用于控制程序的流程,以实现程序的各种结构方式。控制语句由特定的语句定义符组成。

C 语言中共有 9 种控制语句,可分成以下 3 类:

(1) 条件判断语句:if 语句、switch 语句。

(2) 循环执行语句:do while 语句、while 语句、for 语句。

(3) 转向语句:break 语句、goto 语句、continue 语句、return 语句。

4. 复合语句

复合语句是用一对大括号{}将多条语句括起来的一组特殊语句,有时候也称为"程序段",整体上作为一条语句。如循环体语句、选择结构的分支语句等,程序执行过程中将把它作为一条语句进行控制。复合语句的 C 语言格式为:

```
{语句 1；语句 2；…；语句 n；}
```

或

```
{
    语句 1；
    语句 2；
     ⋮
    语句 n；
}
```

在 C 语言的某种结构中,如函数、选择结构、循环结构的执行语句部分,如果可执行的语句超过 1 行,必须写成复合语句的形式。复合语句内的各条语句都必须以分号";"结尾,在括号"}"外不需要加分号。

例如:

```
{
    x=y+z;
    a=b+c;
    printf("%d%d",x,a);
}
```

【例 4.5】　求 $1+2+3+4+5$。

```
#include "stdio.h"
void main()
{
    int i=1,sum=0;
    while(i<=5)
    {                              /* 复合语句作为循环体语句 */
        sum+=i;
        i++;
    }
    printf("sum=%d\n",sum);
}
```

本例中 sum+=i 和 i++ 两条语句构成了循环体,循环每进行一次都要执行这两条语句,因循环体语句超过了一条语句,因此必须用一对大括号{}括起来,构成一个复合语句,只要 while 循环的条件为真就循环执行该复合语句。

注意:复合语句可以嵌套,即复合语句内部还可以有复合语句,并且在复合语句内部可以进行变量的定义和初始化,这些变量在复合语句外部无效,例如:

```
{
    int x=3,y=5,z;
    z=x>y?x:y;
    {
        int a=10,x;
        x=a-z;
```

```
        printf("x=%d\n",x);
    }
}
```

本例中在内外部复合语句中均定义了变量 x,内层的变量 x 是局部变量;相对而言,外层的变量 x 是全局变量,全局变量在其作用范围内的复合语句中遇到局部变量时全局变量被屏蔽,局部变量起作用,也就是说在最内层的复合语句中定义的 x 只在该复合语句内部起作用。

5．空语句

空语句是没有任何符号的语句,仅仅以分号“;”作为标识。空语句的 C 语言格式为:

;

空语句本身没有实际功能,只是表示什么操作都不做。设置空语句的目的有三个:一是定义程序结构并在以后增加语句,二是实现空循环等待,三是实现跳转目标点等。如在结构化程序设计中根据系统功能先定义有关函数结构,便于以后完善。

```
int max(int a,int b)      /* 求两个整数的最大值 */
{
    ;                     /* 此处的空语句表示在以后添加内容,保证当前的程序正常运行 */
}
//实现空循环
for(i=0;i<1000;i++);
//跳转到目标点
int i=0,sum=0;
ex:
sum+=i++;
if(x<100)goto ex;
…
```

4.3 顺序结构程序设计

顺序结构是结构化程序设计的 3 种基本结构之一,也是最基本、最简单的程序组织结构。在顺序结构中,语句按出现的先后顺序依次执行,其流程图如图 4-2(a)和图 4-5(a)所示。

可以说一个 C 程序或一个 C 函数整体上是一个顺序结构,它是由一系列语句或控制结构组成的。在此我们所讨论的内容主要是 C 语言系统定义的有关字符输入和输出函数以及格式化的输入和输出函数。C 语言中所有的输入和输出操作都是通过底层对硬件的操作来实现的,但为了方便用户使用,系统对这些功能进行了封装,以函数的形式展示给用户,用户直接调用有关函数并传递具体参数即可。

4.3.1 字符的输入和输出

计算机的控制台是键盘和显示器,从控制台输入和输出字符的函数常用的有以下几个。

1．getchar( )

格式：

```
char getchar(void);
```

功能：从键盘读入一个字符，返回该字符的 ASCII 码值，可以将该结果赋值给字符变量或整型变量，通常是赋予一个字符变量，构成赋值语句，如：

```
char c;
c=getchar();
```

使用 getchar 函数还应注意几个问题：①以回车作为输入结束。②只能接受一个字符，输入数字也按字符处理；输入多于一个字符时，只接收第一个字符。③使用本函数前必须包含头文件 stdio．h。

2．getch( )

格式：

```
int getch(void);
```

功能：从键盘读入一个字符，返回该字符的 ASCII 码值，但屏幕上不回显该字符（按下输入字符时只能得到该字符的 ASCII 码值）。使用时需包含 conio．h 头文件。

3．getche( )

格式：

```
int getche(void);
```

功能：从键盘读入一个字符，返回该字符的 ASCII 码值，屏幕上回显该字符。

4．putchar(ch)

格式：

```
void putchar(char ch);
```

功能：向屏幕的当前光标位置输出一个字符。

【例 4.6】 利用上述函数从键盘读入一个字符并输出结果。

```
#include "stdio.h"
#include "conio.h"              /* getche 函数所在的头文件 */
void main()
{
    char c;
    c=getche();                /* 调用 getche 函数读取字符 */
    putchar(c);                /* 输出读取的字符内容 */
}
```

运行时从键盘输入 a，则立即输出结果，如下所示：

`aa`

注意：当要利用 getch 和 getche 函数读取 Ctrl＋C 等功能键或箭头键时，必须调用

getch 和 getche 函数两次,首次调用返回 0 或 0xE0,第二次调用才返回该键的真实值。

【例 4.7】 从键盘读入一个英文字符,以与原来不同的形式进行输出。

编程分析: 所谓与原来不同的形式是指原来输入的是小写字母的,转换为大写字母输出;原来是大写字母的,则转换为小写字母输出,也就是要实现大小写字母的转换。具体实现步骤如下:

(1) 首先从键盘读入一个英文字符。

(2) 判断英文字符的大小写并进行转换。

(3) 输出转换后的英文字符。

该题中判断字符的大小写状态以及实现转换是解题的关键。一种方式是利用字符的 ASCII 码值进行判断和操作,从附录 B 中可以看出,同一大小写字母的 ASCII 码值相差 32,即小写字母的 ASCII 码值减去 32 得到大写字母,大写字母的 ASCII 码值加 32 得到小写字母。实现时需要利用选择结构进行判断。流程图如图 4-7 所示。

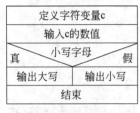

图 4-7 例 4.7 的流程图

另一种方法是利用系统提供的函数进行判断和转换,isupper(ch) 函数判断字符 ch 是否为大写,是则返回结果 1,否则返回结果 0;islower(ch) 函数判断字符 ch 是否为小写,是则返回结果 1,否则返回结果 0;toupper(ch) 函数将字符 ch 转换为大写;tolower(ch) 函数将字符 ch 转换为小写。使用这 4 个函数时需要包含 ctype. h 头文件。

参考程序如下:

```c
#include "stdio.h"
void main()
{
    char c;
    c=getchar();
    if(c>='a' && c<='z')
        putchar(c-32);
    else
        putchar(c+32);
}
```

运行时从键盘输入小写字母 a,然后回车,程序输出大写字母 A。

思考: 读者可以对照该实例,以调用 isupper 等函数的方式来实现。

4.3.2 字符串的输入与输出

C 语言中输入和输出一个字符串常用的函数有以下两个。

1. gets 函数

格式:

```c
char * gets(char * s);
```

功能:从标准输入设备读入一个字符串并写入 s 所指向的内存单元。读入过程中遇回车则结束。一般可参考如下方式进行调用：

```
char s[20];                    /*定义20个元素的字符数组,最多可接收19个字符的字符串*/
gets(s);
```

2. puts 函数

格式：

```
int puts(const char * s);
```

功能：输出一个以空字符结尾的字符串到标准输出设备。如输出上面 s 的内容时格式如下：

```
puts(s);
```

注意：

（1）gets 函数可以接收空格和 Tab 键的内容,遇回车时将回车符号转换为空字符（\0）写入 s 中,一般要把 s 定义得足够大,以便容纳所有要存储的字符内容。

（2）puts 函数输出的字符串内容中必须有空字符（\0）。

字符串是用一对双引号""括起来的字符序列,如"C Programming Language"。C 语言中没有字符串变量,对字符串的存储用字符数组来实现。字符与字符串的区别在于：字符由一对单引号括起来且只能是一个字符长度,如'A';而字符串由一对双引号括起来且长度可变。

【例 4.8】 从键盘输入一个字符串,计算字符串长度并输出结果。

编程分析：求一个字符串的长度,实际是从字符串的第一个字符开始向后查找第一个字符串结束标志（\0）出现的位置,此时已跳过的字符的个数即字符串的长度。具体步骤如下：

（1）从键盘读入一个以回车结束的完整字符串；

（2）从头开始循环判断当前字符的内容是否为空字符（\0）,若不是则记录已跳过的字符个数,是则结束循环,跳转到（3）步；

（3）输出字符串长度。

流程图如图 4-8 所示。

参考程序如下：

```
#include "stdio.h"
void main()
{
    char s[30];
    int i=0;
    gets(s);
    while(s[i]!='\0')
        i++;
    printf("length of string =%d\n",i);
}
```

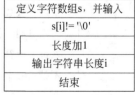

图 4-8　例 4.8 流程图

执行时从键盘输入 C Programming Language 然后回车,因为输入字符个数未超界,所以能正确统计。输入内容和输出结果如下：

```
C Programming Language
length of string =22
```

4.3.3　格式化输入与输出

数字、字符由控制台输入和向控制台输出的常用函数一般有 scanf 和 printf 两个，由文件读入以及向文件的输出可以使用 fscanf 和 fprintf 函数以及其他相关函数。

1. printf()函数
格式：

```
int printf(char * format,arg1,arg2,…);
```

功能：用于按照控制格式 format 的规则转换和格式化输出参数 arg1、arg2 等的数据到标准输出设备，函数正确执行后返回打印输出字符的个数。

在格式控制 format 中主要包含两种数据，一种是普通字符，这些字符在输出时按照原样输出；另一种是转换格式控制字符，用于控制要输出的内容以何种方式进行输出显示，这部分控制字符由％字符和有关控制字符组成，如输出有符号整型数时使用的％d 等。示例如下：

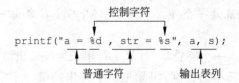

printf 函数中可以使用的控制字符如表 4-1 所示。

表 4-1　printf 函数的控制字符

字　符	含　　义	示　　例	结　　果
c	单一字符	int a=65;printf("%c",a);	A
d	十进制整数	int a=65;printf ("%d",a);	65
x	十六进制无符号整数	int a=65;printf("%x",a);	41
o	八进制无符号整数	int a=65;printf("%o",a);	101
u	不带符号十进制整数	int a=65000;printf("%u",a);	65000
s	字符串	printf("%s", "Hello");	Hello
e	指数形式浮点小数	printf("%e",314.56);	3.1456e+02
f	小数形式浮点小数	printf("%f",314.56);	314.560000
g	e 和 f 中较短的一种	printf("%g",314.56);	314.56
%	百分号本身	printf("%%");	%

此外，在 printf 函数中还可以使用其他的字符，用于指定输出的对齐方式和输出数据所占的字符宽度，具体如表 4-2 所示。

表 4-2　printf 函数的修饰字符

修 饰 字 符	含　义
l	在 d、o、x、u 前,指定输出精度为 long 型
	在 e、f、g 前,指定输出精度为 double 型
—	输出数据在域内左对齐(默认右对齐)
m	输出数据域宽,数据长度<m,左补空格;否则按实际输出
.n	对实数,指定小数点后的位数(四舍五入)
	对字符串,指定实际输出位数
+	指定在有符号数的正数前显示正号(+)
0	输出数值时指定左面不使用的空位置自动填 0
♯	在八进制和十六进制数前显示前导 0 和 0x

【例 4.9】　练习使用 printf 函数。

```
#include "stdio.h"
void main()
{
    int a=15;
    float b=123.1234567;
    double c=12345678.1234567;
    char d='p';
    printf("a=%d,%5d,%o,%x\n",a,a,a,a);
    printf("b=%f,%lf,%5.4lf,%e\n",b,b,b,b);
    printf("c=%lf,%f,%8.4lf\n",c,c,c);
    printf("d=%-3c,%3c\n",d,d);
}
```

本例第一个 printf 以 4 种格式输出整型变量 a 的值,其中%5d 要求输出宽度为 5,而 a=15 只有两位,故左侧补 3 个空格。第二个 printf 以 4 种格式输出实型量 b 的值,其中%f 和%lf 格式的输出相同,%5.4lf 指定输出宽度为 5,精度为 4,由于实际长度超过 5,故按实际位数输出,小数位数超过 4 位部分被截去。第三个 printf 输出双精度实数,%8.4lf 由于指定精度为 4 位,故截去了超过 4 位的部分。第四个 printf 输出字符量 d,其中%-3c 指定输出宽度为 3,但实际输出 1 个字符,右侧补 2 个空格;%3c 输出右对齐,左侧补 2 个空格。程序输出结果如下:

```
a=15,   15,17,f
b=123.123459,123.123459,123.1235,1.231235e+002
c=12345678.123457,12345678.123457,12345678.1235
d=p  ,  p
```

使用 printf 函数时还要注意一个问题,那就是输出列表中的求值顺序。不同的编译系统不一定相同,可以从左到右,也可从右到左。Visual C++ 6.0 是按从右到左进行的。

【例 4.10】　写出下列程序的输出结果。

```
#include "stdio.h"
```

```
void main()
{
    int   a=314;
    float f=218.456;
    char ch='a',s[]="CLanguage";
    printf("%7d,%-4d\n",a,a);
    printf("%f,%8f,%8.1f,%.2f,%.2e\n",f,f,f,f,f);
    printf("%3c\n",ch);
    printf("%s\n%12s\n%8.5s\n%2.5s\n%.3s\n",s,s,s,s,s);
}
```

程序输出结果如下：

```
    314,314
218.455994,218.455994,   218.5,218.46,2.18e+002
    a
CLanguage
    CLanguage
    CLang
CLang
CLa
```

2. scanf()函数

格式：

```
int scanf(char * format,…);
```

功能：用于从标准输入设备读取字符并按照 format 的控制格式将读取的字符存储到对应参数中，每个输入参数必须是指针的形式（对普通变量而言，可以在变量前使用 & 符号，用于取变量的地址，对于指针变量而言，直接使用指针变量的名称即可）。在全部执行完控制格式的内容后正常终止，如果在输入过程中遇到不匹配的控制格式（如输入数据类型与指定格式不匹配）则非正常结束。

在控制格式 format 中通常包含转换说明，用于控制输入的转换。控制格式 format 中可能包含下列内容：

（1）空格或制表符，在处理过程中将被忽略。

（2）普通字符（不包括％），用于匹配输入流中下一个非空白符字符。

（3）转换说明，依次由一个％，一个可选的赋值禁止字符 *，一个可选的数字（指定最大字段宽度），一个可选的 h、l 或 L 字符以及一个转换字符组成。

转换说明用于控制下一个输入字段的转换。一般来说，转换结果存放在相应的参数指向的变量中。但是，如果转换说明中有禁止字符 *，则跳过该输入字段，不进行赋值。转换字符指定对输入字段的解释，表 4-3 列出了可用的转换字符，表 4-4 列出了使用的修饰字符。

表 4-3　scanf 函数使用的转换字符

字　符	含　　　义	字　符	含　　　义
d	用于按照十进制整数进行输入	c	用于输入字符数据
i	用于输入十进制、八进制和十六进制整数	s	用于输入字符串
o	用于输入八进制整数	e,f,g	用于浮点型数据的输入
u	用于输入无符号十进制整数	％	不进行任何赋值操作
x	用于输入十六进制整数		

注意：用％c 格式符时，空格和转义字符作为有效字符输入。

表 4-4　scanf 函数使用的修饰字符

字　符	含　义
h	用于 d、o、x 前，指定输入为 short 型整数
l	用于 d、o、x 前，指定输入为 long 型整数
	用于 e、f 前，指定输入为 double 型实数
m	指定输入数据宽度，遇空格或不可转换字符则结束
*	抑制符，指定输入项读入后不赋给变量

对于输入分隔符有如下规定：

（1）一般以空格、Tab 或回车作为分隔符（在格式控制符间为空格、Tab 或无任何符号时）。

（2）其他字符做分隔符：格式串中两个格式符间的其他分隔字符（输入时要原样输入）。

【例 4.11】　练习使用格式输入、输出函数。

```
#include "stdio.h"
void main()
{
    int a,b;
    float s;
    char m[10];
    scanf("%d,%d,%f,%s",&a,&b,&s,m);       /* m 是数组名称,表示地址 */
    printf("a=%d,b=%d,s=%f,m=%s\n",a,b,s,m);
}
```

从键盘输入：10，15，3.14，hello，程序输出如下：

```
10,15,3.14,hello
a=10,b=15,s=3.140000,m=hello
```

【例 4.12】　练习使用 scanf 函数的修饰符。

```
#include "stdio.h"
void main()
{
    char c1,c2;
    int k;
    float f;
    scanf("%3d%*4d%f",&k,&f);
    scanf("%*c%3c%2c",&c1,&c2);
    printf("k=%d f=%f c1=%c c2=%c\n",k,f,c1,c2);
}
```

程序执行时的输入和输出结果如下：

```
123456789.35
TheCLanguage
k=123 f=89.349998 c1=T c2=C
```

【例 4.13】 已知三角形三边长 a、b、c，求面积的公式如下，试编程实现。

$$s = \sqrt{l*(l-a)*(l-b)*(l-c)} \quad (l=(a+b+c)/2)$$

编程分析：现已知求三角形面积的公式，编程时只需按顺序定义 a、b、c、l、s 等变量，利用 scanf 函数输入 a、b 和 c 三个变量的值，通过赋值语句计算 l 和 s 的数值即可。注意求平方根需使用系统提供的 sqrt 函数，该函数说明在 math.h 头文件中。

参考程序如下：

```c
#include <math.h>              /* sqrt 函数所在的头文件 */
#include <stdio.h>
void main()
{
    float a,b,c,s,area;
    printf("input three edges of triangle:");
    scanf("%f,%f,%f",&a,&b,&c);
    s=1.0/2 * (a+b+c);
    area=sqrt(s * (s-a) * (s-b) * (s-c));
    printf("a=%7.2f,b=%7.2f,c=%7.2f,s=%7.2f\n",a,b,c,s);
    printf("area=%7.2f\n",area);
}
```

程序的输入数据和输出结果如下：

```
input three edges of triangle:3,4,5
a=   3.00, b=   4.00, c=   5.00, s=   6.00
area=   6.00
```

4.4 选择结构的基本形式

实际问题求解中，经常要根据问题的已知条件或当时的情况进行判断，以便决定下一步采取什么样的决策，根据处理问题的复杂程度，需要判断的内容可能有一个或多个。例如，要出去旅游，出行的方式可以是乘火车、汽车、飞机及其他等形式，对于这些形式还需要对比确定乘坐的车次或航班。选择结构程序设计就是指根据不同的判定条件，控制执行不同的程序流程，特点是程序执行的顺序与程序书写的顺序不相一致，每次只执行选择程序段中的部分程序。条件分支结构又称选择结构，在程序设计中，当需要根据选择判断来处理问题的时候，就要用到选择分支结构。

在 C 语言中，选择分支结构通常有单分支、双分支和多分支等多种情况。

4.4.1 简单分支结构

简单分支结构形式如下：

if(表达式)

　语句

流程图如图 4-9 所示。

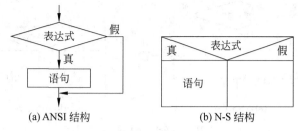

(a) ANSI 结构　　　　　　　(b) N-S 结构

图 4-9　单分支结构的流程图

执行过程是：系统首先对表达式进行判断，当表达式结果为真(不为 0)时执行语句；否则，跳过语句，继续执行其后的其他语句。

注意：表达式的类型可以是赋值表达式、关系表达式等任意类型的表达式；语句可以是单个语句，也可以是复合语句；执行判断的过程中有可能修改变量的数值。例如：

```
int x=5;
if(x++>3)
    printf("x=%d",x);
```

由于在关系表达式中存在＋＋运算符，所以该判断完成后，变量 x 的数值自增 1，输出结果为 x＝6。

【例 4.14】 输出一个整数的绝对值。

编程分析：对正数来说绝对值是其自身，对负数来说绝对值是其负值，因此输出一个数的绝对值，其实就是对该数是否小于 0 的判断，可用单分支选择结构实现。

参考程序如下：

```
#include "stdio.h"
void main()
{
    int x;
    scanf("%d",&x);
    if(x<0)
        x=-x;
    printf("x=%d\n",x);
}
```

4.4.2　双分支结构

形式如下：

if(表达式)
　　语句 1
else
　　语句 2

流程图如图 4-10 所示。

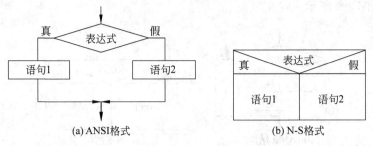

图 4-10   双分支结构的流程图

执行过程是：系统首先对表达式进行判断,当表达式结果为真(不为 0)时执行语句 1；否则,执行语句 2。选择结构执行完成后继续执行其后的其他语句。

例如,求两个数的较大值可以利用下面的语句：

```
if(a>b)
    max=a;
else
    max=b;
```

【例 4.15】 输入一门课的成绩并判断是否及格。

编程分析：输入一门课的成绩之后,成绩大于等于 60 表示及格,小于 60 表示不及格,因此有两种状态,而且均对同一个变量进行判断并在同一个数值(60)两侧分成两种状态(及格或不及格),所以可使用双分支结构实现。

参考程序如下：

```
#include "stdio.h"
void main()
{
    int s;
    printf("input a score number:");
    scanf("%d",&s);
    if(s>=60)
        printf("成绩及格了\n");
    else
        printf("成绩不及格\n");
}
```

程序运行后,输入内容和输出结果如下：

```
input a score number:85
成绩及格了
```

注意：在双分支结构中,若 statements1 和 statements2 语句都是对同一个变量进行赋值操作,则双分支结构可以变化为条件表达式语句的形式；否则,将不能进行转换。如前面求两个整数的较大值可以改写为 max=a>b?a:b;,求一个数的绝对值可以改写为 x=x>0?x:-x;例 4.16 由于双分支的执行语句不是对同一个变量赋值,读者可以考虑一下怎样用条件表达式语句进行表示。

4.4.3 多分支结构

形式如下：

```
if(表达式)
    语句 1
else if(表达式 2)
    语句 2
    ⋮
else if(表达式 n)
    语句 n
else
    语句 n+1
```

流程图如图 4-11 所示。

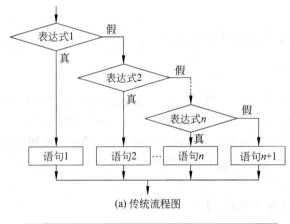

(a) 传统流程图

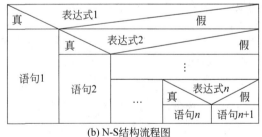

(b) N-S 结构流程图

图 4-11 多分支结构的流程图

实际上多分支结构是由多个 if…else 双分支组合而成的，因此，执行过程是：系统首先对表达式 1 进行判断，当结果为真(不为 0)时执行语句 1；否则，对表达式 2 进行判断，结果为真时执行语句 2；否则继续判断后续表达式，直到找到结果为真的表达式，执行与之匹配的执行语句，并结束整个多分支结构。选择结构执行完成后继续执行其后的其他语句。

【例 4.16】 输入两个整数并输出二者的大小关系。

分析：两个数的大小关系有大于、小于和等于 3 种情况，因此可以使用多分支结构来实现。具体操作步骤如下：

（1）从键盘读入两个整型数。

（2）利用多分支结构判断二者的大小关系并输出结果。

参考程序如下：

```c
#include "stdio.h"
void main()
{
    int a,b;
    scanf("%d,%d",&a,&b);
    if(a>b)
        printf("a>b\n");
    else if(a<b)
        printf("a<b\n");
    else
        printf("a=b\n");
}
```

程序运行后,输入内容和输出结果如下：

```
20,34
a<b
```

【例 4.17】 将一个百分制的成绩转换为五级分制来输出,即 90 分以上对应 A,80～89 分对应 B,70～79 分对应 C,60～69 分对应 D,60 分以下对应 E。

编程分析：百分制转换成五级分制存在多种情况,因此是典型的多分支结构形式,可以用 if…else if…的多分支结构来表示。具体操作步骤如下：

（1）输入要转换的数值。

（2）对输入的数值进行判断,得到转换后的结果。

（3）输出转换后的结果。

参考程序如下：

```c
#include "stdio.h"
void main()
{
    int score;
    char result;
    printf("Please input score:");
    scanf("%d",&score);
    if(score>=90)   result='A';
    else if(score>=80)   result='B';
    else if(score>=70)   result='C';
    else if(score>=60)   result='D';
    else   result='E';
    printf("The Score is: %c\n",result);
}
```

程序运行后的输入内容和输出结果如下：

```
Please input score:85
The Score is: B
```

4.4.4 switch…case 分支结构

如果要处理的问题比较复杂,存在很多分支的情况,用 if…else if…else 的结构进行表示,将造成程序可读性差。C 语言提供的 switch 语句是另一种形式的多分支选择结构,表示形式如下:

```
switch(表达式)
{    case 常量表达式 1:
        语句 1;
    case 常量表达式 2:
        语句 2;
     ⋮
    case 常量表达式 n:
        语句 n;
    default:
        语句 n+1;
}
```

流程图如图 4-12 所示。

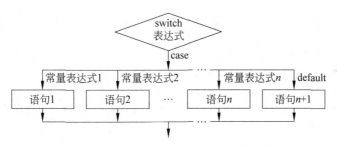

图 4-12　switch 结构的流程图

其中,表达式可以是任意类型,各个常量表达式代表表达式的各个不同取值。执行过程中,首先求解表达式的值,然后依次与后面的各个常量表达式相比较,当表达式的值与某个 case 后的常量表达式的值相同时,就执行该 case 后的语句,如果该语句中存在 break 语句,执行完毕后直接退出 switch 选择结构;如果不存在 break 语句,则一直向后执行到某个 case 的执行语句中出现 break 为止,或进行到该结构的大括号为止;如果所有常量表达式的值均与表达式的值不相等,且存在 default 分支,系统将执行 default 分支的语句,如果不存在 defualt 分支,程序将不做任何处理而直接执行 switch 结构之后的其他语句。

注意:

(1) 各个常量表达式的值必须是整型常量或字符常量,而不能是变量。

(2) default 分支可以省略。

(3) 每个 case 分支可根据需要添加 break 语句,用于结束该分支的执行。

(4) 每个 case 后的执行语句部分可以写成复合语句的形式,也可以是多个单个语句顺序罗列的形式(即不用添加大括号)。

下面通过例子说明 switch…case 语句的执行特点。

例如,对于如下一段代码:

```
switch(ch)
{
    case 'A':
    case 'B':
    case 'C':
        printf("score>60\n");  break;
}
```

由于前两项分支的执行语句中没有用于跳出选择结构的 break 语句,程序运行时将从找到数值匹配的分支开始向后执行,直到遇到 break 语句或程序结束为止,因此,当 ch 等于'A'或'B'或'C',都将打印输出 score＞60。

【例 4.18】 输入某年某月某日,判断这一天是这一年的第几天?

编程分析:输入年月日后,该天在一年中的位置就是把该月之前的所有月天数累加起来,然后再加上该月中到该天的天数,但当输入月份大于 2 时,需要根据该年是否闰年以确定 2 月份的天数。以 2013 年 3 月 5 日为例,该天是 2013 年的第 31＋28＋5＝64 天。

参考程序如下:

```
#include "stdio.h"
void main()
{
    int day,month,year,sum,leap;
    printf("\nplease input year,month,day:");
    scanf("%d,%d,%d",&year,&month,&day);
    switch(month)                    /*先计算该月以前各月份的总天数*/
    {
        case 1:sum=0;break;
        case 2:sum=31;break;
        case 3:sum=59;break;
        case 4:sum=90;break;
        case 5:sum=120;break;
        case 6:sum=151;break;
        case 7:sum=181;break;
        case 8:sum=212;break;
        case 9:sum=243;break;
        case 10:sum=273;break;
        case 11:sum=304;break;
        case 12:sum=334;break;
        default:printf("data error");break;
    }
    sum=sum+day;                      /*再加上输入的该月的天数*/
    /*如果月份大于2且该年是闰年,总天数加一天*/
    if(month>2 &&(year%400==0||(year%4==0&&year%100!=0)))
```

```
        sum++;
    printf("It is the %dth day\n",sum);
}
```

程序运行后的输入内容和输出结果如下：

```
please input year,month,day:2013,10,6
It is the 279th day
```

本例中可以在 switch 结构中将 case 的内容自 12 月份开始向下排列直到 1 月份，即 case 12：…case 1：,每个分支均加上上月的天数且不使用 break 语句,这样程序执行时就从输入的月份的上一个月份开始向下依次累加。例如：

```
switch(month)
{
    case 12:
        sum+=30;                    //11 月份有 30 天
    case 11:
        sum+=31;                    //10 月份有 31 天
        ⋮
    case 1:
        sum+=28;                    //假设 2 月份 28 天
}
```

利用 switch 结构实现了对一年中 12 个月份天数的累计,每个 case 各有执行语句,所以导致本例程序较长。如果将每个月份的天数存储在数组中,就可以利用循环进行操作,则代码量会大大降低。

4.5　选择结构的嵌套

选择结构可以嵌套使用,如 if…else if…else 结构,实际上就是 if 单分支结构的嵌套。当需要处理的问题有较多的判断条件时,可以使用多种形式的选择结构进行嵌套,具体而言,可以使用一个或多个 if 语句,其执行语句中又包含选择结构,形成层层嵌套的选择结构形式。C 语言中两层选择结构的嵌套形式可以有如下几种形式。

形式 1：

```
if(表达式 1)
    if(表达式 2)
        语句 1
    else
        语句 2
```

形式 2：

```
if(表达式 1)
    if(表达式 2)
        语句 1
```

```
    else
        语句 3
```

形式 3：

```
if(表达式 1)
    语句 1
else
    if(表达式 2)
        语句 2
    else
        语句 3
```

形式 4：

```
if(表达式 1)
    if(表达式 2)
        语句 1
    else
        语句 2
else
    if(表达式 3)
        语句 3
else
        语句 4
```

每个执行语句中还可以嵌套 if 语句。特别需要注意的是在选择结构的嵌套中 if 和 else 的配对原则，在省略大括号{}的情况下，else 总是和它前面距离其最近的未匹配的 if 配对。例如，以下用于判断 a、b、c 是否相等的语句：

```
if(a==b)
    if(b==c)
        printf("a==b==c");
    else
    printf("a!=b");
```

上面代码的本意是来判断 a、b、c 是否相等，但是根据 if 和 else 的匹配关系，else 与前面的 if(b==c)语句进行配对，因此当 a 与 b 不相等时就无法输出"a! =b"的信息，而是在 b ≠c 时输出"a!=b"的信息。更改的方法是添加大括号，强制 else 与最前面的 if(a==b)进行配对，程序修改如下：

```
if(a==b)
{   if(b==c)
        printf("a==b==c");
}
else
    printf("a!=b");
```

【**例 4.19**】 输入 3 个整数,输出最大数和最小数。

编程分析:首先比较输入的两个数 a、b 的大小,并把大数存入 max 变量,小数存入 min
变量;然后再用 max 和 min 分别与 c 比较,若 c 大于 max,则
把 c 赋予 max;如果 c 小于 min,则把 c 赋予 min。因此 max
内总是最大数,而 min 内总是最小数。最后输出 max 和 min
的值即可,流程图如图 4-13 所示。

参考程序如下:

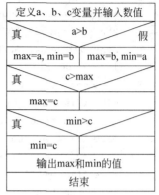

图 4-13 例 4.19 流程图

```c
#include <stdio.h>
void main()
{
    int a,b,c,max,min;
    printf("input three numbers: ");
    scanf("%d%d%d",&a,&b,&c);
    if(a>b)
    {max=a; min=b;}
    else
    {max=b; min=a;}
    if(c>max)
        max=c;
    if(min>c)
        min=c;
    printf("max=%d min=%d\n",max,min);
}
```

程序运行后的输入内容和输出结果如下:

```
input three numbers: 15 34 8
max=34 min=8
```

【**例 4.20**】 企业发放的奖金根据利润提成。利润(I)低于或等于 10 万元时,奖金按
10％提成;利润高于 10 万元,低于 20 万元时,低于 10 万元的部分按 10％提成,高于 10 万元
的部分提成 7.5％;利润为 20 万元到 40 万元之间时,高于 20 万元的部分,可提成 5％;利润
为 40 万元到 60 万元之间时,高于 40 万元的部分可提成 3％;60 万元到 100 万元之间时,高
于 60 万元的部分可提成 1.5％;利润高于 100 万元时,超过 100 万元的部分按 1％提成,从
键盘输入当月利润 I,求应发放奖金总数。

编程分析:企业发放的奖金与企业利润存在一定关系,且根据不同的利润存在不同的
奖金计算数据,所以在对本题编程时须采用多分支选择结构形式,将企业利润范围作为各分
支的判断表达式,然后对应计算应发放奖金数。注意定义时需把奖金定义成双精度浮点型。

参考程序如下:

```c
#include <stdio.h>
void main()
{
    double a,bonus1,bonus2,bonus3,bonus4,bonus5,bonus;
```

```
    scanf("%lf",&a);
    bonus1=100000 * 0.1;                    //10 万~20 万元
    bonus2=bonus1+100000 * 0.075;           //20 万~40 万元
    bonus3=bonus2+200000 * 0.05;            //40 万~60 万元
    bonus4=bonus3+200000 * 0.03;            //60 万~100 万元
    bonus5=bonus4+400000 * 0.015;           //100 万元以上
    if(a<=100000)
        bonus=a * 0.1;
    else if(a<=200000)
        bonus=bonus1+ (a-100000) * 0.075;
    else if(a<=400000)
        bonus=bonus2+ (a-200000) * 0.05;
    else if(a<=600000)
        bonus=bonus3+ (a-400000) * 0.03;
    else if(a<=1000000)
        bonus=bonus4+ (a-600000) * 0.015;
    else
        bonus=bonus5+ (a-1000000) * 0.01;
    printf("bonus=%lf\n",bonus);
}
```

程序运行时的输入内容和输出结果如下：

```
580000
bonus=32900.000000
```

4.6 循环结构的基本形式

在求解问题的过程中，有时候要将某些操作过程执行若干次。按照制定的条件重复执行某个特定次数的控制方式称为循环结构。循环结构也是 C 程序设计中的 3 种基本结构之一，灵活掌握循环结构对于编写高效简洁的程序至关重要。在循环结构程序设计中，有些循环的次数是确定的，即执行确定的次数之后循环结束，有些循环没有事先预定的次数，而是达到一定条件时由控制语句强制结束和跳转。循环程序设计的特点是程序执行的顺序与程序书写的顺序相一致，而且在循环体上将重复执行多次。在 C 语言中有 if…goto、while、do…while 和 for 这 4 种循环结构，循环结构形式在某些条件下可以进行互换。

4.6.1 if…goto 构成的循环

goto 关键字的作用是将程序控制点跳转到标号所指定的位置，标号应符合 C 语言中标识符的约定，可以用字母、数字和下划线组成，且首字母不能为数字，也不能使用系统保留的关键字。流程图如图 4-14 所示。

注意：在跳转之前必须有条件判断，即在满足一定的条件下才进行跳转，否则，将造成系统死循环。

【例 4.21】 用 if 和 goto 语句构成循环，求 $1+2+\cdots+100$。

编程分析：本题是要求前 100 个自然数的和，应使用循环进行操作，进行跳转循环累加

的条件是当前累加的自然数小于 100,操作步骤如下:

(1) 定义循环变量并赋初值。

(2) 进行累加并判断和跳转。

流程图如图 4-15 所示。

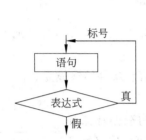

图 4-14　if…gogo 循环的流程图

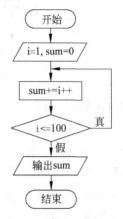

图 4-15　例 4.21 流程图

参考程序如下:

```c
#include <stdio.h>
void main()
{
    int i=1,sum=0;
loops:
    {
        sum+=i++;
        if(i<=100)    goto loops;
    }
    printf("%d\n",sum);
}
```

4.6.2　while 循环

while 循环是一种当型的循环,即在满足一定的条件时才执行后面的循环体语句,C 语言中 while 循环的结构形式如下:

```
while(表达式)
    循环体;
```

流程图如图 4-16 所示。

特点:先判断表达式,后执行循环体。

说明:

(1) 循环体有可能一次也不执行。

(2) 循环体可为任意类型的语句。

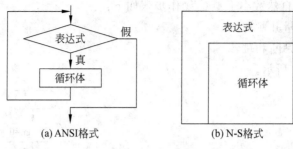

(a) ANSI格式　　　　　　　　(b) N-S格式

图 4-16　while 循环的流程图

（3）下列情况退出 while 循环：条件表达式不成立（为零）；循环体内遇 break、return 或 goto。

（4）造成无限循环的情况是 while(1) 循环体，表示条件始终成立。

【例 4.22】　用 while 循环求 $1+2+\cdots+100$。

编程分析：本题在利用 while 循环时，关键是构造循环累加的判断表达式，本题要实现 100 个自然数求和，所以可以定义循环变量 i，自 1 开始，每循环一次该自变量加 1，直到 i>100 为止。所以定义循环的判断表达式为：i<=100。流程图如图 4-17 所示。

参考程序如下：

```
#include <stdio.h>
void main()
{
    int i=1,sum=0;
    while(i<=100)
        sum+=i++;
    printf("%d",sum);
}
```

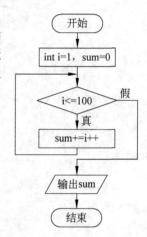

图 4-17　例 4.22 流程图

【例 4.23】　任意输入两个正整数 m、n，求其最大公约数和最小公倍数。

分析 1：最小公倍数＝两数之积/两数的最大公约数。求两个数的最大公约数，可以用辗转相除法。原理：假设 c 为最大公约数，那么 m 可以表示为 ac，同样 n 可以表示为 bc，m 又可以表示为 $bcx+r(r<n)$（假设 $m>n$），则 $r=m \bmod n$。求 m、n 两个整数的最大公约数的算法是：由 m 对 n 求余数得 r，若 r 不等于 0，则把 n 的值赋给 m，r 的值赋给 n，然后继续用 m 对 n 求余，直到得到的余数为 0 时的那个 n 就是这两个整数的最大公约数。例如，求 $m=42$，$n=54$ 的最大公约数，应用辗转相除法计算的过程如下：

m	n	余数
42	54	42
54	42	12
42	12	6
12	6	0

程序流程图如图 4-18 所示。

参考程序如下：

```c
#include <stdio.h>
void main()
{
    int m,n,r;
    long c;
    printf("Please input two numbers:");
    scanf("%d,%d",&m,&n);
    c=m * n;
    while(r=m%n)
    {
        m=n;
        n=r;
    }
    printf("Max=%d,Min=%d",n,c/n);
}
```

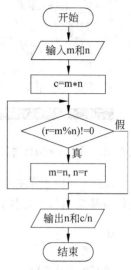

图 4-18 例 4.23 流程图

分析 2：最大公约数是同时可以整除两个整数的整数,最大公约数要小于或等于给定的两个数字中的最小值,所以可以令循环变量的初值为给定的两个数字中的最小值进行循环,看能否被这两个数同时整除,若是则为最大公约数并跳出循环,否则继续循环,直到循环变量的值为 1 为止,每循环一次循环变量减 1。这部分内容可由读者思考完成。

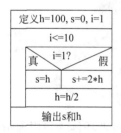

图 4-19 例 4.24 流程图

【例 4.24】 一只球从 100m 高度自由落下,每次落地后反弹回原高度的一半再落下,求它在第 10 次落地时共经过多少米?第 10 次反弹多高?

编程分析：首次落地距离为 $h=100$m,落地反弹和再次落地高度各为 $h/2=50$m,本次落地反弹共经过 $h=100$m;第二次落地后反弹和下落高度各为 $h/4=25$m,本次落地反弹共经过 $h/2=50$m。除首次落地外,第 i 次反弹和落地高度为 h 除以 2 的 i 次方,反弹和落地总距离为 h 除以 2 的 $i-1$ 次方,求总共经过的距离时须考虑首次落地之前的高度 100m。流程图如图 4-19 所示。

参考程序如下：

```c
#include "stdio.h"
void main()
{
    float h=100.0,s;
    for(int n=1;n<=10;n++)
    {
        if(n==1)
            s=h;
        else
            s=s+2 * h;                    /* 共经过的距离 */
```

```
        h=h/2;                           /*第 n 次反弹高度*/
    }
    printf("总共经过%f 米,第 10 次反弹%f 米\n",s,h);
}
```

程序输出结果如下:

总共经过299.609375米，第10次反弹0.097656米

4.6.3 do…while 循环

do…while 型的循环又称为直到型循环,顾名思义,就是一直循环到条件不成立为止。其特点是先执行循环体,后判断表达式。直到型循环的一般形式如下:

```
do
    循环体;
while(表达式);
```

流程图如图 4-20 所示。

(a) ANSI格式   (b) N-S格式

图 4-20 do…while 循环的流程图

说明:

(1) do…while 循环至少执行一次循环体。

(2) 当循环体只有一个语句时,可以不加大括号{};反之,需要将循环体语句用大括号括起来而构成复合语句。

(3) while(表达式)后面的分号不能省略。

(4) do…while 结构可转化成 while 结构,若 while 循环的表达式为真,则这两种结构的结果相同,否则不同。

(5) 循环体可为任意类型的语句。

(6) 下列情况退出 do…while 循环:条件表达式不成立(为零);循环体内遇 break、return 或 goto 语句。

【例 4.25】 用 do…while 循环求 $1+2+\cdots+100$。

编程分析: 本题利用 do…while 循环时,关键是构造循环终止的判断表达式,本题可以定义循环变量 i,自 1 开始,每循环一次该自变量加 1,一直循环进行 100 次,所以可以定义循环终止的判断条件为 $i \leq 100$。流程图如图 4-21 所示。

参考程序如下:

```
#include <stdio.h>
void main()
{
    int i=1,sum=0;
        do
            sum+=i++;
        while(i<=100);
    printf("sum=%d\n",sum);
}
```

从例 4.22 和例 4.25 可以看出,当循环变量 i 的初值为 1 时,两个程序得出的结果均为 5050,但是,如果更改循环变量 i 的初值为 101,可以看出,例 4.22 的结果为 0,而例 4.25 的结果为 101。

【例 4.26】　自键盘输入一个正整数,计算其阶乘。

编程分析:本题的题意是求 n!,其中 n 由键盘输入。利用 do…while 循环时可以定义循环变量 i 和保存乘积结果的变量 s,令循环变量 i 自 1 开始,每循环一次,用 i 的值与 s 的值相乘,同时将乘积存入变量 s,循环变量加 1,直至 i>n 时终止,所以,该循环的判断表达式可定义为 i<=n。流程图如图 4-22 所示。

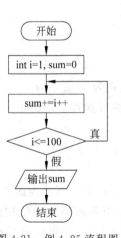

图 4-21　例 4.25 流程图

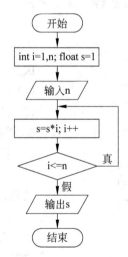

图 4-22　例 4.26 流程图

参考程序如下:

```
#include <stdio.h>
void main()
{
    int i=1,n;
    float s=1.0;
    printf("input a number:");
    scanf("%d",&n);                    /* 从键盘输入要求阶乘的数 */
    if(n<0)return;                      /* 输入数值错误 */
    do
```

```
    {
        s * =i;
        i++;
    }
    while(i<=n);
    printf("s=%-10.0f",s);                    /* 输出占 10 位,不带小数,左对齐 */
}
```

程序运行后的输入内容和输出结果如下:

```
input a number:8
s=40320
```

4.6.4   for 循环

for 循环是 C 语言的循环控制语句中功能最为强大、应用最为灵活和广泛的一种形式,不仅适用于循环次数确定的情况,也适用于循环次数未知的情况。while 循环和 do…while 格式的循环均可转换成 for 循环的形式。

for 循环的一般形式如下:

for(表达式 1;表达式 2;表达式 3)
　　循环体;

流程图如图 4-23 所示。

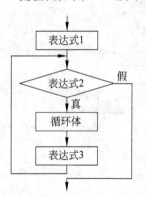

图 4-23　for 循环的流程图

执行过程如下:

(1) 执行表达式 1。

(2) 判断表达式 2 是否为 0,若不为 0,则执行循环体语句,若为 0,则退出 for 循环,继续执行后面的语句。

(3) 执行表达式 3。

(4) 转到(2)继续执行。

说明:

(1) 3 个表达式可以是任意类型的表达式。

(2) 表达式 1 一般用于为循环变量赋初值,即采用赋值表达式的形式,如 i=0 或 int i=0;也可以是逗号表达式的形式,如 i=0,j=0。

(3) 表达式 2 一般是关系表达式或逻辑表达式,作为循环的控制条件,如 i<10。

(4) 表达式 3 一般用于控制循环变量的变化,通常为赋值表达式的形式,如 i++等;也可以是逗号表达式的形式,如 i++,j+=2。

(5) 3 个表达式均可以省略或部分省略,省略时 for 循环中的分号不能省略,如全部省略时为 for(; ;)。省略表达式 1 则需要事先在 for 循环之前对循环变量赋初值;省略表达式 2 则假定为 1,是一种无条件循环,需要在循环体语句中控制循环的执行;省略表达式 3 则需要在循环体语句中控制循环变量的变化。

【例 4.27】 用 for 循环求 1+2+…+100。

编程分析:本例利用 for 循环时,关键是定义 3 个表达式,本例中可以定义循环变量 i

自 1 开始(表达式 1 为 i=1),每循环一次该自变量加 1(表达式 3 为 i++),一直循环进行 100 次(表达式 2 为 i≤100),循环体语句就是累加循环变量 i 的当前数值(sum+=i)。流程图如图 4-24 所示。

参考程序如下:

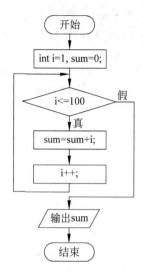

图 4-24 例 4.27 流程图

```
#include <stdio.h>
void main()
{
    int i,sum=0;
    for(i=1;i<=100;i++)
        sum+=i;
    printf("sum=%d",sum);
}
```

省略某些表达式时,可以写成如下的几种形式:

```
#include <stdio.h>
void main()
{
    int i=1,sum=0;
    for(;i<=100;)
        sum+=i++;
    printf("sum=%d",sum);
}
```

```
#include <stdio.h>
void main()
{
    int i=1,sum=0;
    for(; ;)
        if(i>100)break;              /*结束当前所在的循环*/
        else
            sum+=i++;
    printf("sum=%d\n",sum);
}
```

【例 4.28】 用 for 循环打印出所有的水仙花数。

所谓水仙花数是指一个三位数,其各位数字的立方和等于该数本身。例如,153 是一个水仙花数,因为 $153=1^3+5^3+3^3$。

编程分析:利用 for 循环控制 100～999 的整数,将每个整数分解出个位、十位和百位,然后计算各位数字的立方之和并判断是否与该整数相同,若相同则输出结果,否则继续判断下一个整型数字,直到待处理的整数超过 999 为止。流程图如图 4-25 所示。

参考程序如下:

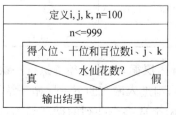

图 4-25 例 4.28 流程图

```
#include <stdio.h>
void main()
{
    int i,j,k,n;
    printf("narcissistic number are: ");
    for(n=100; n<1000; n++)
    {
        i=n/100;                          /* 分解出百位数 */
        j=n/10%10;                        /* 分解出十位数 */
        k=n%10;                           /* 分解出个位数 */
        if(n==i*i*i+j*j*j+k*k*k)
            printf("%-5d",n);
    }
    printf("\n");
}
```

程序执行后的输出结果如下：

```
narcissistic number are : 153  370  371  407
```

4.7　循环结构的嵌套

前面讲述的几种循环结构形式较为简单,循环体语句可以是任何合法的 C 语句,若一个循环结构的循环体中包含了另一个循环结构,则构成了循环的嵌套。根据所嵌套循环的层数,有单循环、双重循环及多重循环。

while、do…while、for 三种循环可互相嵌套,层数不限。外层循环可包含两个以上的内层循环,但不能相互交叉。循环嵌套的一些结构形式如表 4-5 所示。

表 4-5　循环嵌套的几种形式

示例 1	示例 2	示例 3	示例 4	示例 5
while()	do	for()	while()	do
{	{	{	{	{
…	…	…	…	…
while()	do	for()	for()	for()
{	{	{	{	{
…	…	…	…	…
}	}while();	}	}	}
…	…	…	…	…
}	}while();	}	}	}while();

嵌套循环的执行过程是:首先执行外层循环,然后执行内层循环,外循环每执行一次,内层循环就完整执行一次,若内层循环中还存在嵌套的循环,则进入嵌套的下一层循环结构中,顺次执行有关的循环结构;若在某层循环结构中嵌套了两个或多个并列的循环结构,则从外层循环进入时,顺次执行这几个并列的循环结构。

【例 4.29】　输出九九乘法口诀表。

```
1*1=1
2*1=2  2*2=4
3*1=3  3*2=6   3*3=9
4*1=4  4*2=8   4*3=12 4*4=16
5*1=5  5*2=10  5*3=15 5*4=20 5*5=25
6*1=6  6*2=12  6*3=18 6*4=24 6*5=30 6*6=36
7*1=7  7*2=14  7*3=21 7*4=28 7*5=35 7*6=42 7*7=49
8*1=8  8*2=16  8*3=24 8*4=32 8*5=40 8*6=48 8*7=56 8*8=64
9*1=9  9*2=18  9*3=27 9*4=36 9*5=45 9*6=54 9*7=63 9*8=72 9*9=81
```

编程分析：从乘法口诀表的样式可以看出，这是一种下三角的形式，整体来看由 9 行组成，每行的列数与所在行数相同，所以可以定义 i 和 j 两个循环变量，i 用于外层循环，对所在行进行循环；j 用于内层循环，对该行中包含的列进行循环，因而构成双重循环。流程图如图 4-26 所示。

参考程序如下：

```c
#include <stdio.h>
void main()
{
    int i=1,j;
    for(; i<10; i++)
    for(j=1; j<=i; j++)
    {
        printf("%d * %d=%-3d",i,j,i*j);
        if(j==i)printf("\n");
    }
}
```

运行程序，输出结果为题目所示的乘法口诀表。

如果要输出对角线自右上至左下的下三角形式的乘法口诀表，则需要在每行输出乘法口诀表之前判断并输出空字符，由口诀表可知，每个口诀表公式占 7 个字符位，第一行有 8 个空白口诀表公式列，第二行有 7 个空白口诀表公式列，依此类推。而空白口诀表公式列数与所在行和总行数 9 有关，即第 i 行应输出的空白口诀表公式列数为 9−i 个。

参考程序如下：

```c
#include <stdio.h>
void main()
{
    int i=1,j;
    for(; i<10; i++)
    {
        for(j=1;j<=9-i;j++)
            printf("      ");            //输出 7 个空白字符
        for(j=1; j<=i; j++)
```

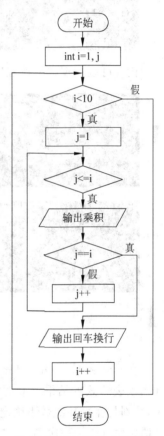

图 4-26　乘法口诀表流程图

```
        printf("%d * %d=%-3d",i,j,i * j);
    printf("\n");
    }
}
```

程序运行后的输出结果如下：

```
                                                        1*1=1
                                            2*1=2   2*2=4
                                  3*1=3   3*2=6   3*3=9
                        4*1=4   4*2=8   4*3=12  4*4=16
              5*1=5   5*2=10  5*3=15  5*4=20  5*5=25
    6*1=6   6*2=12  6*3=18  6*4=24  6*5=30  6*6=36
7*1=7   7*2=14  7*3=21  7*4=28  7*5=35  7*6=42  7*7=49
8*1=8   8*2=16  8*3=24  8*4=32  8*5=40  8*6=48  8*7=56  8*8=64
9*1=9   9*2=18  9*3=27  9*4=36  9*5=45  9*6=54  9*7=63  9*8=72  9*9=81
```

读者可以在理解上述程序的基础上，编程输出以下两种格式的乘法口诀表：

```
1*9=9   2*9=18  3*9=27  4*9=36  5*9=45  6*9=54  7*9=63  8*9=72  9*9=81
1*8=8   2*8=16  3*8=24  4*8=32  5*8=40  6*8=48  7*8=56  8*8=64
1*7=7   2*7=14  3*7=21  4*7=28  5*7=35  6*7=42  7*7=49
1*6=6   2*6=12  3*6=18  4*6=24  5*6=30  6*6=36
1*5=5   2*5=10  3*5=15  4*5=20  5*5=25
1*4=4   2*4=8   3*4=12  4*4=16
1*3=3   2*3=6   3*3=9
1*2=2   2*2=4
1*1=1
```

```
1*9=9   2*9=18  3*9=27  4*9=36  5*9=45  6*9=54  7*9=63  8*9=72  9*9=81
        1*8=8   2*8=16  3*8=24  4*8=32  5*8=40  6*8=48  7*8=56  8*8=64
                1*7=7   2*7=14  3*7=21  4*7=28  5*7=35  6*7=42  7*7=49
                        1*6=6   2*6=12  3*6=18  4*6=24  5*6=30  6*6=36
                                1*5=5   2*5=10  3*5=15  4*5=20  5*5=25
                                        1*4=4   2*4=8   3*4=12  4*4=16
                                                1*3=3   2*3=6   3*3=9
                                                        1*2=2   2*2=4
                                                                1*1=1
```

4.8　循环控制语句

在 while、do…while、for 三种循环结构中，都有循环终止的判断表达式，正常情况下只有当该表达式的结果为 0 时才终止循环。实际情况下有时候并不需要执行全部循环体语句，特别是在循环次数不确定的循环结构中，就需要在满足一定的条件下可以跳过其中一部分语句而进入下一次循环，或者终止所在循环结构的执行，这就需要使用 break 和 continue 语句进行循环控制。

4.8.1　break 语句

break 语句只能用于 switch 多分支选择结构和循环结构的循环体语句中，其作用分别是结束当前的选择结构和结束所在的循环结构，使程序控制转到后续的程序语句中。在循环结构中使用 break 语句的一般形式如下：

```
if(表达式)
    break;
```

其中，表达式可以是任意类型的表达式，只要表达式计算的结果不为 0，就强制结束所在层次的循环。

说明：break 语句用于循环结构中强制结束所在层次的循环,一般要与 if 语句搭配使用。

【例 4.30】 判断一个正整数 n 是否为素数。

编程分析：素数是只能被 1 和自身整除的数,而一个正整数可以写成 ij 的形式。在判断是否为素数时,可定义循环变量 i,自 2 开始循环直到 $n-1$,判断 n 能否被 i 整除,一旦能整除则表明为非素数,此时可结束循环,此时 $i<n$;若 i 循环到 $n-1$ 时仍不能被整除则循环正常终止,此时 $i=n$。所以在循环终止后可通过检验 i 的数值来判断数 n 是否为素数。流程图如图 4-27 所示。

参考程序如下：

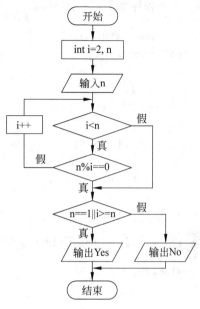

图 4-27 例 4.30 流程图

```
#include <stdio.h>
void main()
{
    int i=2,n;
    scanf("%d",&n);
    for(; i<n; i++)
        if(n%i==0)
            break;
    if(n==1||i>=n)
        printf("Yes");
    else
        printf("No");
}
```

从程序中 for 循环的表达式来看,若 n 为素数时循环的次数是 $n-2$ 次;若 n 为非素数时由于能被某个因子整除而执行了 break 控制语句,因而提前结束了循环,则循环次数大大减少,无疑可以节省大量时间。

4.8.2 continue 语句

continue 语句的作用是结束本次循环,跳过循环体中 continue 语句后面尚未执行的语句,转向循环条件表达式,计算和判断是否继续执行下一次循环。在循环结构中 continue 语句使用的一般形式如下：

if(表达式)
    continue;

其中,表达式可以是任意类型的表达式,只要表达式计算的结果不为 0,就强制结束本次循环并转向计算和判断是否继续执行下一次循环。

说明：continue 语句只能用于循环结构中,一般要与 if 语句搭配使用。

【例 4.31】 输出 100 以内能被 7 整除的正整数。

编程分析：将 i 作为循环变量,从 1 循环到 100,当 i 能被 7 整除时,用 printf 函数输出 i

的数值,否则就执行 continue 语句,跳过 printf 函数,并转向判断表达式 i＜＝100 是否成立,若成立则继续执行下一次循环。流程图如图 4-28 所示。

参考程序如下:

```
#include <stdio.h>
void main()
{
    int i;
    for(i=1;i<=100;i++)
    {
        if(i%7!=0)
            continue;
        printf("%4d",i);
    }
}
```

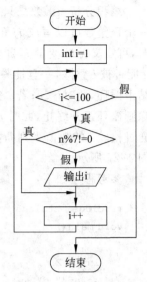

图 4-28　例 4.31 流程图

【例 4.32】　分析以下程序运行后的输出结果。

```
#include "stdio.h"
void main()
{
    int x=15;
    while(x>10 && x<50)
    {
        x++;
        if(x/3){x++; break;}
        else continue;
    }
    printf("%d\n",x);
}
```

程序分析:程序运行时,由于 x＝15,表达式 x＞10 && x＜50 的结果为 1,while 循环的条件成立,执行 x++ 后 x 的数值为 16,但 x/3 的结果为 5,显然不为 0,因而 if 条件为真,继续执行复合语句,x++ 后 x 的数值为 17,由于后面是 break 语句,结束所在的 while 循环而执行 printf 语句,所以此时的输出结果为 17。

4.9　实　　例

【例 4.33】　输入一元二次方程 $ax^2+bx+c=0$ 的系数 a、b、c,求方程的根。

编程分析:本例求解的是一元二次方程的根,必须考虑如下几种情况。

(1) 若 $a=0$,则肯定不是一元二次方程。

(2) 若 $b^2-4ac>0$,则必有两个不相等的实根。

(3) 若 $b^2-4ac<0$,则必有两个共轭复根。

(4) 若 $b^2-4ac=0$,则必有两个相等的实根。

求解过程是：首先判断 a 是否为 0，然后利用多分支选择结构判断 b^2-4ac 的数值范围，继而计算并输出方程的根，绘制的流程图如图 4-29 所示。

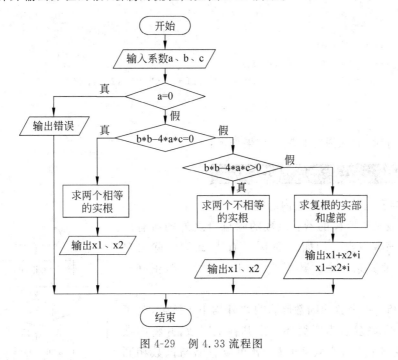

图 4-29　例 4.33 流程图

参考程序如下：

```c
#include "stdio.h"
#include "math.h"                    //fabs 和 sqrt 函数所在的头文件
void main()
{
    double a,b,c,x1,x2,delta;
    scanf("%lf,%lf,%lf",&a,&b,&c);
    if(fabs(a)<1e-6)                 //表示 a=0,浮点数为 0 的一般判断方法
    {
        printf("Error!\n");
        return;
    }
    delta=b*b-4*a*c;
    if(fabs(delta)<=1e-6)
    {
        x1=x2=-b/(2*a);
        printf("x1=x2=%lf\n",x1);
    }
    else if(delta>1e-6)
    {
        x1=(-b+sqrt(delta))/(2*a);
        x2=(-b-sqrt(delta))/(2*a);
```

```
    printf("x1=%lf,x2=%lf\n",x1,x2);
    }
    else
    {
        x1=-b/(2*a);
        x2=sqrt(-delta)/(2*a);
        printf("x1=%lf+%lf*i,x2=%lf-%lf*i\n",x1,x2,x1,x2);
    }
}
```

程序运行时,输入内容和输出结果如下:

```
1,2,3
x1=-1.000000+1.414214*i,x2=-1.000000-1.414214*i
```

【例 4.34】 打印 1000 之内的完数。

所谓完数是指这样的数：该数的除自身之外的所有因数之和等于该数本身。例如,6 的因子有 1、2、3、6,除去自身因数 6 外,将其余 3 个因数累加,得 $1+2+3=6$,正好与原数相等。

编程分析：一个数的因数除自身之外均小于该数,为了判断该数是否为完数,需要循环得出其各个因数,并将因数求和,循环变量 j 的初值从 2 开始,就可以忽略与该数相同大小的因数。流程图如图 4-30 所示。

参考程序如下:

```
#include <stdio.h>
#include <math.h>
void main()
{
    int i,j,sum;
    for(i=1;i<=1000;i++)
    {
        sum=1;
        for(j=2;j<=sqrt(i);j++)
            if(i%j==0)
                sum+=j+i/j;
        if(sum==i)
            printf("%4d",i);
    }
}
```

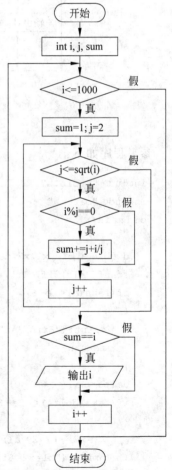

图 4-30 例 4.34 流程图

【例 4.35】 利用梯形法求数值积分 $\int_a^b \sqrt{4-x^2}\,\mathrm{d}x$,其中 $x \in [0,2]$。

编程分析：梯形法求数值积分其实就是求由积分曲线、积分区间以及 x 坐标轴所围成区域的面积,如图 4-31 所示。将积分区间等分成 n 段,则每段的积分长度 h 为 $(b-a)/n$,每一段可近似看做是梯形,因而可以计算出第 i 段的面积 S_i,而总面积 S 则是各个梯形的面积之和,通过将各段的梯形面积表示出来并进行化简整理,可得出如下有关公式:

$$h = \frac{b-a}{n}$$

$$S_i = \frac{h}{2}(f(a+ih)+f(a+(i+1)h))$$

$$S = \sum_{i=0}^{n-1} \frac{h}{2}(f(a+ih)+f(a+(i+1)h))$$

$$= \frac{h}{2}(f(a)+f(a+h)) + \frac{h}{2}(f(a+h)+f(a+2h))$$

$$+ \cdots + \frac{h}{2}(f(a+(n-1)h)+f(a+nh))$$

$$= \frac{h}{2}(f(a)+f(b)) + h\sum_{i=1}^{n-1} f(a+ih)$$

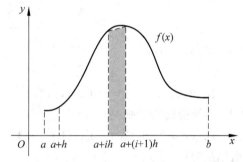

图 4-31　原理图

参考程序如下:

```c
#include <stdio.h>
#include <math.h>
void main()
{
    float a,b;
    double s,h;
    int n,i;
    printf("Input integral scope a,b:");
    scanf("%f,%f",&a,&b);                //积分区间的上下范围
    printf("Input n:");
    scanf("%d",&n);                      //积分区间等分的段数,越多则结果越准确
    h=(b-a)/n;                           //每一段的高度
    s=0.5*h*(sqrt(4.0-a*a)+sqrt(4.0-b*b));
    for(i=1;i<=n-1;i++)
        s=s+h*sqrt(4.0-(a+i*h)*(a+i*h));
    printf("The value is:%lf\n",s);
```

```
}
```

程序运行时的输入内容和输出结果如下：

```
Input integral scope a,b:1,2
Input n:1000
The value is:1.228357
```

习　　题

1. 单项选择题

（1）若以下选项中的变量已正确定义，则正确的赋值语句是(　　)。

  A．x1＝26.8％3　　B．1＋2＝x2　　C．x3＝0x12　　D．x4＝1＋2＝3；

（2）以下程序输出结果是(　　)。

```
void main()
{
    int a=0,b=0,c=0,d=0;
    if(a=1)b=1;c=2;
    else d=3;
    printf("%d,%d,%d,%d\n",a,b,c,d);
}
```

  A．0,1,2,0　　　　B．0,0,0,3　　　　C．1,1,2,0　　　　D．编译有错

（3）与 while(E)中的(E)不等价的表达式是(　　)。

  A．（!E＝＝0）　　B．（E＞0‖E＜0）　　C．（E＝＝0）　　D．（E!＝0）

（4）以下程序段的输出结果是(　　)。

```
#include <stdio.h>
void main()
{
    int x=3;
    do
    {
        printf("%3d",x-=2);
    }while(!(--x));
}
```

  A．1　　　　　　B．3　0　　　　C．1　−2　　　　D．死循环

（5）执行下面的程序后，a 的值为(　　)。

```
#include <stdio.h>
void main()
{
    int a,b;
    for(a=1,b=1;  a<=100;  a++)
    {
        if(b>=20)  break;
```

```
        if(b%3==1)   {b+=3;   continue;}
        b-=5;
    }
    printf("%d",a);
}
```

  A. 7　　　　　　　　B. 8　　　　　　　C. 9　　　　　　　D. 10

（6）以下程序的输出结果是（　　）。

```
#include <stdio.h>
void main()
{
    int y=9;
    for(;   y>0;   y--)
    {    if(y%3==0)
        {printf("%d",--y);   continue;}
    }
}
```

  A. 741　　　　　　　B. 852　　　　　　　C. 963　　　　　　D. 875421

（7）以下程序的输出结果是（　　）。

```
#include <stdio.h>
void main()
{
    int i;
    for(i=1;i<=5;i++)
    {   if(i%2)  printf("*");
        else    continue;
        printf("#");
    }
    printf("$\n");
}
```

  A. ＊＃＊＃＊＃＄　　　　　　　　　　B. ＃＊＃＊＃＊＄
  C. ＊＃＊＃＄　　　　　　　　　　　　D. ＊＃＊＃＊＄

（8）以下程序的输出结果是（　　）。

```
#include <stdio.h>
void main()
{    int k=4,n=4;
    for(;   n<k;   )
    {    n++;
        if(n%3!=0)   continue;
        k--;
    }
    printf("%d,%d\n",k,n);
```

```
}
```

    A. 1,1   B. 2,2   C. 3,3   D. 4,4

2. 编程题

(1) 已知华氏温度与摄氏温度的转换公式为 $C=5(F-32)/9$，编写程序，当输入华氏温度 F 时，输出对应的摄氏温度。

(2) 请为如下分段函数编写程序，当输入一个 x 值，计算输出 y 的数值：

$$y = \begin{cases} x & (x \leqslant 1) \\ 2x-1 & (1 < x < 10) \\ 3x-11 & (10 \leqslant x) \end{cases}$$

(3) 输入一个字符，试编程判断是字母、数字还是特殊字符。

(4) 编写程序，从键盘输入一个字符，若为大写字母则转换为小写字母输出，若为小写字母则转换为大写字母输出，其他输入则输出"Error"信息。

(5) 输入一个不大于整型数最大值(2 147 483 647)的整数，判断是几位数字，然后输出各位数字之和。

(6) 输入整数 x、y 和 z，若 $x^2+y^2+z^2$ 大于 1000，则输出 $x^2+y^2+z^2$ 的值，否则输出 $x+y+z$ 的值。

(7) 百元百鸡问题：现有 100 个铜钱买了 100 只鸡，其中公鸡一只 5 个铜钱、母鸡一只 3 个铜钱，小鸡 1 个铜钱 3 只，问 100 只鸡中公鸡、母鸡、小鸡各多少只？

(8) 输出 1~100 的所有勾股数，即两个数的平方和等于第三个数的平方。

(9) 编写程序按下列公式计算 e 的值(精度为 1e−6)。

$$e = 1 + 1/1! + 1/2! + \cdots + 1/n!$$

(10) 编程计算下列表达式：

$$s = 1! + 2! + \cdots + 10!$$

(11) 利用 $\dfrac{\pi}{4} \approx 1 - \dfrac{1}{3} + \dfrac{1}{5} - \dfrac{1}{7} + \cdots$ 公式求 π 的近似值。

(12) 编程输出满足下述条件的所有三位整数：该数的各位数字的阶乘之和等于该数本身。如 $145 = 1! + 4! + 5!$。

(13) 编程实现正弦函数，输入一个角度数值，输出对应的正弦数值，已知正弦函数的展开公式为

$$\sin x = x - \frac{x^3}{3!} + \frac{x^5}{5!} - \frac{x^7}{7!} + \cdots$$

(14) 输入十进制整数，将其转变为十六进制数输出。

(15) 将一个正整数分解为质因数。例如，输入 90，打印出 $90 = 2 * 3 * 3 * 5$。

(16) 编程输出斐波那契数列的前 20 项的数值，斐波那契数列为 1,1,2,3,5,8,13,21,…，即从第 3 项开始，其值为前两项的和。

(17) 输入一个小写金额数字，输出其大写数字格式，如输入 1234.56，输出"壹仟贰佰叁拾肆元五角六分"。

第 5 章　数组与指针

【本章概述】

数组是线性表的一种形式,它是由一组相同数据类型的数据构成的有序集合,用一个统一的数组名和下标来唯一地确定数组中的元素。借助于数组可以很容易实现多个数据的排序及特定数据的查找。变量在内存中有固定的位置,而指向该变量地址的变量是指针变量。指针是 C 语言的精华,是 C 语言中较难掌握的内容,使用指针可以很容易地访问计算机物理内存。

【学习要求】

- 掌握：一维数组的定义、初始化和使用方法。
- 掌握：二维数组的定义、初始化和使用方法。
- 掌握：字符数组的定义、初始化和使用方法。
- 掌握：指向不同数据类型的指针变量的定义和使用方法。
- 掌握：指向数组的指针的定义和使用方法。
- 掌握：冒泡排序原理和顺序查找原理。
- 重点：数组的定义和使用,指向数组的指针的定义和使用。
- 难点：排序原理,指针与数组的关系。

5.1　一　维　数　组

为了处理方便,把具有相同类型的若干变量按有序的形式组织起来。这些按序排列的同类数据元素的集合称为数组。数组是由一组相同数据类型的数据构成的集合,集合中的每一个元素称为数组元素,这些元素在计算机内存中按顺序存放在一段地址连续的空间中,数组名称是指向该连续地址空间的地址常量,通过数组名称和某元素的下标(从 0 开始的顺序号)就可以唯一确定数组中的某个元素。数组概念的引入,使得 C 语言在处理多个相同类型数据时更为清晰和简便。

5.1.1　数组的定义

使用数组之前必须先对数组进行定义,明确说明数组的名称、数组元素的数据类型和元素个数,数组有一维数组、二维数组和多维数组之分,一维数组的定义格式如下：

数据类型说明符　数组名称 [数组元素个数]

说明：

(1)"数据类型说明符"表明了该数组元素的数据类型,可以是目前所学的整型、实型和字符型的数据类型,也可以是后面将要学习的结构体、共用体等构造数据类型;对于同一个数组,所有元素均具有相同的数据类型。

(2)"数组名称"的构成要符合 C 语言标识符的约定,即可以由数字、字母和下划线组成,首字母不能为数字,且不能使用系统的关键字。

(3)"数组元素个数"用于指定数组的长度,是一个常量表达式,只能是数值常量或符号常量。数组元素个数可以是一个算术表达式,但其计算结果必须是一个整型值。下面这两个数组的定义是合法的:

```
int a[5+3];
float c[5 * 2+3];
```

或者使用♯define 定义符号常量:

```
#define N 10
double d[N];
```

以下用变量作为数组元素个数的定义方式是错误的:

```
int n=10;
int a[n];
```

将出现如下提示:

```
error C2057: expected constant expression
error C2466: cannot allocate an array of constant size 0
```

如果要动态指定数组元素个数,应采用动态分配内存和指针方式。

【例 5.1】 采用动态分配内存和指针方式访问数组元素。

编程分析:利用 malloc 函数动态分配内存,定义指针变量指向该连续内存空间的起始地址,然后用"指针变量名[元素下标]"就可以访问该内存空间的各个元素数值。

参考程序如下:

```
#include "stdio.h"
#include "malloc.h"                          //malloc 函数所在的头文件
void main()
{
    int i,n, * a;                            //a 是指针变量,指向动态分配内存的起始地址
    printf("input size of the array:");
    scanf("%d",&n);                          //输入元素个数
    a= (int * )malloc(sizeof(int) * n);      //动态分配内存空间
    for(i=0;i<n;i++)
        scanf("%d",&a[i]);                   //或者写成 scanf("%d",a+i);
    printf("the elements of the array:");
    for(i=0;i<n;i++)
        printf("%d ",a[i]);                  //指针可作为数组名称访问数组元素
}
```

程序运行后输入内容和输出结果如下:

```
input size of the array:5
23 8 91 76 12
the elements of the array:23 8 91 76 12
```

（4）"数据类型说明符"和"数组元素个数"确定了系统编译过程中要为该数组分配的内存单元字节数，即，占用字节数＝sizeof（数据类型说明符）＊数组元素个数。一维数组中的各个元素在内存中按照下标顺序进行存放。

（5）同一段程序内，数组名称不能与变量名相同，否则将提示编译错误。例如：

```
void main()
{
    int a;
    char a[5];
    ...
}
```

（6）在 C 语言中，一旦数组中元素个数（也称数组的大小）确定好以后，就绝对不允许再改变数组的大小。

5.1.2　数组元素的引用

对于数组元素的引用，C 语言规定必须先定义后引用。数组元素的表示形式如下：

数组名称[下标]

说明：

（1）下标表示元素在数组中的顺序，不能一次引用数组所有元素，而只能逐个引用数组元素。例如：

```
int a[5];
printf("%d",a);
```

（2）下标用一对中括号[ ]括起来，其值必须是整型常量或整型表达式。如为小数时，编译时自动取整。例如：

```
a[2],a[5]+a[2*3];
```

（3）数组名称表明要引用哪一个数组中的元素，该数组必须在此之前已定义。

（4）数组元素的下标自 0 开始，直到数组元素个数减 1。如 int a[5]，其元素下标的取值只能为 0、1、2、3、4。在赋值的时候，可以使用变量作为数组下标。

例如，定义有 5 个元素的整型数组，循环赋值并输出结果：

```
int a[5],i;
for(i=0;i<5;i++)
{
    a[i]=i;
    printf("a[%d]=%5d",i,a[i]);
}
```

（5）C 语言不对数组作越界检查，一个越界下标有可能导致这样几种后果：

- 程序仍能正确运行；
- 程序会异常终止或崩溃；
- 程序能继续运行,但无法得出正确的结果；
- 其他不可预料的情况。

因此在程序设计中对数组元素的引用操作必须由人工检查下标,以防止由于数组下标越界而引起错误。

5.1.3 数组的初始化

对于变量的赋值,可以先定义变量,然后在程序段中进行赋值,也可以在定义变量的同时进行初始化。对于数组,也可采用这两种赋值方式。

1. 先定义后赋值

先定义数组,然后再逐个元素进行赋值,这个过程要遵循关于数组元素引用的规定,例如：

```
int a[5];
a[0]=10; a[1]=9; a[2]=8; a[3]=7; a[4]=6;
```

上述 5 个语句用于对数组的 5 个元素进行赋值,完成初始化过程。

2. 在定义的同时初始化

将定义和初始化过程写在一起,用于在编译阶段使数组元素获得初值,具体操作是将赋值内容写在一对大括号中,根据一次性赋值元素的个数是否为定义元素的总个数,可以分为全部元素初始化和部分元素初始化两种形式。

(1) 全部元素初始化。赋值元素的个数和定义元素的个数相同,将赋值元素写在一对大括号中,元素之间用逗号分隔。例如：

```
int a[5]={1,2,3,4,5};
```

等价于

```
a[0]=1; a[1]=2; a[2]=3; a[3]=4; a[4]=5;
```

对于这种为全部元素赋初值的情况,可以省略数组定义中元素的个数,系统在编译过程中自动根据赋值元素的个数来确定数组大小。例如：

```
int b[ ]={1,2,3,4,5};
```

表明数组 b 的元素的个数为 5。

(2) 部分元素初始化。当大括号中数值的个数少于数组定义时指定的个数时,只给数组前面的一部分元素初始化,而其他元素的数值自动取值为 0。例如：

```
int a[5]={2,3};
```

则

```
a[0]=2; a[1]=3; a[2]=0; a[3]=0; a[4]=0;
```

说明：

（1）数组在定义后没有赋值时，各个元素的值是所占用的内存空间早先运行其他程序时保留下的数值，并不一定都为 0。例如：

```
#include "stdio.h"
void main()
{   int i,a[3];
    for(i=0;i<3;i++)
        printf("a[%d]=%5d\n",i,a[i]);
}
```

输出结果如下（不同计算机及同一计算机在不同时刻得出的结果可能不同）。

```
a[0]=-858993460 a[1]=-858993460 a[2]=-858993460
```

如果希望在定义数组后数组元素的初始值均为 0，可以在定义数组时使用 static 关键字，如 static int a[5];，则数组 a 的 5 个元素均为 0。或者采用部分元素初始化的方式只给第一个元素赋初值 0 即可，如 int a[5]={0};。

（2）不能一次给整个数组赋值，如一个由 5 个整型元素组成的一维数组，每个元素的数值均为 1，如果写成 int a[5]=1;，系统编译过程将提示"Incompatible type conversion in function main"（main 函数中类型转换不匹配）。

也不能写成 int a[5]={1*5};的形式，这样只能是给数组的第一个元素赋初值 5，而其他 4 个元素值为 0，即 a[0]=5，a[1]=0，a[2]=0，a[3]=0，a[4]=0。必须写成 int a[5]={1,1,1,1,1};或 a[0]=1；a[1]=1；a[2]=1；a[3]=1；a[4]=1；的形式。

【**例 5.2**】 用数组求斐波那契序列的前 20 个数。

编程分析：斐波那契序列的前两项均为 1，自第 3 项开始均是其前面两项的和，用数组表示十分直观和简单，且便于使用循环对后 18 个数值进行计算，定义数组时只给前两个元素赋初值 1 即可。流程图如图 5-1 所示。

参考程序如下：

```
#include "stdio.h"
void main()
{   int f[20]={1,1},i;
    for(i=0;i<20;i++)
    {    if(i>=2)f[i]=f[i-1]+f[i-2];
         printf("%8d",f[i]);
         if((i+1)%5==0)printf("\n");
    }
}
```

图 5-1　例 5.2 流程图

程序输出结果如图下：

```
       1       1       2       3       5
       8      13      21      34      55
      89     144     233     377     610
     987    1597    2584    4181    6765
```

5.1.4 一维数组的应用实例

【例 5.3】 求十个数的最大值。

编程分析：先定义 10 个元素的整型数组，用一个 for 循环输入 10 个数到数组 a 中。然后令 max＝a[0]。在第二个 for 循环中，从 a[1]到 a[9]逐个与 max 中的内容比较，若 a[i]＞max，则 max＝a[i]，即 max 总是存储较大的数值。比较结束，输出 max 的值。

参考程序如下：

```
#include "stdio.h"
void main()
{
    int i,max,a[10];
    printf("input 10 numbers:\n");
    for(i=0;i<10;i++)
        scanf("%d",&a[i]);
    max=a[0];
    for(i=1;i<10;i++)
        if(a[i]>max)max=a[i];
    printf("the maximum number=%d\n",max);
}
```

程序运行后输入内容和输出结果如下：

```
input 10 numbers:
23 54 2 89 65 74 47 123 57 90
the maximum number=123
```

【例 5.4】 利用冒泡法原理对数组的元素按升序排序。

排序的方法有多种，常用的有冒泡法、简单选择排序法、直接插入法和快速排序法等。冒泡法的优点是原理简单，编程实现容易。

冒泡排序的原理如下：

如果有 n 个数要排序，则总共需要 $n-1$ 轮排序，在第 i 轮排序中，第一个数与第二个数比较，若前者大于后者，则交换两者的位置；第二个数与第三个数比较，若前者大于后者，则交换两者的位置；一直进行到第 $n-i$ 个元素与第 $n+1-i$ 个元素比较，若前者大于后者，则交换两者的位置，总共比较 $n-i$ 次。此时第 $n+1-i$ 个位置上的数已经按要求排好，所以不再参加后续的比较和交换操作。例如，第一轮比较过程中，首先第一个数与第二个数进行比较，若前者大于后者，则交换两者的位置，然后进行第二个数与第三个数比较，一直进行到第 $n-1$ 个数与第 n 个数的比较，此时将得到一个最大值；第二轮排序：从第一个数开始相邻两个数进行比较，一直进行到第 $n-1$ 个数，得到第 $n-1$ 个数为次大值；一共进行 $n-1$ 轮排序处理，最后得到按升序排列的结果。从以上排序过程可以看出，较小的数像气泡一样向上冒，而较大的数则向下沉，故称冒泡法。若数组的内容为 49,38,65,97,76,13,27,30，则第一轮排序过程如图 5-2 所示，流程图如图 5-3 所示。

参考程序如下：

```
#include "stdio.h"
```

49	38	38	38	38	38	38	38
38	49	49	49	49	49	49	49
65	65	65	65	65	65	65	65
97	97	97	97	76	76	76	76
76	76	76	76	97	13	13	13
13	13	13	13	13	97	27	27
27	27	27	27	27	27	97	30
30	30	30	30	30	30	30	97
原数组	第一次	第二次	第三次	第四次	第五次	第六次	第七次

图 5-2　第一轮排序过程

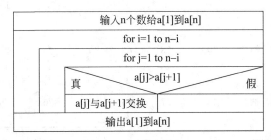

图 5-3　冒泡法排序流程图

```c
void main()
{
    int a[9],i,j,t;
    printf("Input 8 numbers: ");
    for(i=1;i<=8;i++)
        scanf("%d",&a[i]);
    for(i=1;i<=7;i++)
        for(j=1;j<=8-i;j++)
            if(a[j]>a[j+1])
        {t=a[j]; a[j]=a[j+1]; a[j+1]=t;}
    printf("The sorted numbers:\n");
    for(i=1;i<=8;i++)
        printf("%d ",a[i]);
}
```

程序运行后输入内容和输出结果如下：

```
Input 8 numbers:49 38 65 97 76 13 27 30
The sorted numbers:
13 27 30 38 49 65 76 97
```

【例 5.5】　利用简单选择法原理对数组的元素按升序排序。

排序原理如下：

（1）第一轮排序是在整个无序区 a[0] 到 a[n−1] 中选出最小的记录,经过 n−1 次比较,将该最小值与第一个数 a[0] 交换。结果最小的数被安置在第一个元素位置上。

（2）第二轮排序是在无序区 a[1] 到 a[n−1] 中选出最小的记录,经过 n−2 次比较,将该最小值与 a[1]交换,此时 a[0]、a[1]为有序区。

(3) 进行第 i 次排序时,a[0]到 a[i−2]已是有序区,在当前无序区 a[i−1]到 a[n−1]中选出最小的记录 a[k],将它与无序区间中的第一个记录 a[i−1]交换,使 a[0]到 a[i−1]成为新的有序区。

重复上述过程,共经过 $n−1$ 趟排序后,排序结束。若数组的内容为 49,38,65,97,76,13,27,30,排序过程如图 5-4 所示,流程图如图 5-5 所示。

```
                                                              k
                                                              ↓
i=0   初始:      [49    38    65    97    76    13    27]
                  ↑     ↑     ↑     ↑     ↑     ↑     ↑
                  j     j     j     j     j     j     j
                                                              k
                                                              ↓
i=1   第一趟:    13    [38    65    97    76    49    27]
                        ↑     ↑     ↑     ↑     ↑     ↑
                        j     j     j     j     j     j

i=2   第二趟:    13    27    [65    97    76    49    38]

i=3   第三趟:    13    27    38    [97    76    49    65]

i=4   第四趟:    13    27    38    49    [76    97    65]

i=5   第五趟:    13    27    38    49    65    [97    76]

i=6   第六趟:    13    27    38    49    65    76    [97]
```

图 5-4 排序过程

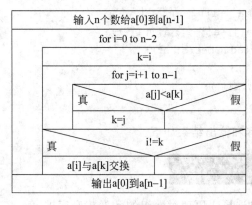

图 5-5 流程图

参考程序如下:

```
#define  N  8
#include <stdio.h>
```

```
void main()
{   int a[N],i,j,k,temp;
    printf("Input %d numbers: ",N);
    for(i=0;i<N;i++)
        scanf("%d",&a[i]);
    for(i=0;i<N-1;i++)
    {   k=i;
        for(j=i+1;j<N;j++)
            if(a[j]<a[k])   k=j;
        if(i!=k)
        {   temp=a[i]; a[i]=a[k]; a[k]=temp; }
    }
    printf("The sorted numbers:\n");
    for(i=0;i<N;i++)
        printf("%d ",a[i]);
}
```

程序运行后输入内容和输出结果如下：

```
Input 8 numbers:49 38 65 97 76 13 27 30
The sorted numbers:
13 27 30 38 49 65 76 97
```

【例 5.6】 利用二分查找原理在升序排列数组中查找某个数字是否存在,存在则输出其位置。

查找原理如下：二分查找的前提是已经按升序排序的 n 个元素构成的一维数组,在查找过程中指定查找的下界 k 和上界 h(初次时是 k＝0,h＝n－1),用中间位置(m＝(k＋h)/2)的元素与待查找的数进行比较,如待查找的数比中间的数小(key＜a[m]),则只能出现在左半部分,此时修改查找的上界,令 h＝m－1;若待查找的数比中间的数大,则只能出现在右半部分,此时修改查找的下界,令 k＝m＋1;若二者相等,则输出该位置 m,结束循环;若循环结束时查找下界 k 大于上界 h,则表明不存在待查找的数字。

```
#include "stdio.h"
void main()
{
    int a[5]={12,23,34,45,56},k=0,h=4,m,key;
    printf("input a integer number:");
    scanf("%d",&key);
    while(k<=h)
    {
        m=(k+h)/2;
        if(key<a[m])
            h=m-1;
        else if(key>a[m])
            k=m+1;
        else
        {
```

```
        printf("find,pos=%d\n",m);
        break;
    }
}
if(k>h)
    printf("not find!\n");
}
```

程序运行后输入内容和输出结果如下：

```
input a integer number:35
not find!
```

5.2 二维数组及多维数组

前面介绍的数组只有一个下标，称为一维数组，其数组元素也称为单下标变量。在实际问题中有很多量是二维的或多维的，因此 C 语言允许构造多维数组。多维数组元素有多个下标，以标识它在数组中的位置，所以也称为多下标变量。

5.2.1 二维数组的定义

二维数组是在一维数组基础上的扩展，总体上可以看成一个一维数组，只不过一维数组的每个元素同时又是一个一维数组，如图 5-6 所示的一维数组元素 a[0],a[1]和 a[2]，分别对应于一维数组 b、c、d。

$$a\begin{bmatrix} a[0]-\{b[0] \quad b[1] \quad b[2]\} \\ a[1]-\{c[0] \quad c[1] \quad c[2]\} \\ a[2]-\{d[0] \quad d[1] \quad d[2]\} \end{bmatrix}$$

二维数组定义的一般形式如下：

数据类型说明符 数组名称[常量表达式 1][常量表达式 2]

图 5-6 二维数组

其中，常量表达式 1 表示第一维下标的长度，常量表达式 2 表示第二维下标的长度。例如：

```
int a[3][4];
```

定义了一个三行四列的数组，数组名为 a。该数组的元素个数共有 3×4 个，即：

```
a[0][0], a[0][1], a[0][2], a[0][3]
a[1][0], a[1][1], a[1][2], a[1][3]
a[2][0], a[2][1], a[2][2], a[2][3]
```

二维数组在概念上是二维的，也就是说其下标在两个方向上变化，下标变量在数组中的位置也处于一个平面之中，而不是像一维数组只是一个向量。但是，实际的硬件存储器却是连续编址的，也就是说存储器单元是按一维线性排列的。在一维存储器中存放二维数组，有两种方式：一种是按行排列，即存放完一行所有列元素之后顺次存入第二行的所有列元素；另一种是按列排列，即存放完一列所有行元素之后再顺次存入第二列所有行元素。在 C 语言中，二维数组是按行排列的。

上例中，先存放 a[0]行的 a[0][0]、a[0][1]、a[0][2]和 a[0][3]共 4 个元素，再存放 a[1]行的 a[1][0]、a[1][1]、a[1][2]、a[1][3]共 4 个元素，最后存放 a[2]行的 a[2][0]、 a[2][1]、a[2][2]、a[2][3]共 4 个元素。

5.2.2 二维数组的引用

二维数组元素的引用同样使用数组名称和对应的下标表示,形式如下:

二维数组名称 [行下标] [列下标]

例如:

```
int a[2][3];
a[0][0]=1;
a[1][0]=3;
printf("%d",a[1][1]);
```

说明:

(1) 应该逐个引用数组元素,不能一次引用整个数组。例如:

```
int a[2][3];printf("%d",a);
```

(2) 行下标和列下标必须是整型常量或整型变量,且在书写时注意不要超过定义的行和列元素的个数,以免由于数组元素越界而引起错误。行下标可以使用的数值为 0 到行元素个数减 1。列下标可以使用的数值为 0 到列元素个数减 1。如二维数组 a[m][n],行下标可以使用 0 到 m−1,列下标可以使用 0 到 n−1。

5.2.3 二维数组的初始化

数组在定义后没有赋值时,各个元素的值是所占用空间内早先运行其他程序时保留下的数值,并不一定都为 0。如果希望在定义数组后数组元素的初始值均为 0,可以在定义数组时使用 static 关键字,如 static int a[4][5];,则数组 a 的 20 个元素均为 0。参照一维数组的初始化,对于二维数组的初始化,总体上也有两种形式。

1. 先定义后赋值

先定义数组,然后再逐个元素进行赋值,这个过程要遵循关于二维数组元素引用的规定,例如:

```
int a[2][3];
a[0][0]=1; a[0][1]=3; a[0][2]=5; a[1][0]=7; a[1][1]=9; a[1][2]=11;
```

上述 6 个语句为二维数组的 6 个元素进行了赋值。

2. 在定义同时进行初始化

将初始化和定义过程写在一起,用于在编译阶段使数组元素获得初值,具体操作过程是将赋值内容写在一对大括号中。根据一次性赋值元素的个数是否为定义元素的总个数,可以分为全部元素初始化和部分元素初始化两种形式。

(1) 全部元素初始化:由于二维数组可以看成是一维数组的形式,因此,对于二维数组元素在定义时的初始化,可以写成一维数组初始化形式,即将赋值元素的内容写在一对大括号中,元素之间用逗号分隔,只不过此处的每个元素也是一维数组的形式,因此也要将每个一维数组元素写在一对大括号中。例如:

```
int a[2][3]={{1,3,5},{7,9,11}};
```

等价于：

```
a[0][0]=1; a[0][1]=3; a[0][2]=5; a[1][0]=7; a[1][1]=9; a[1][2]=11;
```

对于这种为全部元素赋初值的形式，由于二维数组元素在内存中是按照行优先的顺序进行存放，因此可以将内部元素的一对大括号去掉，也就是只保留最外层的一对大括号，系统在编译处理阶段，按照行优先的顺序依次为二维数组的元素赋值。例如：

```
int a[2][3]={1,3,5,7,9,11};
```

系统自动将初始值 1 赋给 a[0][0]，将初始值 3 赋给 a[0][1]，依此类推。

由于为全部的元素进行了赋值，根据赋值元素的总个数以及二维数组的列数就可以确定二维数组的行数，因此，对于为全部元素初始化赋值的形式，在定义二维数组时可以省略行的元素个数。例如：

```
int a[][3]={{1,3,5},{7,9,11}};
int a[][3]={1,3,5,7,9,11};
```

（2）部分元素初始化：C 语言允许在定义二维数组时只为部分数组元素进行初始化，根据具体情况在每个行元素初始化的一对大括号中给部分元素赋初始值。例如：

```
int a[2][3]={{1,3},{7}};
```

在这种方式下，将根据行元素赋值的情况为二维数组的某行的前若干个元素赋初始值，即 a[0][0]=1，a[0][1]=3，a[1][0]=7，其他数组元素为 0。

如果写成 int a[2][3]={1,3,7}的形式，系统编译时只按行元素优先的方式从右侧的赋值表中取值，超过赋值表中元素个数的二维数组元素其值为 0，即 a[0][0]=1，a[0][1]=3，a[0][2]=7，其他数组元素为 0。

5.2.4 二维数组的应用实例

【例 5.7】 已知某班级 5 名同学的 3 门功课成绩（{65,70,87}，{90,69,86}，{34,89,70}，{67,90,89}，{78,69,96}），计算每个同学的总成绩以及每门课程的平均分。

编程分析：利用二维数组来处理本例的数据，由于要计算各同学的总成绩以及各门课程的平均分，所以可以考虑定义 6 行 4 列的二维数组，数组的第 4 列存储各学生的总成绩，数组的第 6 行前 3 列存储各门功课的平均分。流程图如图 5-7 所示。

参考程序如下：

```
#include "stdio.h"
void main()
{
    int i,j;
```

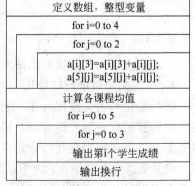

图 5-7 例 5.7 流程图

```
float a[6][4]={{65,70,87},{90,69,86},{34,89,70},{67,90,89},{78,69,96}};
for(i=0;i<5;i++)
    for(j=0;j<3;j++)
    {
        a[i][3]=a[i][3]+a[i][j];        //统计各同学的总成绩
        a[5][j]=a[5][j]+a[i][j];        //统计各课程的总分
    }
a[5][0]/=5;a[5][1]/=5;a[5][2]/=5;        //计算各课程的平均分
for(i=0;i<6;i++)
{
    for(j=0;j<4;j++)
        printf("%7.1f",a[i][j]);        //输出各同学的成绩
    printf("\n");                        //每输出一个同学成绩后换行
}
}
```

程序运行后输出结果如下：

```
   65.0    70.0    87.0   222.0
   90.0    69.0    86.0   245.0
   34.0    89.0    70.0   193.0
   67.0    90.0    89.0   246.0
   78.0    69.0    96.0   243.0
   66.8    77.4    85.6     0.0
```

【例 5.8】 在二维数组 a 中选出各行最大的元素组成一个一维数组 b。如：a[][4]＝{3,16,87,65,4,32,11,108,10,25,12,37}，则 b[3]＝{87,108,37}。

编程分析：利用循环在数组 a 的每一行中寻找最大的元素，找到之后把该值赋予数组 b 相应的元素即可。程序如下：

```
#include "stdio.h"
void main()
{
    int a[][4]={3,16,87,65,4,32,11,108,10,25,12,37};
    int b[3],i,j,k;
    for(i=0;i<=2;i++)
    {   k=a[i][0];                        //先保存该行的第一个值用于计算该行的最大值
        for(j=1;j<=3;j++)                //循环计算该行最大值
        if(a[i][j]>k)
            k=a[i][j];
        b[i]=k;
    }
    printf("array a:\n");
    for(i=0;i<=2;i++)
    {
      for(j=0;j<=3;j++)
          printf("%5d",a[i][j]);
      printf("\n");
    }
```

```
        printf("\narray b:\n");
        for(i=0;i<=2;i++)
            printf("%5d",b[i]);
        printf("\n");
    }
```

程序中第一个 for 语句中又嵌套了一个 for 语句组成了双重循环。外层循环控制逐行处理并把每行的第 0 列元素赋予 k。进入内层循环后,把 k 与后面各列元素比较,并把比 k 大者赋予 k。内层循环结束时 k 即为该行最大的元素,然后把 k 值赋予 b[i]。等外层循环全部完成时,数组 b 中已装入了 a 各行中的最大值。后面的两个 for 语句分别输出数组 a 和数组 b。

程序运行结果如下:

```
array a:
    3    16    87    65
    4    32    11   108
   10    25    12    37
array b:
   87   108    37
```

【例 5.9】 输出杨辉三角形的前 10 行数值,杨辉三角形格式如下:

```
1
1 1
1 2 1
1 3 3 1
1 4 6 4 1
...
```

编程分析:从杨辉三角形的形式看,第一行只有 1 个数字且为 1,第二行有两个数字且均为 1,从第三行开始中间数值均是其上一行左上方和正上方两个数字之和,每行第一个数和最后一个数字均为 1,因此存在最多 10 行 10 列的数据,可采用二维数组存储各数字,当 i>1 且 j>0 且 j<i 时,a[i][j]=a[i−1][j−1]+a[i−1][j]。可用循环依次计算各行各列位置的数值。流程图如图 5-8 所示。

参考程序如下:

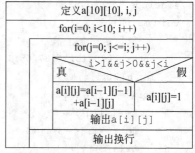

图 5-8 例 5.9 流程图

```
#include "stdio.h"
void main()
{
    int a[10][10],i,j;
    for(i=0;i<10;i++)
    {
        for(j=0;j<=i;j++)
        {
            if(i>1 && j>0 && j<i)
                a[i][j]=a[i-1][j-1]+a[i-1][j];
            else
```

```
            a[i][j]=1;
        printf("%4d",a[i][j]);
        }
    printf("\n");
    }
}
```

本实例也可以采用一维数组方式,int a[10]={1};,在循环输出每行数值时,需要自后向前依次迭代计算各元素的值,然后输出即可,第 i 行($i=0,1,\cdots,9$)各列元素的迭代关系如下:

```
for(j=i;j>0;j--)
    a[j]=a[j]+a[j-1];
```

根据迭代关系可计算出第 i 行各列元素的值,利用循环输出该 i 行的前 $i+1$ 列元素即可。上述利用二维数组表示的程序改为一维数组时参考程序如下:

```
#include "stdio.h"
void main()
{
    int a[10]={1},i,j;
    for(i=0;i<10;i++)
    {
        for(j=i;j>0;j--)
            a[j]=a[j]+a[j-1];
        for(j=0;j<=i;j++)
            printf("%4d",a[j]);
        printf("\n");
    }
}
```

程序运行结果如下:

```
1
1   1
1   2   1
1   3   3   1
1   4   6   4   1
1   5  10  10   5   1
1   6  15  20  15   6   1
1   7  21  35  35  21   7   1
1   8  28  56  70  56  28   8   1
1   9  36  84 126 126  84  36   9   1
```

仔细分析该杨辉三角的各行数值,可以看出每行各列值是一种排列组合的数值,即对 i 行($i=0,1,\cdots,9$)来说,其各个列值分别为 $C_i^0,C_i^1,C_i^2,\cdots,C_i^i$,读者可尝试用这种方式编程计算和输出杨辉三角。

5.3　字　符　数　组

C 语言中没有专门定义字符串数据类型,通常用字符数组来存储一个字符串的内容,字符数组就是专门用来存放字符数据的数组,数组元素是一个字符。

5.3.1 字符数组的定义

对字符数组的定义遵循一维数组和二维数组的定义方法,通常用下面的形式:

char 数组名称 [一维数组大小]

例如:

```
char a[10];
```

定义了字符数组 a,数组的长度是 10,其中每个数组元素均为字符型(char)。系统编译时为该数组分配的空间是 sizeof(char) * 10＝1 * 10＝10B。

字符型与整型数据是相互通用的,可以为整型变量赋字符型数据,也可以定义整型的数组来存储字符型的数据。但是由于整型数据占 4 个 B 空间,而字符型占 1B 空间,所以存储字符型数据必将造成存储空间的浪费。例如:

int a[10],占用 $4 \times 10 ＝ 40B$,但只能存储 10 个整型数据;

char b[10],占用 $1 \times 10 ＝ 10B$,也只能存储 10 个字符型数据。

字符数组也可以是二维或多维数组。例如:

```
char c[5][10];
```

即为二维字符数组。

5.3.2 字符数组的初始化

字符数组也允许在定义时作初始化赋值。例如:

```
char c[10]={'c', ' ', 'p', 'r', 'o', 'g', 'r', 'a','m'};
```

赋值后各元素的值为: c[0]＝'c',c[1]＝' ',c[2]＝'p',c[3]＝'r',c[4]＝'o',c[5]＝'g',c[6]＝'r',c[7]＝'a',c[8]＝'m',其中 c[9]未赋值,由系统自动赋予'\0'值。

当对全体元素赋初值时也可以省去长度说明。例如:

```
char c[]={'c',' ','p','r','o','g','r','a','m'};
```

这时 c 数组的长度为 9。

如果实际赋值元素的个数小于数组的大小,则按下标顺序只给数组的前若干个元素赋值,其他元素赋空字符(该字符的 ASCII 码值等于 0,即字符'\0')。例如:

```
char c[10]={'h','e','l','l','o'};
```

数组的状态如图 5-9 所示。

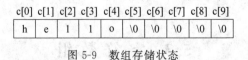

c[0]	c[1]	c[2]	c[3]	c[4]	c[5]	c[6]	c[7]	c[8]	c[9]
h	e	l	l	o	\0	\0	\0	\0	\0

图 5-9 数组存储状态

注意:

(1)定义字符数组而没有进行初始化时,数组的内容是前面执行程序占用该空间而遗留的数据,而并非是空字符,所以定义字符数组后未初始化就使用数组元素的值将可能导致程序错误!

(2) 赋值时可以用字符对应的 ASCII 码。如 char array[5]={72,69,76,76,79};。

5.3.3　字符数组的引用

对于字符数组,也要遵循先定义后使用的原则,一般一次只引用其中的一个元素。对于一维字符数组元素的引用,也是采用"数组名称[下标]"的方式。

【例 5.10】 输出一个字符数组的内容。

```
#include "stdio.h"
void main()
  {
      int i;
      char array[5]={'H','E','L','L','O'};
      for(i=0;i<5;i++)  printf("%c ",array[i]);
      printf("\n");
}
```

程序中定义了由 5 个字符组成的一维数组,利用%c 的控制格式输出字符数组的内容,程序运行后将输出如下结果:

```
H E L L O
```

当然也可以用%d 的控制格式来输出字符数组各元素的 ASCII 码。

5.3.4　字符串

在 C 语言中没有专门定义字符串数据类型,对字符串的存储一般采用字符数组的方式。字符串是以'\0'字符结尾的字符序列,'\0'代表 ASCII 码值等于 0 的字符,该字符不是一个可显示的字符,用字符数组存储时将把字符串的所有内容连同'\0'字符一起存储到数组中。为了能正确保存字符串的内容,一般要把字符数组定义得足够大,即能完全存储字符串的字符内容,由于一个字符串的长度是第一个'\0'左侧的所有字符的个数,因此定义字符数组的大小等于字符串长度加 1 即可。

字符串存储到字符数组时,一般采用下面的几种形式:

(1) char 数组名称[数组元素个数]={"要赋值的字符串"};

这里"要赋值的字符串"必须写在一对双引号中,意味着这些字符序列是一个字符串的形式,赋值操作的结果是将字符串的有效字符连同字符串结尾标志'\0'按下标顺序存储到字符数组中。例如:

```
char c[10]={"hello"};
```

由于将字符串的所有字符存储到了字符数组中,所以可以省略"数组元素个数",即写成下面的形式:

char 数组名称 [ ]={"要赋值的字符串"};

系统编译时自动根据字符串的实际长度来确定字符数组的大小。

注意：这两种方式下，均可以省略等号右侧的一对大括号。如 char c[10]= "hello"；或者写成 char c[ ]= "hello"；。

初学 C 语言的读者，由于受对变量赋值操作的影响，经常会将上述为字符数组赋值的过程写成如下形式：

```
char c[20];
c="hello world";
```

这样的写法是错误的，原因在于字符数组名 c 是一个地址常量，一旦为其分配内存空间之后，c 就指向为其分配的该连续地址空间的起始地址，而后一句的赋值操作则试图修改 c 的指向，因而是错误的。但是如果定义 c 是指针变量，则后一句的赋值操作将是正确的，详见后续章节。

（2）char 数组名称[数组元素个数]={' ',…,'\0'}；

这种方式下将构成字符串的所有字符以及字符串结束标志写成字符常量的形式，并将这些数据放置在一对大括号之间，例如，同前面字符数组的初始化操作。如："hello"字符串由'h','e','l','l','o','\0'字符组成，共计 6 个字符，所以定义字符数组的大小必须要大于等于 6。由于是完全赋值方式，可以省略字符数组的大小，即：

```
char c[6]={'h','e','l','l','o','\0'};
char c[]={'h','e','l','l','o','\0'};
```

在 4.3.3 节中已经介绍了，对于字符串的输入和输出可以使用%s 控制格式，也可以使用%c 逐个字符输出的方式。

【例 5.11】 从键盘读入一个字符串并输出该字符串的内容。

编程分析：利用%c 格式输出一个字符串的内容时，每输出一个字符前要判断当前字符是否为字符串结尾的标志'\0'，若是则表明已到字符串结尾，否则继续输出。

参考程序如下：

```
# include "stdio.h"              #include "stdio.h"
void main()                      void main()
{                                {   int i=0;
    char a[10];                      char a[10];
    scanf("%s",a);                   scanf("%s",a);
    printf("%s\n",a);                while(a[i]) printf("%c",a[i++]);
}                                }
```

【例 5.12】 从键盘读入一个字符串并输出该字符串的长度。

编程分析：对于字符串长度的计算方法，一般是从第一个字符开始依次判断该字符是否为字符串结尾标志'\0'，判断过程中用变量记录已经比较过的字符的个数，一直进行到遇到第一个'\0'为止，然后输出结果。

```
#include "stdio.h"
void main()
{
```

```
char a[20];
int i=0;
scanf("%s",a);
while(a[i++]!='\0');                    //此处是空语句
printf("len=%d\n",i-1);
}
```

注意：while 循环用于判断 a[i++]元素是否为'\0',当 a[i++]是字符串结尾标志'\0'时,i 进行了加 1 运算,所以这时候的 i 是包括结尾标志在内的长度,输出结果时应该减 1,即不考虑字符串的结尾标志。用%s 输入格式时遇空格结束字符输入,遇回车函数结束。

程序运行时的输入内容和输出结果如下：

```
Hello World, C Language!
len=5
```

5.4 指针变量和指针运算符

指针是 C 语言中非常重要的内容,也是 C 语言的一大特色,运用指针编程是 C 语言最主要的风格之一。利用指针可以动态分配内存,直接访问物理内存;也可以处理其他复杂的数据结构,如动态链表、树和图等;还可以在函数调用中得到多个返回值;此外,掌握指针的应用可以使程序简洁、紧凑、高效。由于指针中牵涉的内容比较多,而且很多是对内存进行的操作,对于初学 C 语言的读者来说,很容易混淆有关的概念。实际上指针是变量的一种表现形式,只不过这种变量记录的不是数值而是地址。如一个学生可以用姓名来表示自己,也可以用学生证号码来表示自己。要正确理解和掌握指针的内容,必须清楚指针的 4 个方面的内容：指针的类型、指针所指向的类型、指针的值和指针所占据的内存区;此外,还需要多做多练、多上机动手,才能在实践中尽快掌握。

5.4.1 地址与指针

1. 内存地址

计算机硬件系统的内存中拥有大量的存储单元,一般把存储器中的一个字节称为一个内存单元,为了管理方便,必须为每一个存储单元编号,这个编号就是存储单元的地址,每个存储单元都有一个唯一的地址,内存地址以字节为单位。

2. 变量地址

在程序中定义或说明的变量,系统编译过程中将为已定义的变量分配相应大小的内存单元,以便向这些内存单元中存储数据,也可以根据变量的地址来获取变量的数值。变量所占用内存单元的起始地址称为变量的地址。由于变量的数据类型不同,它所占用的内存单元数量也不相同。

若在程序中有以下定义：

```
int a=10,b=25;
char ch='a';
float x=5.4, y=2.87;
double d=3.1416;
```

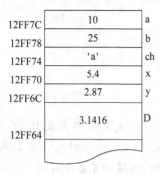

图 5-10 内存分配示意图

首先看一下编译系统为变量分配内存的过程。变量 a 和 b 均是整型变量,而每个整型变量在内存占 4B 内存;变量 ch 是字符型,虽然分配 4B,但只用 1B 存储数据;变量 x 和 y 是单精度浮点型,每个变量在内存占 4B 内存;d 是双精度浮点型,占 8B;Visual C++ 6.0 中自上而下分配内存地址,变量在内存的存放情况如图 5-10 所示。

从图中可以看出,为变量 a 分配的起始地址是 12FF7C 单元位置,为变量 b 分配的起始地址是 12FF78 单元,为变量 ch 分配的起始地址是 12FF74 单元,为变量 x 分配的起始地址是 12FF70 单元,为变量 y 分配的起始地址是 12FF6C 单元,为变量 d 分配的起始地址是 12FF64 单元。如有一语句为 b=b+a;,程序执行时将根据变量名 b 和 a 从系统为其分配的内存单元中读取数值 25 和 10,然后进行相加求和,最后将结果 35 写入为变量 b 分配的内存单元中。在前面学过的用 scanf 函数从键盘读入数值时,其实就是将输入的内容写入到输入表列的对应内存单元中。例如:

```
scanf("%d%d%lf", &a,&b,&d);
```

同普通整型变量存储数值一样,如果把这些变量的地址保存在内存的特定区域中,用特定的变量来存放这些地址,这样用于存放变量地址的变量就是指针变量,利用指针变量也可以访问其指向的变量的数值。

假如有这样一组指针变量 pa、pb、px、py、pd、pch,分别指向前面定义的变量 a、b、x、y、d 和 ch,指针变量与其指向的变量之间的关系如图 5-11 所示。

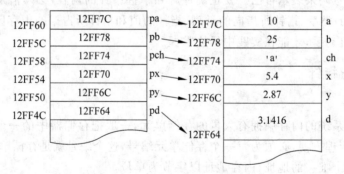

图 5-11 内存分配示意图

在图 5-11 中左侧的 12FF60、12FF5C 等是指针变量 pa、pb 等的内存地址,系统编译阶段也会为这些指针变量分配内存地址,而每个指针变量所占用的内存字节的大小,不同的编译系统将得到不同的长度数值,在 Visual C++ 6.0 中,每个指针均占用 4B 的内存空间。可以用 sizeof(pa)、sizeof(pch) 等进行查看。具体可使用如下程序查看图 5-11 的变量地址:

```
#include "stdio.h"
void main()
{
    int a=10,b=25;  char ch='a';
    float x=5.4,y=2.87;    double d=3.1416;
```

```
int * pa=&a, * pb=&b;
char * pch=&ch;
float * px=&x, * py=&y;
double * pd=&d;
printf("%X %X %X %X %X %X\n",&a,&b,&ch,&x,&y,&d);
printf("%X %X %X %X %X %X\n",&pa,&pb,&pch,&px,&py,&pd);
}
```

由于指针变量 pa 保存了普通变量 a 的内存地址,通过 pa 的内容完全可以找到 12FF7C 这个内存地址,而该地址正好就是变量 a 的内存起始地址,根据这个地址就可以取出该内存单元中的数值 10。程序运行结果如下:

```
12FF7C 12FF78 12FF74 12FF70 12FF6C 12FF64
12FF60 12FF5C 12FF58 12FF54 12FF50 12FF4C
```

3. 对变量数值的引用

可以通过两种方式对变量数值进行引用。

(1) 直接引用。通过变量名称来获取变量的数值,编译过程中根据用户定义的变量系统为其开辟存储空间,并将变量的值写入该空间中;若要使用该变量的值时,通过变量名称自动找到该变量的内存空间,然后取出该空间的数值。例如:

```
int a=8;
a+=10;
```

(2) 间接引用。通过指针来获取其指向内存单元的数值,首先定义指向某个变量的指针,要使用变量的数值时,利用"*指针名"的形式,首先根据指针中保存的地址找到该地址,然后读取该地址的内容。例如:

```
int a=8, * p=&a;
printf("%d", * p);
```

5.4.2 指针变量定义及指针运算

指针变量是存放地址的变量,该指针变量的数值就是其指向变量的内存地址,所以通过指针变量的数值就可以获得和使用变量的数值。对于指针变量也要遵循先定义后使用的原则。

对指针变量的定义包括 3 个内容:

(1) 指针类型说明,即定义变量为一个指针变量;

(2) 指针变量名;

(3) 变量值(指针)所指向的变量的数据类型。

其一般形式为

数据类型 * 指针变量名;

其中,*表示这是一个指针变量,数据类型表示本指针变量所指向的变量的数据类型。例如:

```
int * p1;
```

表示 p1 是一个指针变量,它的值是某个整型变量的地址。或者说 p1 指向一个整型变量。至于 p1 究竟指向哪一个整型变量,应由向 p1 赋予的地址来决定。

再如:

```
int * p2;                          //p2 是指向整型变量的指针变量
float * p3;                        //p3 是指向浮点变量的指针变量
char * p4;                         //p4 是指向字符变量的指针变量
```

应该注意的是,一个指针变量只能指向同类型的变量,如 p3 只能指向浮点型变量,不能时而指向一个浮点型变量,时而又指向一个字符变量。

这里只是定义了不同类型的指针变量,但还不能直接使用它来获得变量的数值,原因在于还没有为其进行赋值,也就是说这些指针变量的指向是不确定的,可能指向 2000B 位置,也可能指向 5023B 位置,其当前的数值是以前运行程序时占用这些空间而遗留的数据,此时使用指针,就会根据指针的数值找到这些内存位置,导致结果不正确。因此,在定义指针变量之后,必须为其赋值,以使指针变量指向内存的具体位置。由于指针变量用于存储变量的地址,因此在为其赋值时必须使用一个变量的地址,而不能直接使用普通的数值。

根据赋值的位置不同,赋值语句可以有两种形式:

(1) 先定义指针变量再赋值。例如:

```
int * p1,i=5;
float * p2,f=3.14;
char * p3,c='h';
p1=&i;   p2=&f;   p3=&c;
```

(2) 在定义指针变量的同时进行初始化。例如:

```
int i=5, * p1=&i;
float f=3.14, * p2=&f;
char c='h', * p3=&c;
```

上述例子中赋值语句 p1 = & i 表示将变量 i 的内存地址赋给指针变量 p1,此时 p1 就指向变量 i。同理,p2 指向变量 f,p3 指向变量 c。图 5-12 是对应的示意图。

图 5-12　赋值操作示意图

说明:

(1) 对指针变量进行初始化,必须使用变量的地址,而不能使用整型常量或整型变量。如 int * p1=2000;是错误的。

(2) 一个指针变量只能指向与其类型相同的变量的地址,否则,可能导致程序异常或结果错误。例如:

```
float PI=3.1415926;    int m=5, * p1=&m;
p1=&PI;                            //错误
```

（3）使用指针变量之前，必须对其进行初始化（即必须赋初值），例如：

```
int m=5, * p1;    * p1=20;
```

由于 p1 没有指向具体的内存单元，既有可能指向内存的空白区域，也有可能指向正在使用的区域，如果是后者，将可能导致不可预料的错误发生。

5.4.3 指针变量的引用

指针变量同普通变量一样，使用之前不仅要定义说明，而且必须赋予具体的值。未经赋值的指针变量不能使用，否则将造成系统混乱甚至死机。指针变量的赋值只能赋予地址，绝不能赋予任何其他数据，否则将引起错误。在 C 语言中，变量的地址是由编译系统分配的。

以下是两个有关的运算符：

（1）& 为取地址运算符。

（2）* 为指针运算符（或称"间接访问"运算符）。

对于普通变量可以直接通过变量的名称访问，这是直接访问方式；而如果定义了指针变量并且令其指向普通变量的地址，然后通过该指针来访问普通变量的数值，这是间接访问形式。一般表示形式为

*指针变量名；

C 语言中提供了地址运算符 & 来表示变量的地址。其一般形式为

& 变量名；

【例 5.13】 利用指针变量访问整型变量。

```
#include "stdio.h"
void main()
{
    int a=10, * p=&a;
    printf("a=%d, * p=%d\n",a, * p);
}
```

程序输出结果如下：

```
a=10,*p=10
```

注意：本程序中的 & 符号表示取地址符，通过它可以获取某个变量的地址，* p＝&a 表示定义了指向整型数据类型的指针，该指针的数值等于变量 a 的内存地址；在 printf 函数中用到了 * p，表示读取指针变量 p 指向的内存单元的数值，即变量 a 的值。所以输出结果均为 10。

【例 5.14】 利用指针实现两个整型数的交换。

编程分析：首先定义两个整型变量 a 和 b，然后再定义指向这两个整型变量的指针 p1 和 p2，利用 * p1 和 * p2 即可获取整型变量 a 和 b 的数值，这样就可以进行比较并根据比较结果进行数据交换。

```
#include "stdio.h"
```

```
void main()
{
    int a=9,b=25, * p1=&a, * p2=&b,c;
    c= * p1;
     * p1= * p2;
     * p2=c;
    printf("a=%d,b=%d, * p1=%d, * p2=%d",a,b, * p1, * p2);
}
```

程序输出结果如下：

`a=25,b=9,*p1=25,*p2=9`

注意：* p1＝ * p2 是指将 p2 指针所指向内存单元的数值(b 的值)写入到 p1 指针所指向的内存空间(a 的内存地址)中,实际是进行 a＝b 的操作,只不过此处是采用了间接访问方式。指针与变量的关系如图 5-13 所示。

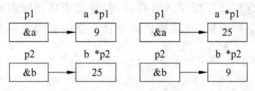

图 5-13   指针与变量的关系

可以更改为下面的形式,在这里是通过交换指针指向来实现的,即 p1 指向了 b 的内存地址,而 p2 指向了 a 的内存地址。

```
#include "stdio.h"
void main()
{
    int a=9,b=25, * p1=&a, * p2=&b, * p;
    p=p1;   p1=p2;   p2=p;
    printf("a=%d,b=%d, * p1=%d, * p2=%d\n",a,b, * p1, * p2);
}
```

程序输出结果如下：

`a=9,b=25,*p1=25,*p2=9`

5.4.4 指针的运算

1. 算术运算

含义：对于地址的运算,只能进行整型数据的加、减运算。

规则：指针变量 p＋n 表示将指针指向的当前位置向前或向后移动 n 个存储单元。指针变量的算术运算结果是改变指针的指向。指针变量算术运算的过程如下：

p$_新$＝p$_{原值}$＋n * sizeof(类型)

注意：p＋n 不是加(减)n 个字节,而是加(减)n 个数据单元。

【例 5.15】　利用指针及整型数字在内存中的存储形式实现十进制向二进制的转换。

编程分析：一个整型数在内存中占用 4 个字节的存储单元，在内存中，低字节在前，高字节在后，若定义一个指向字符类型的指针变量 p，令指针变量 p 指向该整型变量在内存中的各个字节地址，然后通过移位操作可以获得某位的数值。在输出二进制的过程中，自最高字节最高位开始依次判断该位是否为 0，自第一个非 0 数字开始输出该位的数值。若一个整型数其值为 6744(0x00001A58，4 个字节由高到低的十六进制内容依次为 00、00、1A 和58，输出二进制时应跳过高字节中的 19 个 0)。

```
#include "stdio.h"
void main()
{
    int a=6744,i,j,k=0;
    char * p=(char *)&a+3;                    //指针 p 指向整型变量 a 的最高字节
    for(j=0;j<4;j++)
    {
        for(i=0;i<8;i++)
        {
            if(k==0 &&(* p>>(7-i))&1==1)
                k=1;                          //第一个非 0 标志位
            if(k==1)                          //自第一个非 0 位开始输出二进制位
                printf("%d",(* p>>(7-i))&1);  //移位得到位值
        }
        p--;
    }
}
```

程序运行结果如下：

`1101001011000`

十六进制正好为 1A58。

2. 关系运算

作用：用于标识目标变量在内存中的前后位置。

用法：

```
int i,j;
int * p1=&i,* p2=&j;
```

p1＞p2 用于标识变量 i、j 在内存的排列顺序。

3. 赋值运算

作用：对指针变量的赋值运算，将改变指针变量所指向的地址。

两个指针变量之间可以相互赋值，也就是说若 p 和 q 是指向同类型数据的指针变量，则执行 p＝q 或 q＝p 都是允许的，但若两者是不同类型的指针变量，则不可以。例如：

```
int * p, i;
float * q, f;
p=&i; q=&f;                                   //若执行 p=q 或 q=p 则是错误的
```

5.4.5 C 语言中指针变量赋值的几种错误方法

1. 指针变量初始化错误

```
int * p;
p=2000;
```

为指针变量初始化时只能使用变量的地址,而不能使用整型常量。编译时系统提示:

```
Non-portable pointer assignment in function main.
```

2. 指针指向的变量初始化错误

```
int a=5;
int * p;
* p=&a;
```

最后一句是为指针变量指向的变量赋整数值,而不应是变量地址。编译时系统提示:

```
Non-portable pointer assignment in function main.
```

3. 顺序颠倒

```
int * p=&a,a;
```

定义的指针变量 p 指向 a 的地址,但此时 a 还不存在。编译时系统提示:

```
Undefined symbol 'a' in function main.
```

4. 类型错误

```
float PI=3.1416;
int * p=&PI;
```

由于 PI 是单精度浮点型变量,p 是指向整型变量的指针变量,令其指向浮点型变量的地址是不正确的。编译时系统提示:

```
Suspicious pointer conversion in function main.
```

可更改为 int * p=(int *)&PI;进行强制类型转换。

5. 不同存储类型的变量间赋值错误

```
int a;
static int * p=&a;
```

a 是 auto 类型,而 p 是静态类型,由于二者所处的存储区不同而导致赋值错误。编译时系统提示:

```
Illegal initialization in function main.
```

5.5 指向数组的指针

程序编译时将为使用到的每一个变量分配内存地址。数组是一个由多个具有相同数据类型的数据构成的集合,数组名是一个地址常量,数组的每个元素也都有固定的内存地址。

利用指针可以指向变量的地址,进行变量数值的访问,而且指针也可以进行＋＋、——等算术运算。因此,通过定义指向数组的指针,可以实现对数组元素的访问。所谓数组的指针是指数组的起始地址,数组元素的指针是数组元素的地址。

5.5.1 指针与一维数组

一个数组是由一块连续的内存单元组成的。数组名就是这块连续内存单元的首地址。一个数组也是由各个数组元素(下标变量)组成的。每个数组元素按其类型不同占有的连续内存单元也不同。一个数组元素的地址是指它所占有的几个内存单元的首字节地址,利用指向该数组的指针,通过对指针进行＋＋、——、＋n 或－n 的操作,就可以实现指针在数组元素的地址之间的移动,因而可以访问数组中不同下标的元素。

定义一个由 10 个元素构成的整型数组和一个指向整型变量的指针变量如下:

```
int a[10];              //定义 a 为包含 10 个整型数据的数组
int *p;                 //定义 p 为指向整型变量的指针
```

注意:因为数组为整型,所以指针变量也应为指向整型的指针变量。

从前面的内容可知,数组名 a 和数组中 0 下标的元素具有相同的内存地址,对指针的赋值操作只能使用地址,因此,若要让指针变量 p 指向一维数组的首地址,可以直接将数组的首地址赋给该指针变量即可:

```
p=&a[0]
```

或者

```
p=a;
```

注意:后一句并非引用整个数组 a,而是将数组 a 的首地址赋给指针变量 p。

也可以在定义指向一维数组的指针变量的同时完成对它的初始化。如 int a[10],*p=a;,或者写成 int a[10],*p=&a[0];。

a 是数组的首地址,也是 0 下标元素 a[0] 的地址,p 是指针变量,指向数组 a 的首地址。a 和 &a[0] 都是地址常量,在编程时应予以注意。

数组指针变量说明的一般形式如下:

类型说明符   *指针变量名

其中类型说明符表示指针所指向的数组的类型。从一般形式可以看出,指向数组的指针变量和指向普通变量的指针变量的说明是相同的。

根据数组元素地址的运算规则,a＋1 为 a[1] 元素的地址,a＋i 为 a[i] 元素的地址;同理,如果定义了指向该数组的指针 p,则 p＋1 为 a[1] 元素的地址,p＋i 为 a[i] 元素的地址。

1. 用指针表示数组元素的地址和内容的几种形式

(1) p＋i 和 a＋i 均表示 a[i] 的地址。

(2) *(p＋i) 和 *(a＋i) 都表示 p＋i 和 a＋i 所指内存空间的内容,即 a[i]。

【例 5.16】 输出一维数组所有元素的值。

```
#include "stdio.h"
void main()
```

```
{
    int a[5],i, * p=a;
    for(i=0;i<5;i++)
        * (a+i)=3+i;
    for(i=0;i<5;i++)
        printf("a[%d]=%d
        * (a+%d)=%d p[%d]=%d * (p+%d)=%d\n",i,a[i],i, * (a+i),i,p[i],i, * (p+i));
}
```

程序输出结果如下：

```
a[0]=3  *(a+0)=3  p[0]=3  *(p+0)=3
a[1]=4  *(a+1)=4  p[1]=4  *(p+1)=4
a[2]=5  *(a+2)=5  p[2]=5  *(p+2)=5
a[3]=6  *(a+3)=6  p[3]=6  *(p+3)=6
a[4]=7  *(a+4)=7  p[4]=7  *(p+4)=7
```

（3）指向数组元素的指针，也可以表示成数组的形式，允许指针变量带下标。例如，p[i]与 * (p+i)等价。而 p[i]是否就一定与 a[i]等价，则要看 p 指针指向的起始位置，如果 p 指向数组的首地址，则 p[i]＝a[i]；否则，二者不一定相等。例如：

```
#include "stdio.h"
void main()
{
    int i,a[8]={21,33,12,54,36,543,90,78}, * p=a, * q=&a[2];
    for(i=0;i<3;i++)
        printf("%5d%5d",p[i],q[i]);
}
```

程序输出结果如下：

```
    21   12   33   54   12   36
```

2. 指针的运算

对指针变量可以进行以下运算。

1）指针变量的赋值运算

```
p=&a;               //将变量 a 的地址赋予 p
p=array;            //将数组 array 的首地址赋予 p
p=&array[i];        //将数组元素地址赋予 p
p1=p2;              //指针变量 p2 的值赋予 p1
```

不能把一个整数赋给指针变量 p，也不能把 p 的值赋给整型变量。

2）指针变量的关系运算

（1）若 p1 和 p2 指向同一数组，则

① p1＜p2 表示 p1 指的元素在前。

② p1＞p2 表示 p1 指的元素在后。

③ p1＝＝p2 表示 p1 与 p2 指向同一元素。

（2）若 p1 与 p2 不指向同一数组，比较无意义。

（3）p＝＝NULL 或 p!＝NULL，用于判断指针是否为空，为空表示该指针指向了内存的 0 字节位置，该地址不存放任何有用数据。

3）指针的算术运算

（1）若 p1 与 p2 指向同一数组，p1－p2 为两指针间元素个数，即（p1－p2）/d（d 为 p 指向的变量所占字节数）。

（2）p＋＋、p－－、p＋i、p－i、p＋＝i、p－＝i 等。

（3）p±i，等于 p±i×d（内存地址，i 为整型数）。

（4）p1＋p2 无意义。

例如：

float x[5]，＊p＝x;，则 p＋1 ＝ p＋1×4（在内存地址上是相等的）。

int a[5]，＊p＝&a[0];，则 p＋1＝&a[1]，即指向 a[1] 的地址。

int a[10]，＊p1＝&a[2]，＊p2＝&a[5];，则 p2－p1＝3。

5.5.2 指针与二维数组

除了利用指针指向一维数组的首地址之外，还可以使用指针指向二维数组的首地址或各个元素的地址，由于二维数组是由 m 行 n 列元素构成的，而内存地址是一维的形式，这就决定了指针与二维数组的关系要比一维数组复杂，如图 5-14 所示。

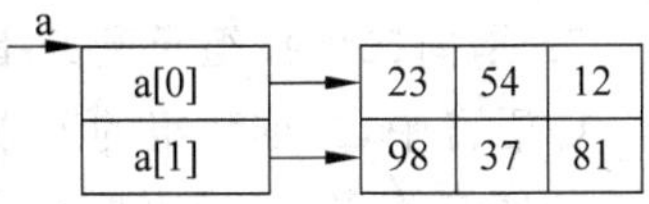

图 5-14　二维数组

1. 二维数组元素的地址

二维数组可以看成是一维数组的特殊形式，只不过该一维数组的各个元素同时又是一维数组的形式，假如有下列定义：

```
int a[2][3]={{23,54,12},{98,37,81}};
```

此处定义了二维数组 a，可以看成由两个元素 a[0] 和 a[1] 组成，a 是二维数组的首地址，从这里来看，也是指向元素 a[0] 的地址，而 a＋1 就是指向元素 a[1] 的地址，由于 a[0] 和 a[1] 同时又可看做一个一维数组，所以二者正好对应了二维数组的行，而在一维数组中 a[1] 元素的地址为 &a[1]，即 a＋1，因此二维数组的数组名 a、a＋1 以及 &a[1] 都是指向行的指针。如果数组的首地址是 0X12FF68 单元位置，则 a＋1 为 0X12FF74 单元位置（间隔第 0 行的 3 个整型数占据字节总数，共 12B）。

由于 a[0] 和 a[1] 是一维数组的名称，按照前面关于一维数组的描述，它们与该一维数组的第 1 个元素地址相同，即，a[0] 与 a[0][0] 的内存地址相同，a[1] 和 a[1][0] 的内存地址相同，一维数组 a[0] 的下标为 2 的列元素的地址则是 a[0]＋2。在一维数组中 a[1] 的数值与 ＊(a＋1) 相同，因此 a[0]、a[1]、＊(a＋1) 以及 &a[1][1] 都是指向列元素指针的形式。

关于二维数组的行元素以及列元素指针的表示形式如表 5-1 所示。

表 5-1　二维数组的行元素以及列元素指针的表示形式

表 示 形 式	含　义
a	指向二维数组的首地址，即第 0 行首地址
a[0]，＊a，＊(a+0)	第 0 行第 0 列的地址
a+1，&a[1]	第 1 行首地址
a[1]，＊(a+1)	第 1 行第 0 列的地址
a[1]+2，＊(a+1)+2，&a[1][2]	第 1 行第 2 列元素的地址
＊(a[1]+2)，＊(＊(a+1)+2)，a[1][2]	第 1 行第 2 列元素的数值

【例 5.17】 输出二维数组的数值。

```
#include "stdio.h"
void main()
{
    int i,a[2][3]={21,33,12,98,37,81};
    printf("%5p,%5p\n",a, * a);                 //第 0 行第 0 列地址
    printf("%5p,%5p\n",a+1,&a[1]);              //第 1 行第 0 列地址
    printf("%5p,%5p\n",a[1], * (a+1));          //第 1 行第 0 列地址
    printf("%5d,%5d\n",a[1][2], * ( * (a+1)+2)); //第 1 行第 2 列元素值
}
```

程序输出结果如下：

```
0012FF64,0012FF64
0012FF70,0012FF70
0012FF70,0012FF70
   81,   81
```

2. 指向二维数组元素的指针变量

C 语言中，二维数组的元素在内存中是按行优先的顺序存放的，即先按顺序存放行下标为 0 的所有元素，然后再按顺序存放行下标为 1 的所有元素，一直到最后一行的所有元素，类似一维数组的方式。若在程序中能定义指向列元素（按行排列后一维数组元素）的指针，通过该指针的移动完全可以访问二维数组的所有元素。

【例 5.18】 输出二维数组的各元素的数值。

分析：根据指针与二维数组的关系，可以定义指向第 0 行第 0 列的指针 p，指针的数值每加 1 一次，该指针就指向下一个元素位置，通过循环二维数组的行数×列数次就可以输出该数组的所有元素。

```
#include "stdio.h"
void main()
{
    int i,a[2][3]={21,33,12,98,37,81}, * p;
    for(i=0,p=a[0];i<6;i++)
        printf("%5d", * p++);                    //也可写成 printf("%5d", * (p+i));
}
```

for 循环中 p＝a[0]，即令指针变量 p 指向数组的 a[0][0]元素的地址。程序运行结果如下：

```
21  33  12  98  37  81
```

3. 指向由 m 个元素组成的一维数组的指针变量

如果在程序中需要使用二维数组中某一行的各元素的值，一种方式是利用指向该行第 0 列元素的指针，循环列元素的个数次即可获得该行各元素的值；由于二维数组可以看成是一维数组的形式，每个元素同时又是一个一维数组，因此，第二种形式就是定义指向二维数组行地址的指针，该指针也就是一维数组（二维数组的行元素）的地址。

二维数组指针变量说明的一般形式如下：

数据类型说明符 (* 指针名) [二维列元素的个数]

例如:

```
int a[3][4],(*p)[4];
```

该句定义了由 12 个元素构成的二维数组,同时又定义了一个指向由 4 个元素构成的一维数组的指针变量 p,它表示 p 是一个指针变量,它指向包含 4 个元素的一维数组。若指向第一个一维数组 a[0],其值等于 a、a[0] 或 &a[0][0] 等。而 p+i 则指向一维数组 a[i]。从前面的分析可得出 * (p+i)+j 是二维数组 i 行 j 列的元素的地址,而 * (* (p+i)+j)则是 i 行 j 列元素的值。

如图 5-15 所示,由于该指针指向二维数组的行,因此对该指针进行赋值时只能使用二维数组的行地址。

图 5-15　指针指向行的元素

【例 5.19】　利用指向由多个元素组成的一维数组的指针输出各元素的值。

```
#include "stdio.h"
void main()
{
    int i,a[3][4]={21,33,12,98,37,81,60,70,25,63,65,87},(*p)[4];
    p=a+1;                              //指向第一行的首地址
    for(i=0;i<4;i++)
        printf("%5d",*(*p+i));          //或(*p)[i]
    printf("\n");
}
```

运行该程序,将输出下标为 1 行的 4 个元素数值,程序输出结果如下:

```
   37   81   60   70
```

5.5.3　指针与字符串

前面已经详细介绍了字符数组与字符串,C 语言中可以用两种方法来访问一个字符串,一种是利用字符数组,另一种是利用字符指针。

(1) 利用字符数组存储一个字符串,然后通过数组名访问字符串。

【例 5.20】　用字符数组存放一个字符串,然后输出该字符串。

```
#include "stdio.h"
void main()
{
    char p[]=" The C Programming Language";
    printf("%s\n",p);
}
```

（2）用字符指针变量指向一个字符串。

【例 5.21】 用字符串指针指向一个字符串。

```
#include "stdio.h"
void main()
{
    char * p="The C Programming Language";
    printf("%s\n",p);
}
```

程序中定义了字符类型的指针,用字符串直接对其进行初始化。

```
char * p="The C Programming Language";
```

或者

```
char * p;
p="The C Programming Language";
```

定义了一个字符指针变量 p,并用"The C Programming Language"对指针进行了初始化,C 语言中按照字符数组来处理字符串,在内存中开辟了足够大的空间来存放该字符串的内容,包括字符串结尾标志'\0'。利用字符串对字符指针初始化,实际上是让字符指针指向了字符串存储空间的第一个字符的内存地址,在输出该字符串的内容时,从字符指针指向的位置开始,逐个检查该内存空间存储的字符的内容是否为'\0',是则结束,否则将输出该字符。

注意：在用字符数组存储字符串时,由于数组名是地址常量,所以不能写成如下形式:

```
char ch[30];
ch="The C Programming Language";
```

而只能写成

```
char ch[30]="The C Programming Language";
```

或者先定义字符数组,然后用字符串操作函数为该字符数组赋值,如下:

```
char ch[30];
strcpy(ch, "The C Programming Language");
```

字符指针 p 与字符数组 ch 的区别是：p 是一个变量,可以改变 p 的值使它指向不同的字符串地址,也可以进行++等算术运算。ch 是一个数组,可以用字符串操作函数或引用数组元素来改变数组中保存的内容,但 ch 是地址常量,一旦分配地址则不能改变。

【例 5.22】 利用字符串连接函数连接两个字符串并输出结果。

```
#include "stdio.h"
#include "string.h"
void main()
{
    char * p="The C ", * s="Programming Language";
    strcat(p,s);
```

```
        printf("%s\n",p);
    }
```

运行该程序,将指针 s 指向的字符串连接到 p 指向字符串的结尾,输出如下结果:

The C Programming Language

但是,该程序存在一定的风险,原因在于要为字符指针 p 追加新的字符内容,而 p 指向的是分配字节数为 strlen("The C ")=7 的空间的首地址,在其后面再追加 s 指针指向的字符串内容将超出存储的空间范围,从而写入其他变量的存储空间中,造成数据错误或其他不可预料的错误。

5.5.4 指针数组

在程序设计中可以定义一维数组、二维数组甚至是多维数组,数组元素可以是整型、字符型等基本数据类型,也可以是结构体、共用体等构造数据类型。一个数组的元素值为指针则是指针数组。指针数组是一组有序的指针的集合。指针数组的所有元素都必须是具有相同存储类型和指向相同数据类型的指针变量。

指针数组的定义形式如下:

数据类型说明符 * 指针数组名称 [数组元素的个数]

其中数据类型说明符为指针值所指向的变量的类型。例如:

```
char *p[5];
```

由于[ ]比 * 优先权高,所以首先结合成数组形式 p[5],然后才与 * 结合。这样指针数组包含 5 个指针 p[0]、p[1]、p[2]、p[3]、p[4],各自指向字符类型变量的地址,使用方式同一般指针变量,只是对每个指针的引用是通过数组的下标来实现的。在数组元素使用之前应先对其进行初始化。

1. 用指针数组存储普通变量的地址

指针数组元素为变量的地址,使用比较简单。例如:

```
int * a[3],b=12,c=34,d=49;
a[0]=&b;   a[1]=&c;   a[2]=&d;
```

数组内容如图 5-16 所示。

如果要将变量 b 的数值更改为 16,则可以使用 b=16;,也可以使用 * a[0]=16;。

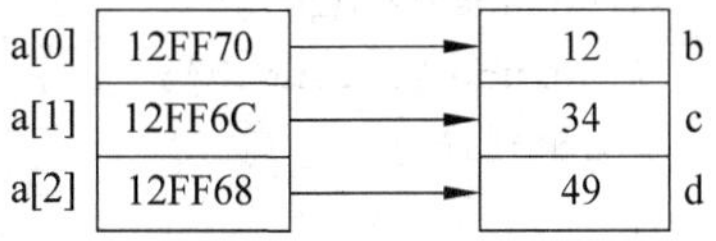

2. 用指针数组处理二维数组或多维数组

指针数组中的每个元素被赋予二维数组每一行第 0

图 5-16 数组内容

列元素的地址,也可理解为指针数组每个元素指向一个一维数组,在进行初始化时按照列元素指针的形式对指针数组的元素进行赋值。例如:

```
int a[3][4],* p[3];
p[0]=a[0];   p[1]=a[1];   p[2]=a[2];
```

则 p[0]、p[1]和 p[2]分别是指向二维数组 a[0][0]、a[1][0]和 a[2][0]元素的指针。

【例 5.23】 通过指针数组输出二维数组的指定元素的值。

```
#include "stdio.h"
void main()
{
    int a[3][3]={1,2,3,4,5,6,7,8,9};
    int * pa[3]={a[0],a[1],a[2]}, * p=a[0],i;
    for(i=0;i<3;i++)
        printf("%d,%d,%d  ",a[i][2-i], * a[i], * ( * (a+i)+i));
    printf("\n");
    for(i=0;i<3;i++)
        printf("%d,%d,%d  ", * pa[i],p[i], * (p+i));
    printf("\n");
}
```

本例中,pa 是一个指针数组,3 个元素分别指向二维数组 a 的各行首列元素地址。然后用循环语句输出指定的数组元素。其中 * a[i]表示 i 行 0 列元素值; * (* (a+i)+i)表示 i 行 i 列的元素值; * pa[i]表示 i 行 0 列元素值;由于 p 与 a[0]相同,故 p[i]表示 0 行 i 列的值; * (p+i)表示 0 行 i 列的值。读者可仔细领会元素值的各种不同的表示方法。

应该注意指针数组和二维数组指针变量的区别。这两者虽然都可用来表示二维数组,但是其表示方法和意义是不同的。程序输出结果如下:

```
3,1,1  5,4,5  7,7,9
1,1,1  4,2,2  7,3,3
```

3. 用指针数组处理多个字符串

比如要存储一个班级中多个学生的姓名时,由于学生姓名是字符串,可以使用二维的字符数组来存储,由于学生名字长度不同,使用二维数组存储时必然浪费一些存储空间;用指针数组来存储各个同学姓名字符串的首地址,即指针数组的每个元素都是指向姓名字符串首地址的指针,在内存中存储学生姓名时就没有空间浪费。

【例 5.24】 按升序排列并输出 5 个国家名字。

编程分析:由于排序的内容是字符串,字符串之间比较时不能使用>、<等运算符,而要使用字符串比较函数 strcmp,程序中需包含 string.h 头文件。

```
#include "stdio.h"
#include "string.h"
void main()
{
    char * p[5]={"CHINA","AMERICA","AUSTRALIA","FRANCE","GERMAN"}, * tmp;
    int i,j,k;
    for(i=0;i<4;i++)                          //采用简单选择排序
    {
        k=i;
        for(j=i+1;j<5;j++)
            if(strcmp(p[k],p[j])>0)k=j;
        if(k!=i)
```

```
    {
        tmp=p[i];p[i]=p[k];p[k]=tmp;
    }
}
for(i=0;i<5;i++)                          //输出排序结果
    printf("%s ",p[i]);
}
```

程序运行结果如下：

```
AMERICA AUSTRALIA CHINA FRANCE GERMAN
```

5.6 实 例

【例 5.25】 把一个整数按大小顺序插入已排好序的数组中。

编程分析：对于已经按照从小到大排好序的数组，要插入一个数字到数组的适当位置，并保持数组仍然有序，要求数组能容纳要插入的数字。方法一是当需要插入数据到数组中时，可通过循环等方式找到该数字所在的位置，然后自后向前依次将原有数组元素向后移动一个元素位置，直到该数字所在的位置为止，最后将该数字插入数组中，这种方法原理简单，但操作较复杂；方法二是自最后一个元素开始，依次与要插入的数字比较，若该数字比该位置的元素值小，则将该元素值向后移动一个元素位置，然后再用要插入的数字与前面的元素比较，若要插入的数字仍然比该位置的元素值小，则将该元素值向后移动一个元素位置，直到要插入的数字大于某个元素值，此时将要插入的数字插入数组中即可，这种方法将比较和元素移动写在一起，简化了程序。

参考程序如下：

```
#include "stdio.h"
void main()
{
    int i=9,n,a[11]={3,6,18,28,54,68,87,105,127,162};
    scanf("%d",&n);
    while(a[i]>n)
        a[i+1]=a[i--];
    a[i+1]=n;
    for(i=0;i<11;i++)
    printf("%d ",a[i]);
}
```

程序运行后的输入输出结果如下：

```
35
3 6 18 28 35 54 68 87 105 127 162
```

【例 5.26】 利用指针从 5 个数中找出最大值和最小值。

编程分析：定义一维数组，利用循环给数组的 5 个元素赋值，令指针变量 p 指向数组首地址，for 循环中用用指针 p 作为循环变量，一直循环到 a＋5 地址为止，循环中利用 ∗ p 与

max 和 min 变量比较,获取数组的最大值和最小值。流程图如图 5-17 所示。

参考程序如下:

```c
#include "stdio.h"
void main()
{
    int i,a[5], * p,max,min;
    printf("enter 5 integer numbers:\n");
    for(i=0;i<5;i++)
        scanf("%d",&a[i]);
    max=min= * a;
    for(p=a; p<a+5; p++)
    {
        if( * p>max)
            max= * p;
        if( * p<min)
            min= * p;
    }
    printf("max=%d,min=%d ",max,min);
}
```

int i,a[5],*p,max,min		
for(i=0;i<5;i++)		
输入a[i]的值		
max=min=*a		
for(p=a; p<a+5; p++)		
真	*p>max	假
max=*p		
真	*p<min	假
min=*p		
输出max和min的数值		

图 5-17　例 5.26 流程图

程序运行结果如下:

```
enter 5 integer numbers:
35 24 89 457 54
max=457,min=24
```

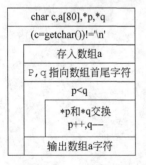

char c,a[80],*p,*q	
(c=getchar())!='\n'	
存入数组a	
P,q 指向数组首尾字符	
p<q	
*p和*q交换 p++,q—	
输出数组a字符	

图 5-18　例 5.27 流程图

【例 5.27】 输入一行字符存入数组(以回车结束),然后把它们反序存入到同一数组中。

编程分析:定义存放文字的字符数组,利用指针操作时,应定义指向字符数组首地址的指针和指向字符数组最后一个字符的指针,由于二者均指向同一数组,因此可进行大小关系的比较,若前者小于后者(表示分别指向数组的前后字符)则交换二者位置的字符,直到进行到两个指针指向同一个字符位置或者最初指向数组首地址的指针移动到最初指向数组末地址的指针之后为止。流程图如图 5-18 所示。

参考程序如下:

```c
#include "stdio.h"
void main()
{
    char c,a[80], * p, * q;
    int i=0;
    while((c=getchar())!='\n')
        a[i++]=c;
    a[i]='\0';                          //构成字符串
```

```
    p=a,q=a+i-1;
    while(p<q)
    {
        c=* p; * p=* q; * q=c;
        p++;
        q--;
    }
    for(i=0;a[i]!='\0';i++)
        printf("%c",a[i]);
    printf("\n");
}
```

【例 5.28】　编写程序输出"魔方矩阵",把整数 1 到 n^2 排成一个 $n \times n$ 方阵,使方阵中的每一行、每一列以及对角线上的数之和都相同,如图 5-19 所示。

编程分析:构建魔方矩阵时,确保输入的行列数 n 为奇数,待填充的数字为 $1 \sim n^2$,填充应遵循以下规则:

(1) 把 1 填在第一行的正中间,然后填入后续的数。

(2) 若数 k 填在第 i 行第 j 列的格子中,那么下一个数 $k+1$ 应填在它的右上方,即第 $i-1$ 行第 $j+1$ 列的那个格子中,如果 $i<1$,那么填在第 n 行第 $j+1$ 列的格子中;若 $j<1$,则填在第 $i-1$ 行第 n 列的格子中。

(3) 若 k 正好为 n 的倍数,则下一个数 $k+1$ 填在下一行中,列不变,即填在第 $i+1$ 行和第 j 列的格子中。

当输入行列个数为 5 时,填充形成的魔方矩阵如图 5-19 所示。程序运行时最大输入 19,否则数字太大显示不开。

参考程序如下:

```
17  24   1   8  15
23   5   7  14  16
 4   6  13  20  22
10  12  19  21   3
11  18  25   2   9
```

图 5-19　5×5 魔方矩阵

```
#include "stdio.h"
#define N 19
void main()
{
    int a[N+1][N+1]={0},n,i=1,j,k=1;
Loops:
    printf("input a integer number:");
    scanf("%d",&n);
    if(n<1 || n>19 || n%2==0)              //最多输入 19
    {
        printf("input error!\n");
        goto Loops;
    }
    j=(n+1)/2;                             //第一行中间列
    while(k<=n * n)                        //循环填充
    {
        if(i<1)                            //上部行超界
            i=n;
```

```
        if(j<1)                                      //左侧列超界
            j=n;
        if(j>n)                                       //右侧列超界
            j=1;
        a[i][j]=k;                                    //填充数字
        if(k%n==0)                                    //是 n 的倍数,后面数字在下一行
            i++;
        else
        {
            i--;
            j++;
        }
        k++;
    }
    for(i=1;i<=n;i++)                                 //输出魔方矩阵
    {
        for(j=1;j<=n;j++)
            printf("%4d",a[i][j]);
        printf("\n");
    }
}
```

【例 5.29】 输入一行文字,统计有多少个单词,单词之间用空格隔开。

编程分析:首先定义存储字符的数组 char a[100]以及单词标志变量 word=0,文字的输入可以使用 scanf 函数或者 gets 函数,在统计单词个数时,关键问题在于判断何时出现了单词以及该单词的结束位置,在单词与单词之间出现多个空格时须看做一个空格。实际单词统计过程中,从第一个字符开始依次判断每个字符,若该字符为非空格字符则表示是一个单词的开始,此时单词标志变量 word=1,同时单词个数 nums 加 1,下一个字符仍然为非空格字符时(表示与前面字符在同一个单词中),单词个数不再加 1;一旦遇到空格字符,则单词标志变量 word=0,因此在判断中利用单词标志变量 word 能够进行单词的判断。具体示例如表 5-2 所示。

表 5-2 示例分析

字 符		H	e		S	h	e		a	n	d		Y	o	u	.
是否空格	是	否	否	是	是	否	否	否	是	否	否	否	是	否	否	否	否
是否单词	否	是	是	否	否	是	是	是	否	是	是	是	否	是	是	是	是
word 值	0	1	1	0	0	1	1	1	0	1	1	1	0	1	1	1	1
nums 值	0	1	1	1	1	2	2	2	2	3	3	3	3	4	4	4	4

程序流程图如图 5-20 所示。

参考程序如下:

```
#include "stdio.h"
void main()
{
```

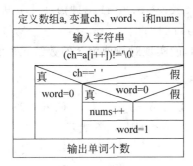

图 5-20 例 5.29 流程图

```
char a[100],ch;
int word=0,i=0,nums=0;
printf("input a string:");
gets(a);                                    //输入字符串
while((ch=a[i++])!='\0')
{
    if(ch==' ')                             //是空格
        word=0;                             //单词标志位复位
    else
    {
        if(word==0)        //当前是非空格字符,而前面字符是空格,表示单词开始
            nums++;                          //单词数计数
        word=1;                             //当前字符是非空格
    }
}
printf("there are %d words\n",nums);
}
```

习　题

1. 单项选择题

(1) 以下对一维数组 a 的说明正确的是(　　)。

　　A. char a(10);　　　　　　　　　　B. int a[ ];

　　C. int k=5,a[k];　　　　　　　　　D. char a[ ]={'a', 'b', 'c'};

(2) 以下数组定义语句正确的是(　　)。

　　A. char a[5]={'1', '2', '3', '4', '5', '\0'};

　　B. int b[2][ ]={{1}, {2}};

　　C. float c[ ][3]={1, 2, 3, 4, 5};

　　D. char d[5]="CHINA";

(3) 以下语句中不能把字符串 Hello! 赋给数组 b 的是(　　)。

　　A. char b[10]={'H','e','l','l','o','!'};

　　B. char b[10]; b="Hello!";

C. char b[10]; strcpy(b,"Hello!");

D. char b[10]="Hello!";

(4) 若有如下定义和语句,能实现对数值为 3 的数组元素的引用的是(   )。

int a[]={1,2,3,4,5}, * p=a;

    A. *(a+2)　　　　B. a[p-3]　　　　C. p+2　　　　D. a+3

(5) 若有定义 int a[10], * p=a;,则 p+5 表示(   )。

    A. 元素 a[5]的地址　　　　　　　　B. 元素 a[5]的值

    C. 元素 a[6]的地址　　　　　　　　D. 元素 a[6]的值

(6) 以下程序运行后的输出结果是(   )。

```
#include "stdio.h"
void main()
{
    char a[7]="a0\0a0\0"; int i,j;
    i=sizeof(a); j=strlen(a);
    printf("%d %d\n",i,j);
}
```

    A. 2 2　　　　B. 7 6　　　　C. 7 2　　　　D. 6 2

(7) 若已定义:

int a[ ]={0,1,2,3,4,5,6,7,8,9}, * p=a,i;

其中 0≤i≤9,则对 a 数组元素不正确的引用是(   )。

    A. a[p-a]　　　　B. *(&a[i])　　　　C. p[i]　　　　D. a[10]

(8) 定义如下变量和数组:

```
int k;
int a[3][3]={1,2,3,4,5,6,7,8,9};
```

则下面语句的输出结果是(   )。

```
for(k=0;k<3;k++)printf("%d",a[k][2-k]);
```

    A. 3 5 7　　　　B. 3 6 9　　　　C. 1 5 9　　　　D. 1 4 7

(9) 有以下程序:

```
#include "stdio.h"
#include "string.h"
void main()
{
    char a[ ]={'a','b','c','d', 'e', 'f', 'g','h','\0'};
    int i=sizeof(a), j=strlen(a);
    printf("%d,%d\n",i,j);
}
```

程序运行后的输出结果是(   )。

  A. 9,9   B. 8,9   C. 1,8   D. 9,8

（10）以下程序的运行结果是（　　）。

```
#include "stdio.h"
void main( )
{
    int x[5]={1, 2, 3, 4, 5}, * p=x, * * q;
    q= &p;
    printf("%d, ", * (p++));
    printf("%d\n", * * q);
}
```

  A. 1, 1   B. 1, 2   C. 2, 2   D. 2, 3

2. 编程题

（1）从键盘输入一个字符串，去掉所有非十六进制字符后转换成十进制数输出。

（2）有 n 个人围成一个圆圈，顺序排号，从第一个人开始报数（从 1 到 3 报数），凡报到 3 的人退出圈子，问最后留下的是原来的第几号？

（3）从键盘输入任意长度由 0、1 组成的二进制字符串，实现向十进制的转换并输出结果。

（4）编程输入 10 个学生 5 门课程的成绩，实现以下功能：

① 计算每个学生的平均分。

② 计算每门课程的平均分。

③ 计算平均方差：$\sigma = \dfrac{1}{n}\sum\limits_{i=1}^{n} x_i^2 - \left(\dfrac{\sum\limits_{i=1}^{n} x_i}{n}\right)^2$ ，其中 x_i 为第 i 个学生的平均分。

（5）有如下数组：int a[10]={1,2,3,4,5,6,7,8,9,10};，编写程序，将该整型数组中的各元素按相反顺序存放（不使用辅助数组）。

（6）不用 strcat 函数，利用数组编写两个字符串连接的程序。

（7）从键盘上输入 10 个评委的分数，去掉一个最高分，去掉一个最低分，求出其余 8 个评委的平均分并输出平均分、最大值和最小值。

（8）已知一个整型数组 X[4]，它的各元素的值分别为 3、11、8、22。使用指针表示法编写程序，求各数组元素之积。

（9）编程实现两个矩阵的乘积，并输出结果。

（10）从键盘输入一个字符串，按照字符顺序从小到大进行排序，并要求删除重复的字符。如输入"ad2f3adjfeainzzzv"，则输出"23adefijnvz"。

（11）从键盘输入一个 $n \times n$ 的二维数组（n 从键盘输入），找出此二维数组中各行的最大值，并按从大到小的次序输出各行的最大值及此值所在的行号。

（12）输出可大可小的正方形图案，最外层是第一层，要求每层上用的数字与层数相同。输入输出示例：

Input n：3 The matrix is：

1 1 1 1 1

1 2 2 2 1

1 2 3 2 1

1 2 2 2 1

1 1 1 1 1

（13）有一篇文章，共有 4 行文字，每行 50 个字符，编程统计出英文大写字母、小写字母、空格以及其他字符的个数，并输出结果。

第6章 函数与参数传递

【本章概述】

按照软件工程的原理，在进行复杂问题的程序设计过程中要进行功能定义与规划。采用模块化设计的思想，其中一个非常重要的内容就是定义函数的功能以及参数的传递方式，并利用高级语言编程实现。本章主要介绍函数的定义格式、函数的调用方法、函数的参数传递方式以及变量的作用域及其存储类型等。

【学习要求】

- 了解：系统函数的功能。
- 了解：局部变量与全局变量的概念。
- 了解：指向函数的指针和返回指针的函数。
- 了解：函数嵌套调用的一般过程。
- 掌握：函数定义的一般形式，函数的返回值。
- 掌握：函数的形参与实参的对应关系，参数传递方法。
- 掌握：数组名、指针等作为函数的参数的一些特点。
- 重点：函数的形参与实参的对应关系，函数递归和嵌套调用。
- 难点：参数传递方法，指向函数的指针和返回指针的函数。

6.1 概　　述

C 源程序是由函数组成的，函数是 C 源程序的基本模块，通过对函数模块的调用实现特定的功能。在前面部分章节中已经涉及了函数的概念，如 scanf、printf 等函数。我们不需要知道这些函数是如何实现其功能的，只要按照函数的原型格式调用即可。

C 语言不仅提供了极为丰富的库函数（如 Turbo C 提供了三百多个库函数，而 Visual C++ 6.0 则提供了更多的库函数），还允许用户建立自己定义的函数。用户可把自己的算法编写成一个个相对独立的函数模块，然后通过函数调用来使用它们，这样就可以大大提高程序设计的效率。

C 语言采用了函数模块式的结构，易于实现结构化程序设计，使程序的层次结构清晰，便于程序的编写、阅读和调试。在 C 语言中可从不同的角度对函数进行分类。

1. 标准函数和用户自定义函数

从使用的角度来分，可以分为标准函数和用户自定义函数。

（1）标准函数：由 C 编译系统提供，用户无须定义，也不必在程序中作类型说明，如果要调用某个系统函数，只需在程序中用"＃include"包含记录有该函数原型的头文件即可。在前面例题中经常用到的 printf、scanf、getchar 等函数均属此类。

（2）用户自定义函数：是由用户按需要编写的函数，在使用这类函数时，不仅要在程序中定义函数本身，还应在主调函数模块中对该被调函数进行类型说明。

【例6.1】 用户自定义函数。

```c
#include <stdio.h>
#include <string.h>
#include <conio.h>
void main()
{
    int a=10,b=40,sum;
    char s[]="www.sdust.edu.cn";
    int add(int aa,int bb);                      //函数声明
    void print_info();                           //函数声明
    sum=add(a,b);                                //调用用户自定义函数
    printf("The sum of two Parameters:%d",sum);
    print_info();                                //调用用户自定义函数
    printf("\nThe strlen is:%d",strlen(s));      //调用系统函数
    getch();                                     //函数原型在 conio.h 头文件
}
int add(int aa,int bb)                           //函数定义
{
    return aa+bb;
}
void print_info()                                //函数定义
{
    printf("\nThis function has none Parameter.");
}
```

程序运行结果如下：

```
The sum of two Parameters:50
This function has none Parameter.
The strlen is:16
```

2. 无参函数和有参函数

从主调函数和被调函数之间数据传送的角度来分，可分为无参函数和有参函数。

（1）无参函数：函数定义、函数说明及函数调用中均不带参数，主调函数和被调函数之间不进行参数传递，如例6.1中的 print_info 函数。

（2）有参函数：也称为带参函数，在函数定义及函数说明中的参数称为形式参数（简称为形参），函数调用时的参数称为实际参数（简称为实参）。进行函数调用时，主调函数把实参的值传送给形参，供被调函数使用。如例6.1中的 add 函数。

3. 外部函数和内部函数

从作用范围来分，可以分为外部函数和内部函数。

（1）外部函数：可以被任何源程序文件中的函数所调用的函数。定义外部函数时，在函数名和函数类型前面加 extern。

（2）内部函数：只能被其所在的源程序文件中的函数所调用的函数。定义内部函数

时,在函数名和函数类型前面加 static。

4．无返回值函数和有返回值函数

从返回值来分,可以分为无返回值函数和有返回值函数。

(1) 有返回值函数:此类函数被调用执行完后将向调用者返回一个执行结果,称为函数返回值,如求正弦的函数 sin(x)。对于这类函数,必须在函数定义和函数说明中明确返回值的数据类型,如例 6.1 的 add 函数。

(2) 无返回值函数:此类函数执行完成后不向调用者返回函数值。由于函数无返回值,用户在定义此类函数时指定它的返回为"空类型"即可,其说明符为 void,如例 6.1 中的 print_info 函数。

5．C 语言提供的库函数

C 语言提供了极为丰富的库函数,这些库函数又可从功能角度分为以下几类,每类都有若干个函数,可查阅相关资料获取更详细的信息。

(1) 字符类型函数:用于对字符按 ASCII 码分类。

(2) 转换函数:用于字符或字符串的转换,字符量和各类数字量(整型、实型等)之间的转换,在大、小写之间的转换。

(3) 目录路径函数:用于文件目录和路径操作。

(4) 诊断函数:用于内部错误检测。

(5) 图形函数:用于屏幕管理和各种图形功能。

(6) 输入输出函数:用于完成输入输出功能,如 fscanf()函数。

(7) 接口函数:用于与 DOS、BIOS 和硬件的接口。

(8) 字符串函数:用于字符串操作和处理,如 strlen()函数。

(9) 内存管理函数:用于内存管理,如 malloc()函数。

(10) 数学函数:用于数学函数计算,如 fabs()函数。

(11) 日期和时间函数:用于日期、时间转换操作。

(12) 进程控制函数:用于进程管理和控制。

(13) 其他函数:用于其他各种功能。

以上各类函数不仅数量多,而且有的还需要硬件知识才会使用,因此要想全部掌握它们需要一个较长的学习过程。应先掌握一些最基本、最常用的函数,然后逐步深入。由于课时关系,本书只介绍很少一部分库函数,对于其余库存函数,读者可根据需要查阅有关手册。

还应指出的是,在 C 语言中,包括主函数 main 在内的所有函数的定义都是平行的。即在一个函数的函数体内不能再嵌套定义另一个函数。但是函数之间允许相互调用,也允许嵌套调用;另外,函数还可以自己调用自己,构成递归调用。

在 C 语言中,main 函数是整个 C 程序的入口函数,也可称为主函数。每个 C 程序必须有且只能有一个 main 函数。它可以调用其他函数,但不允许被其他函数调用。因此,C 程序的执行总是从 main 函数开始,完成对其他函数的调用后再返回到 main 函数,最后由 main 函数结束整个程序。

图 6-1 是一个程序中函数调用的示意图。

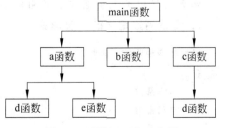

图 6-1 函数调用的示意图

6.2 函数的定义与调用

6.2.1 函数定义的一般形式

C 语言规定,对于变量和自定义函数,必须先定义后使用。

函数定义的内容包括函数名、形参及其类型、函数类型(即函数值类型)和函数体。

(1)函数名:应符合 C 语言对标识符的规定。

(2)形式参数:写在函数名后面的一对花括号内。它有两个作用:

①表示将从主调函数中接受哪些类型的变量信息。有些函数没有形式参数,则该函数名称后面的圆括号可以为空,也可以在圆括号内书写 void。

②在函数体中形式参数是可以被引用的,可以输入、输出、被赋予新值或参与运算。程序进行编译时,并不为形式参数分配储存空间。只有在被调用时,形式参数才临时占用储存空间,从调用函数中获得值,这称为"虚实结合",形参从相应的实参得到值,函数执行完成后,这些形参占用的存储空间被释放。

(3)函数类型:通常把函数返回值的类型称为函数类型,即函数定义时所指的类型。函数在返回前要先将表达式的值转换为所定义的类型,返回到主调函数中的调用表达式。int 型与 char 型函数在定义时可以不定义类型(即不写 int 或 char),系统隐含指定为 int 型。对不需要使用函数返回值的函数,应定义为 void 类型。

(4)函数体。函数体由变量定义部分和语句组成,在函数体中定义的变量只有在执行该函数时才存在。函数体中可以不定义变量而只有语句,也可以二者皆无。如:

```
void func(void)
{
    ...
}
```

这是一个空函数,调用它不会产生任何有效操作,但它却是一个 C 语言的合法函数。在模块化设计中,往往先把 main 函数写好,并预先确定需要调用的函数,有时一些函数还未编好,可以用这样的空函数放在程序中,以便调试程序的其他部分,随后再逐步补上。

用户自定义的函数,必须符合 C 语言规定的格式,通常由两部分组成:一是函数头(即函数体前面的部分);二是函数体(即{ }中的内容,它包含该函数所用到的变量的定义及有关操作)。

函数定义包括无参函数定义和有参函数定义。

1. 无参函数定义的一般形式

函数类型说明符 函数名()
{
　　声明部分
　　语句部分
}

其中,类型说明符和函数名为函数头。类型说明符指明了函数的类型,也就是函数返回值的类型。函数名要符合 C 语言标识符的约定,函数名后面的"()"不能省略。

在很多情况下都不要求无参函数有返回值,此时函数类型标识符可以写为 void,代表"无类型"(或"空类型"),它表示本函数是没有返回值的,但可以在函数内部实现数据的输出操作。

2. 有参函数定义的一般形式

函数类型说明符　函数名(数据类型符 1　形式参数 1,数据类型符 2　形式参数 2,…)
{
　　声明部分
　　语句部分
}

有参函数的函数头可以有两种写法,常称为现代方式和传统方式,如下所示。

(1) 现代方式:

```
float fun(int x,int y)
```

(2) 传统方式:

```
float fun(x,y)
    int x,y;
```

由于在 Visual C++ 开发环境中不支持用传统方式定义函数,因此,本书统一采用现代方式,即对形式参数的说明均放在函数名后的括号内。

有参函数比无参函数多了一个内容,即形式参数列表。在形参表中给出的参数称为形式参数,它们可以是各种类型的变量,各参数之间用逗号间隔。在进行函数调用时,主调函数将赋予这些形式参数实际的值。形参既然是变量,必须在形参表中给出形参的数据类型说明。

例如,定义一个函数,用于求两个数中的较小值,代码如下:

```
int min(int a, int b)
{
    if(a<b)
        return(a);
    else
        return(b);
}
```

第一行 min 之前的 int 说明该函数的返回值是一个整数,形参为 a、b,均为整型变量,a、b 的具体值是由主调函数在调用时传递过来的。在{ }中的函数体内,除形参外没有使用其他变量,因此只有语句而没有声明部分。return 语句是把 a(或 b)的值作为函数的值返回给主调函数,同时结束被调用函数的运行。有返回值函数中至少应有一个 return 语句。

在 C 程序中,一个函数的定义,既可放在主调函数之前,也可放在主调函数之后(调用该函数之前需要对该函数进行声明)。

【例 6.2】 求 3 个数中的最大数。

把 max 函数置于主调函数 main 之前,程序如下:

```
#include <stdio.h>
#include <string.h>
int max(int x,int y,int z)
{
    int m;
    if(x>y)m=x;
    else m=y;
    if(z>m)m=z;
    return(m);
}
void main()
{
    int n1,n2,n3;
    scanf("%d%d%d",&n1,&n2,&n3);
    printf("max=%d\n",max(n1,n2,n3));
}
```

把 max 函数置于 main 之后,必须在主函数中进行声明,程序如下:

```
#include <stdio.h>
#include <string.h>
void main()
{
    int max(int x,int y,int z);              //函数声明
    int n1,n2,n3;
    scanf("%d%d%d",&n1,&n2,&n3);
    printf("max=%d\n",max(n1,n2,n3));
}
int max(int x,int y,int z)                   //函数定义
{
    int m;
    if(x>y)m=x;
    else m=y;
    if(z>m)m=z;
    return(m);
}
```

运行该程序时,从键盘输入 12 23 2 后回车,程序运行结果如下:

```
12 23 2
max=23
```

说明:

(1) 在 C 语言中,所有的函数定义,包括主函数 main 在内,都是平行的。

(2) 不能在一个函数的函数体内再定义其他的函数,即不能嵌套定义。

(3) 函数之间允许相互调用,也允许嵌套调用,同一个函数可以被一个或多个函数调用

若干次。

6.2.2 函数的声明

由前面的内容可知,用户自定义函数一般是先定义后调用。如果在编写程序时定义的函数出现在调用函数位置之前,则无须进行函数声明。

由于 C 语言中的函数定义是各自独立的,函数与函数之间只有调用与被调用的关系,它们的位置并没有一定的顺序关系。那么在一个含有多个函数的源程序中,各个函数的放置是随机的。例如,有 3 个函数 main( )、fun1( )和 fun2( ),它们的排列可以有 6 种情况,现给出如下 3 种排列:

```
float fun1(int x)         int fun2(char c)         main()
{ … }                     { … }                    { … }
int fun2(char c)          main()                    float fun1(int x)
{ … }                     { … }                    { … }
main()                    float fun1(int x)         int fun2(char c)
{ … }                     { … }                    { … }
```

由于函数定义和调用的顺序不同,可能出现调用在前、定义在后的情况。当被调函数放置在主调函数之后,则应在主调函数的适当位置对被调函数进行声明。否则,编译时就会给出相应的错误信息。如在第二种排列中的 main 函数中调用 fun1 函数时,由于 fun1 函数位于 main 函数之后,所以必须在 main 函数中或在 main 函数之前对 fun1 函数进行声明。

所谓"函数声明"是指向 C 编译系统提供有关信息,如函数值的类型、函数名及函数参数的个数等,以便 C 编译系统在函数调用时进行核查。函数声明的一般格式为

函数类型　函数名(数据类型符 1,数据类型符 2,…);

或

函数类型　函数名(数据类型符 1　形式参数 1,数据类型符 2　形式参数 2,…);

【例 6.3】 练习使用函数定义和声明,求两个实数的乘积。

```c
#include "stdio.h"
void main()
{
    float mul(float x1,float y1);              //函数的声明
    float x,y;
    scanf("%f,%f",&x,&y);
    printf("%f * %f=%f\n",x,y, mul(x,y));
}
float mul(float x1,float y1)                   //函数定义
{
    return(x1 * y1);
}
```

程序运行后的输入内容和输出结果如下:

```
13.5,28
13.500000×28.000000=378.000000
```

说明：

（1）求乘积的函数 mul 的类型是 float，且其定义在主函数 main 之后，属于先调用、后定义的情况。所以，在 main 函数内部调用 mul 之前对其加以声明。

（2）声明中的 x1 和 y1 可以不写，即写成 float mul(float，float)。

（3）若将其中的 mul 函数声明去掉（可在其首尾添加注释符号，使其不起作用即可），则编译时会给出相关的错误信息。读者可试一试。

（4）若将该例中的变量 x、y，形参 x1、y1 的数据类型和函数的类型都改为 int，尽管函数 mul 仍放置在主函数之后，也可省略相应的声明。

下列情况下，可不作函数声明：

（1）被调用函数定义出现在主调函数之前。

（2）函数在外部已声明过，不必在其后的每一个主调函数中再声明。

6.2.3　函数的调用

函数调用的一般方法为

函数名（实际参数 1，实际参数 2，…）；

或

函数名（）；

前者用于有参函数，若实参中包含了两个以上实参时，各参数之间用逗号分隔。实参的个数应与形参的个数相同，且按顺序对应的参数的类型应一致。后者用于无参函数的调用。注意，其后的空括号一定不能省略。

函数调用的方式有以下几种。

（1）把函数调用作为一个执行语句。例如：

```
puts(str1);                    //字符串输出函数,是系统提供的标准函数之一
swap(x1,x2);                   //调用用户自定义的有参函数 swap
printstr();                    //调用用户自定义的无参函数 printstr
```

以这种方式进行调用的函数一般不需要返回值，只是通过函数调用完成某些操作。

（2）以表达式的形式进行调用，函数出现在一个表达式中。例如：

```
if(strcmp(s1,s2)>0) …          //函数调用位于条件表达式中
maxvalue=max(x,y,z);           //函数调用位于赋值语句中
for(j=strlen(str)-1;j>0;j--);  //函数调用位于循环语句的表达式中
```

以这种方式进行调用的函数，被调函数必须有一个函数值，以便参加主调函数的相关计算或后续操作。如上面第一个语句，字符串的比较函数必须返回一个函数值以便进行大于 0 的比较。

（3）以函数参数形式进行调用，函数调用作为一个函数的实参。例如：

```
printf("%d\n",max(x,y,z));     //max 函数作为 printf 函数的参数
```

```
fun1(fun2(t));                          //fun2 函数是 fun1 函数的实参
```

以函数的参数形式进行函数调用,被调函数也必须有函数值,以便参加主调函数的后续操作。如上面第一个语句,max 函数是被调函数,其必须返回一个函数值,以便参加主调函数 printf 的输出操作。

【例 6.4】　以表达式的形式进行函数调用。

```
#include "stdio.h"
func(int a,int b)
{
    int c;
    c=a+b;
    return c;
}
void main()
{
    int x=6,y=7,z=8,r;
    r=func((x--,y++,x+y),z--);
    printf("%d\n",r);
}
```

该例中的函数 func 是以表达式的形式进行调用的,其函数名 func 前面省略了函数类型说明符,则表示该函数返回值的类型是整型。主调函数(main 函数)与被调函数(func 函数)之间的参数传递采用值传递方式,即第 1 个实参 13(x+y=5+8)单向传递给形参 a,第 2 个实参 8 单向传递给形参 b,因此 func 函数的返回值为 21。

6.2.4　形式参数与实际参数

所谓形式参数(简称形参)是指在函数定义时定义的参数。由 6.2.1 节有参函数的定义格式可知,形参位于函数名后的括号内,既给定了形参的个数,又对每个形参的数据类型加以说明。

所谓实际参数(简称实参)是指在进行有参函数调用时所使用的参数。实参位于主调函数中调用函数名后的括号内。

函数的形参和实参具有以下几个特点:

(1) 实参必须有确定的值,形参必须指定类型。

(2) 形参变量只有在被调用时才分配内存单元,在调用结束时释放所分配的内存单元。因此,形参只在函数内部有效,函数调用结束后则不能再使用形参变量。

(3) 实参可以是常量、变量、表达式和函数调用等,无论实参是何种类型的量,在进行函数调用时,它们都必须具有确定的值,以便把这些值传送给形参。因此应预先用赋值、输入等办法使实参获得确定值。

(4) 形参与实参类型一致,个数相同,顺序也应严格一致,否则可能会发生错误。

(5) 函数调用时数据传递只能由实参传递给形参,而不能由形参传递给实参。

形参只能在函数体内使用,实参出现在主调函数中,进入被调函数后,实参变量不能使用。函数调用时,主调函数把实参的值传送给被调函数的形参,从而实现主调函数向被调函数的数据传递。

在数据传递的过程中,数据的传递方式有以下两种形式。

1. 值传递方式

所谓值传递方式:是指将实参的数值单向传递给形参的一种方式。

实参可以是已赋值的变量、常量或有确定值的表达式,形参通常是变量。函数调用时,被调函数的形参作为被调函数的局部变量处理,即在内存的堆栈中开辟空间以存放由主调函数传递来的实参的值,从而成为实参值的一个副本。

系统分配给实参和形参的内存单元是不同的(即实参、形参在内存中占有不同的存储空间),分配内存单元的时刻也不同(被调函数只有在被调用时,形参才被分配内存单元。调用结束后,形参所占的内存单元即被释放)。

值传递方式的特点是:被调函数对形参的任何操作都作为局部变量进行,不会影响主调函数的实参变量的值。

【例 6.5】 通过函数调用交换两个变量的值。

编程分析:定义 swap 函数,该函数有两个形参 x 和 y,在函数内实现两个形参数值的交换。在 main 函数中定义两个变量 a 和 b,并作为调用 swap 函数的实参。

参考程序如下:

```c
#include <stdio.h>
void swap(int x,int y)
{
    int  temp;
    temp=x; x=y; y=temp;
    printf("in swap:x=%d,y=%d\n",x,y);
    printf("Address of x and y: %p, %p\n",&x,&y);
}
void main()
{
    int a=7,b=11;
    printf("befor swap:a=%d,b=%d\n",a,b);
    if(a<b)  swap(a,b);
    printf("after swap:a=%d,b=%d\n",a,b);
    printf("Address of a and b: %p, %p\n",&a,&b);
}
```

程序运行的结果如下:

```
befor swap:a=7,b=11
in swap:x=11,y=7
Address of x and y: 0012FF24, 0012FF28
after swap:a=7,b=11
Address of a and b: 0012FF7C, 0012FF78
```

由本例可知:形参为 x、y,实参为 a、b,它们都是 int 类型。当调用 swap 函数时,a 的值单向传递给 x,b 的值单向传递给 y。实参 a、b 和形参 x、y 在内存中的地址不同。

程序输出结果显示,在 swap 函数中局部变量 x 和 y 确实交换了数据,但由于实参 a、b 和形参 x、y 所占据的内存地址不同,所以 x 和 y 的数据交换不会影响到实参 a 和 b 的数值。

随着 swap 函数的结束,作为局部变量的形参 x、y 以及 swap 函数内部的参数 temp 都将结束其生存期,在内存中的存储空间被释放。

程序设计中有时不需要修改实参,但是又需要被调函数所作的工作能够得以体现,就可以灵活地在被调函数中使用打印语句。例如:

```c
#include <stdio.h>
void main()
{
    int a=3,b=5;
    void swap(int x,int y);
    swap(a,b);
    printf("a=%d,b=%d\n",a,b);
}
void swap(int x,int y)
{
    int  temp;
    temp=x;   x=y;   y=temp;
    printf("x=%d,y=%d\n",x,y);
}
```

程序运行的输出结果如下:

```
x=5,y=3
a=3,b=5
```

程序运行结果表明,swap 函数只交换了两个形参变量 x 和 y 的值,而没有交换 main( ) 中的实参 a 和 b 的值。

2. 地址传递方式

所谓地址传递方式,是指将实参所代表的地址传递给形参的一种方式,即只传递指针的值而不传递指针指向的内存单元的值。

实参可以是变量的地址和数组名,也可以是指针变量;形参通常是数组或指针变量。函数调用过程中,被调函数的形参虽然也作为局部变量在堆栈中开辟了内存空间,但是这时存放的是由主调函数传递过来的实参变量的内存地址。被调函数对形参的任何操作都被处理成间接寻址,即通过堆栈中存放的地址访问主调函数中的实参变量。

地址传递方式的特点是:被调函数对形参做的任何操作都可能影响主调函数中的实参变量。

【例 6.6】 通过地址传递方式实现主调函数两个实参的数据交换。

编程分析:定义 swap 函数,该函数有两个形参 p1 和 p2,均为指向 int 类型的指针变量,在函数内实现两个形参所指内存单元数值的交换。在 main 函数中定义两个局部变量 a 和 b,并用其内存地址作为调用 swap 函数的实参。

参考程序如下:

```c
#include <stdio.h>
swap(int * p1,int * p2)
{ int p;
```

```
    p= * p1;
    * p1= * p2;
    * p2=p;
}
void main()
{
    int a,b;
    scanf("%d,%d",&a,&b);
    printf("before swap: a=%d, b=%d\n",a,b);
    swap(&a,&b);
    printf("after swap: a=%d, b=%d\n",a,b);
}
```

程序运行后的输入内容和输出结果如下：

```
7,11
befor swap: a=7, b=11
after swap: a=11, b=7
```

程序中，实参是 a 和 b 两个变量的内存地址，形参是两个指针变量 p1 和 p2，在 swap 函数中实现了 p1 和 p2 指针变量所指内存单元的数值的交换。本程序中的 main 函数也可以写成如下采用指针变量的形式：

```
#include <stdio.h>
void main()
{
    int a,b;
    int * pointer_1=&a, * pointer_2=&b;        //定义指针变量
    scanf("%d,%d",&a,&b);
    if(a<b)swap(pointer_1, pointer_2);         //指针变量作为实参
    printf("\n%d,%d\n",a,b);
}
```

本例中用指针变量作参数，虽然传递的是变量的地址，但实参和形参之间的数据传递依然是单向的"值传递"，即调用函数不可能改变实参指针变量的值（指针的指向地址）。但它不同于一般值传递的是：它可以通过指针的间接访问来改变指针变量所指变量的值，从而达到改变实参的目的。

实际上，因为地址本身也可以作为一个特殊的"值"，所以地址传递也是一种特殊的值传递。只是为了强调其特殊性，故称之为"地址传递"。在学习过程中可以视参数的形式而区别对待。例如，若参数传递的是简单数据类型的数值，则将其归类为值传递方式；若参数传递的是变量的地址，则视其为地址传递方式。

这部分内容对初学者来说理解起来有一定的难度，需要在学习过程中多想、多练、多思考，以达到真正掌握的目的。

6.2.5　函数的返回值

函数的返回值是指函数被调用之后，执行函数体中的程序段所获得的并返回给主调函

数的值,如调用例 6.2 的 max 函数取得的最大值等。对函数的返回值(或函数的值)有以下一些说明:

(1) 函数的值只能通过 return 语句返回主调函数。return 语句的一般形式如下:

return(表达式);

或

return 表达式;

该语句的功能是计算表达式的值,并返回给主调函数。在函数中允许有多个 return 语句,但每次调用只能执行其中一个 return 语句,因此只能返回一个函数值。

(2) 函数类型说明符指定本函数返回值的数据类型。函数值的类型和函数定义中函数的类型应保持一致。如果两者不一致,则以函数类型为准,自动进行类型转换。有返回值的函数可以在被调用时使用,如可以把该值赋给变量,或应用在表达式中。

(3) 如函数值为整型,在函数定义时可以省略类型说明,系统默认的返回值类型是整型。

(4) 无返回值的函数可以定义为 void,即空类型。如函数 Find 并不向主函数返回函数值,因此可定义为

```
void Find(int n)
{
......
}
```

一旦函数被定义为空类型后,就不能在主调函数中使用被调函数的函数值了,虽然在空类型的函数中也可以使用 return 语句,但其后不能跟有任何数值。例如,sum＝Find(n);就是错误的。

为使程序有良好的可读性并减少出错,凡不要求返回值的函数都应定义为空类型。

6.2.6　函数调用时参数间的传递

C 语言所定义的函数是相对独立的。函数之间通过函数调用时参数的传递及函数的返回值相互联系。函数调用过程中能作为实参的数据主要包括以下内容。

1. 变量、常量或数组元素作为函数实参

在函数调用时,使用变量、常量或数组元素等作为函数实参,变量作为函数形参,在此情况下,实参与形参之间参数的传递属于单向值传递方式,将实参的值复制并传递到形参相应的存储单元中,此时形参和实参分别占用不同存储单元。

2. 数组名作为函数实参

由第 5 章可知,数组名本身代表该数组在内存中连续存放数据的起始地址。在函数调用时,使用数组名作为函数实参,数组作为函数形参(此种情况下,实参和形参类型必须一致),则实参与形参之间参数的传递属于地址传递方式。

【**例 6.7**】　求利用函数调用计算某班若干学生的平均成绩。

```
#include "stdio.h"
float ave(float b[],int n1)
```

```
    {
        int i;
        float sum=0;
        for(i=0;i<n1;i++)
            sum+=b[i];
        return(sum/n1);                        //返回平均值
    }
    void main()
    {
        float a[50];                           //假设班级的学生人数最多不超过50人
        int j,n;
        scanf("%d",&n);                        //输入班级的学生人数 n≤50
        printf("Input %d scores:\n",n);
        for(j=0;j<n;j++)
            scanf("%f",&a[j]);
        printf("average score is %.1f\n",ave(a,n));   //调用 ave 函数
    }
```

输入 6 个学生成绩后,程序的运行结果如下:

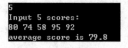

```
5
Input 5 scores:
80 74 58 95 92
average score is 79.8
```

实参数组			形参数组
a→a[0]		××	b[0]←b
a[1]		××	b[1]
a[2]		××	b[2]
a[3]		××	b[3]
⋮		⋮	⋮
a[48]		××	b[48]
a[49]		××	b[49]

说明:在主调函数 main 中,定义了数组 a[50],根据输入的班级人数,将 n 个学生成绩输入至 a 组中,然后调用 ave 函数,数组名 a 和实际元素个数 n 作为实参。在被调函数 ave 中,形参 b 为数组名,其与实参数组 a 的数据类型必须一致(本例中为 float)。

图 6-2　数组名作为函数实参

在具体的调用过程中,实参数组名 a 并不是将数组 a 中的所有学生成绩传送给形参数组 b,而只是将实参数组的首地址传递给形参数组,从而使这两个数组共用同一存储空间,即 a[0]与 b[0]占据同一单元,a[1]与 b[1]占据同一单元,……如图 6-2 所示。

6.3　函数的嵌套调用与递归调用

C 语言中,各函数之间是平行、相互独立的关系,因此不允许函数的嵌套定义,但是允许函数的嵌套调用和递归调用。

6.3.1　函数的嵌套调用

在较为复杂的源程序中,根据要实现的功能,可能会设计多个对应的函数,存在一个函数调用其他函数,而其他函数再调用其他函数的情况,即函数间存在相互调用。例如,在图 6-3 中,a、b 函数是平行定义的,在主函数 main 中调用 a 函数,在 a 函数中又调用了 b 函

数,实现了函数的嵌套调用。图中①~⑨的顺序就是函数的执行顺序。

所谓函数的"嵌套调用"是指函数 1 调用了函数 2,而函数 2 又调用了函数 3,依此类推。函数之间没有从属关系,一个函数既可以被其他函数调用,同时该函数也可以调用别的函数。

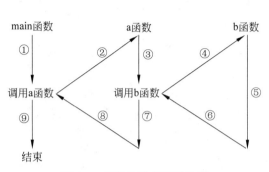

图 6-3　函数的嵌套调用示例

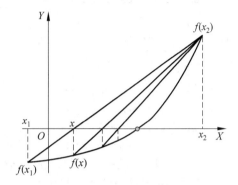

图 6-4　用弦截法求方程根示意图

【例 6.8】　用弦截法求方程 $x^3 - 5x^2 + 16x - 80 = 0$ 的根。

编程分析:弦截法求一个方程的根原理如图 6-4 所示,具体求解过程如下:

(1) 取两个不同点 x_1、x_2,如果 $f(x_1)$ 和 $f(x_2)$ 符号相反,则在 (x_1, x_2) 区间内必有一个根;如果 $f(x_1)$ 和 $f(x_2)$ 符号相同,则二者出现在 X 坐标轴的同侧,修改 x_1 和 x_2 的值,直到 $f(x_1)$ 和 $f(x_2)$ 符号相反为止;连接 $f(x_1)$ 和 $f(x_2)$ 两点,与 X 轴的交点即为根($(x_1$、$x_2)$ 区间很小)。为保证结果正确,在 x_1 和 x_2 取值时,不应相差太大。

(2) 根据对应角度关系,有:

$$f(x_2)/(x_2 - x) = -f(x_1)/(x - x_1) => xf(x_2) - x_1 f(x_2) = xf(x_1) - x_2 f(x_1)$$
$$=> x(f(x_2) - f(x_1)) = x_1 f(x_2) - x_2 f(x_1)$$

(3) 由 x 求出 $f(x)$,若 $f(x)$ 与 $f(x_1)$ 同符号,则根必在 (x, x_2) 区间内,此时将 x 作为新的 x_1;如果 $f(x)$ 与 $f(x_2)$ 同符号,则表示根在 (x_1, x) 区间内,将 x 作为新的 x_2。重复以上步骤,直到 $|f(x)| < $ 很小的数(如 0.000001)即可。

根据上面的解题思路,绘制的 N-S 流程图如图 6-5 所示。

参考程序如下:

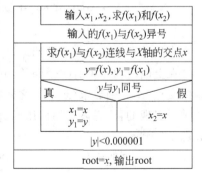

图 6-5　N-S 流程图

```
#include <math.h>
#include <stdio.h>
float f(float x)        //求 f(x)
{
    float y;
    y= ((x-5.0) * x+16.0) * x-80.0;
    return(y);
}
float xpoint(float x1, float x2)       //求弦与 X 轴交点
{
```

```
        float y;
        y=(x1 * f(x2)-x2 * f(x1))/(f(x2)-f(x1));
        return(y);
    }
    float root(float x1, float x2)                    //求 (x1,x2)近似根
    {
        float x,y,y1;
        y1=f(x1);
        do {
            x=xpoint(x1,x2);
            y=f(x);
            if(y * y1>0)
            {    y1=y; x1=x; }
            else   x2=x;
        }while(fabs(y)>=0.0001);
        return(x);
    }
    void main()
    {
        float x1,x2,f1,f2,x;
        do
        {
            printf("Input x1,x2:\n");
            scanf("%f,%f",&x1,&x2);
            f1=f(x1);
            f2=f(x2);
        }while(f1 * f2>=0);
        x=root(x1,x2);
        printf("A root of equation is %8.4f",x);
    }
```

当从键盘输入 2 和 6 后回车,输出"A root of equation is 5.0000"。

在上面的程序中有 4 个函数,main 是主函数,f 函数求 $f(x)$ 的值,xpoint 函数求弦与 X 轴的交点,root 函数求 (x_1,x_2) 之间的近似根;后面的 f、xpoint 和 root 函数都是按照数学上的关系实现的,注意体会如何用函数实现数学上求平方根的计算。函数间的嵌套调用关系如图 6-6 所示。

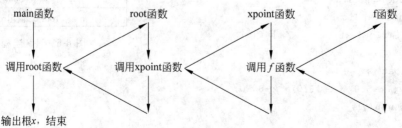

图 6-6　函数间的调用关系

6.3.2 函数的递归调用

所谓函数的"递归调用"是指一个函数直接调用自己(即直接递归调用)或通过其他函数间接地调用自己(即间接递归调用),如图 6-7 所示。

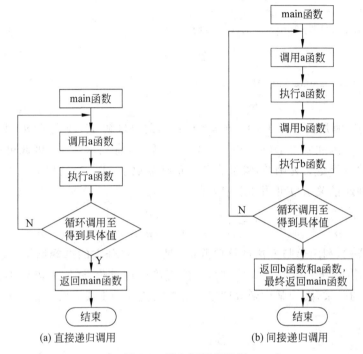

图 6-7 递归调用流程图

能用递归方法实现的程序同样可用其他的方法实现,如用迭代法。

递归方法的基本原理是:将复杂问题逐步化简,最终转化为一个最简单的问题。如果这个最简单的问题解决了,整个问题也就解决了。从程序设计的角度来说,递归过程必须解决两个问题:一是递归计算的公式,二是递归结束的条件。

下面分别用迭代和递归方法实现一个常用的数学计算。

【例 6.9】 求整数 n 的阶乘 $n!$

编程分析:由数学知识可知,正整数 $n(n>0)$ 的阶乘为 $n\times(n-1)\times(n-2)\times\cdots\times2\times1$,只要输入正整数 n 的数值,就能计算出对应的阶乘数值,对特殊值 $n=0$,其阶乘为 1。由于 int 或 long 型数据在 Visual C++ 中占 4B 存储空间,且有符号整型数最大为 2147483647,由于 $13!=6227020800$ 已超出有符号 int 型数据的最大表示值,所以程序运行时输入的整数 n 不能超过 13,否则结果错误。

(1) 循环迭代法:使用循环累乘 n 次即可,每次 n 的数值变化 1。程序代码如下:

```
#include <stdio.h>
void main()
{
    int n, i;
    long result=1;
```

```
        printf("\n input a integer number: ");
        scanf("%d",&n);
        if(n>=0 && n<=12)
        {
            for(i=1;i<=n;i++)
            result *=i;
            printf("%d!=%ld\n", n, result);
        }
        else
            printf("input error!\n");
    }
```

（2）函数递归调用法。由于 $n!=n(n-1)!$，因此要求解 $n!$，应先求 $(n-1)!$，而 $(n-1)!$ $=(n-1)(n-2)!$，因此要先求 $(n-2)!$，一直向后循环，直到求出 $1!$，因此可以将上述求各个正整数阶乘的过程定义为函数，参数为各个正整数数字，求 $n!$ 过程中就可以循环调用函数自身了。这种递推关系也可用如下递归公式表示：

$$n! = \begin{cases} 1 & n = 0,1 \\ n(n-1)! & n > 1 \end{cases}$$

根据递归公式，利用递归方法计算阶乘时，是一个双分支的选择结构，其中当 $n=0$ 或 $n=1$ 时，得到具体阶乘结果 1；当 $n>1$ 时，无法直接计算出阶乘结果，需要再次调用该函数自身求解 $n-1$ 的阶乘，直到某次函数调用时形参数值变为 1 或 0 时为止。递归方法计算阶乘的程序如下：

```
#include <stdio.h>
long f(long n)
{
    long s;
    if(n==0||n==1)
        s=1;
    else
        s=n * f(n-1);                          //函数调用自身,参数值发生变化
    return(s);
}
void main()
{
    int n;
    printf("\ninput a inteager number: ");
    scanf("%d",&n);
    if(n>=0 && n<=12)
        printf("%d!=%ld\n",n, f(n));
    else
        printf("input error!\n");
}
```

从键盘输入 6 后回车，程序的运行结果如下：

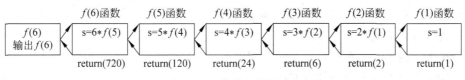

程序中给出的函数 f 是一个递归函数。主函数 main 调用 f 后即进入函数 f 执行,可以看到函数 f 的递归调用过程分为两个阶段:第一是"递推调用"阶段,即 n 值不为 1 时,则不断地调用函数 f 自己,只是每次的参数不同而已;第二是"回归计算"阶段,即先获得 $f(1)$ 值并返回该值到 $f(2)$ 函数的 $s=2*f(1)$ 语句,接着依次计算出 $f(2)$ 并返回该值到 $f(3)$ 函数的 $s=3*f(2)$ 语句,依此类推,直到计算得出 $f(6)$ 的值并返回 main 函数,最终得到递归调用的结果。调用过程如图 6-8 所示。

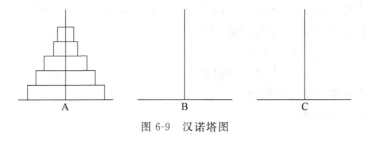

图 6-8 函数递归调用过程

说明:

(1) C 编译系统对递归函数的自调用次数没有限制,可以用 if 进行条件判断并终止循环调用。

(2) 每调用函数一次,在内存堆栈区分配空间,用于存放函数变量、返回值等信息,所以当递归次数过多时可能引起堆栈溢出。

【例 6.10】 汉诺(Hanoi)塔问题。

这是一个典型的用递归方法解题的古典数学问题。问题如下:古代有一个梵塔,塔内有 3 个座 A、B、C,初始状态是在 A 座上有 64 个大小不等的盘子,大的在下,小的在上。如图 6-9 所示。有一个老和尚想把这 64 个盘子从 A 座移到 C 座上。规则是:每次只能移动一个盘子,移动可以借助 B 座进行,且在移动过程中,3 个座上都必须保持大盘在下,小盘在上。求移动的步骤。

图 6-9 汉诺塔图

老和尚想,如果能够把上面的 63 个盘子从一个座移到另一座,问题就可以解决。他进行如下分析:

(1) 命令第 2 个和尚把 63 个盘子从 A 移到 B。

(2) 自己把最后 1 个盘子从 A 直接移到 C。

(3) 再命令第 2 个和尚把 63 个盘子从 B 移到 C。

那么 64 个盘子从 A 移到 C 的任务就完成了,但关键是如何将 63 个盘子从 A 移到 B 呢?

第 2 个和尚又想,如果有人能将上面的 62 个盘子从一个座移到另一座,问题也就解决了,他也进行如下分析：

(1) 命令第 3 个和尚把 62 个盘子从 A 移到 C。

(2) 自己把最后 1 个盘子从 A 直接移到 B。

(3) 再命令第 3 个和尚把 62 个盘子从 C 移到 B。

如此"层层下放",直到找来第 64 个和尚,让他完成把 1 个盘子从一座移到另一座,这样整个任务就完成了。这是一个典型的递归问题。

至此,很多读者不解,这问题明明没有解决,却为何说已经完成了呢？下面把问题简化来分析：

(1) 如果 $n=1$,则将盘子从 A 直接移到 C。

(2) 如果 $n=2$,则：

① 将 A 上的 $n-1$(等于 1)个盘子移到 B；

② 再将 A 上的一个盘子移到 C；

③ 最后将 B 上的 $n-1$(等于 1)个盘子移到 C。

(3) 如果 $n=3$,则：

① 将 A 上的 $n-1$(等于 2,令其为 n')个盘子移到 B(借助于 C),步骤如下：

• 将 A 上的 $n'-1$(等于 1)个盘子移到 C 上。

• 将 A 上的 1 个盘子移到 B。

• 将 C 上的 $n'-1$(等于 1)个盘子移到 B。

② 将 A 上的最后 1 个盘子移到 C。

③ 将 B 上的 n' 个盘子移到 C(借助 A),步骤如下：

• 将 B 上的 $n'-1$(等于 1)个盘子移到 A。

• 将 B 上的 1 个盘子移到 C。

• 将 A 上的 $n'-1$(等于 1)个盘子移到 C。

到此,完成了 3 个盘子的移动过程。

从上面的分析可以看出,当 $n \geqslant 2$ 时,移动的过程可分解为 3 个步骤：

第一步：把 A 上的 $n-1$ 个盘子移到 B。

第二步：把 A 上的一个盘子移到 C。

第三步：把 B 上的 $n-1$ 个盘子移到 C。

其中第一步和第三步是雷同的。

图解示例如图 6-10 所示。

参考程序如下：

```c
#include "stdio.h"
#include "conio.h"
void move(char x,char y)
{
    printf("%c-->%c  ", x ,y);
}
void Hanoi(int n,char one,char two,char three)
{
    if(n==1)
```

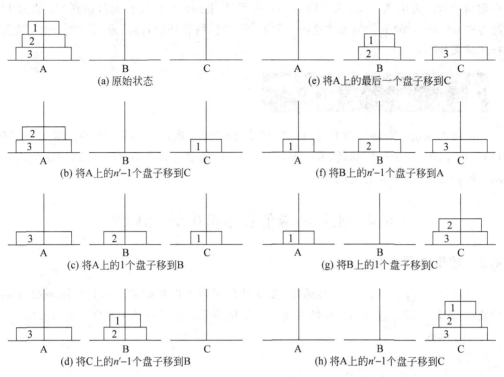

(a) 原始状态   (e) 将A上的最后一个盘子移到C

(b) 将A上的$n'-1$个盘子移到C   (f) 将B上的$n'-1$个盘子移到A

(c) 将A上的1个盘子移到B   (g) 将B上的1个盘子移到C

(d) 将C上的$n'-1$个盘子移到B   (h) 将A上的$n'-1$个盘子移到C

图 6-10 3 个盘子时的图解

```
        move(one,three);
    else
{
        Hanoi(n-1,one,three,two);
        move(one,three);
        Hanoi(n-1,two,one,three);
    }
}
void main()
{
    int h;
    printf("input number:\n");
    scanf("%d",&h);
    printf("the step to moving %2d diskes:\n",h);
    Hanoi(h,'A','B','C');
    getch();
}
```

从程序中可以看出，Hanoi 函数是一个递归函数，它有 4 个形参 n、one、two、three。n 表示盘子数，one、two、three 分别表示 3 个座，函数的功能是把 one 上的 n 个盘子借助 two 移动到 three。当 $n=1$ 时，直接把 one 上的盘子移至 three，输出 A --> C。如 $n!=1$ 则分为 3 步：递归调用 Hanoi 函数，把 $n-1$ 个盘子从 A 移到 B；调用 move 函数，把一盘子从 one

上移动到 three,输出 A --> C;递归调用 Hanoi 函数,把 $n-1$ 个盘子从 B 移到 C。在递归调用过程中 $n=n-1$,故 n 的值逐次递减,最后 $n=1$ 时,终止递归,逐层返回。当 $n=3$ 时程序运行的结果如下:

```
input number:
3
the step to moving  3 diskes:
A-->C  A-->B  C-->B  A-->C  B-->A  B-->C  A-->C
```

由此可以看出,当 $n=3$ 时共进行 7 次移动,即 2^3-1 次;当 $n=64$ 时,总共需 $2^{64}-1$(=18446744073709551616)次移动,若按照计算机 CPU 的晶振频率 3GHz 运算(1Hz 代表一次移动),约需 194.98 年才能完成。

6.4　常用的数值和字符串处理函数

6.4.1　数值处理函数

C 语言系统提供了几百个标准函数,在设计程序时可以根据需要选择使用系统提供的库函数,在使用时需要包含其所在的头文件。常用数学函数所在的头文件是 math.h。

1. abs 函数

原型: int abs(int x);

功能:求整型数 x 的绝对值。

例如,设 x=abs(3),y=abs(-3),z=abs(0),则 x=3,y=3,z=0。

2. labs 函数

原型: long labs(long x);

功能:求长整型数 x 的绝对值。

例如,设 x=labs(30000L),y=labs(-3),z=labs(0),则 x=30000,y=3,z=0。

3. fabs 函数

原型: double fabs(double x);

功能:求双精度实数 x 的绝对值。

例如,设 x=fabs(4.3),y=fabs(-4.3),z=fabs(0),则 x=4.3,y=4.3,z=0。

4. floor 函数

原型: double floor(double x);

功能:求不大于 x 的最大整数。

例如,设 x=floor(-5.1),y=floor(6.9),z=floor(5),则 x=-6,y=6,z=5。

5. ceil 函数

原型: double ceil(double x);

功能:求不小于 x 的最小整数。

例如,设 x=ceil(-4.9);y=ceil(5.6);z=ceil(5);则 x=-4,y=6,z=5。

6. sqrt 函数

原型: double sqrt(double x);

功能:求 x 的平方根。

例如,设 x=sqrt(2),y=sqrt(25),则 x=1.414214,y=5.0。

7. log10 函数

原型:`double log10(double x);`

功能:求 x 的常用对数。

8. log 函数

原型:`double log(double x);`

功能:求 x 的自然对数。

9. exp 函数

原型:`double exp(double x);`

功能:求欧拉常数 e 的 x 次方。

10. pow10 函数

原型:`double pow10(int p);`

功能:求 10 的 p 次方。

例如,设 x=pow10(2),y=pow10(0),则 x=100,y=1。

11. pow 函数

原型:`double pow(double x, double y);`

功能:求 x 的 y 次方。

例如,设 x=pow(4,2),y=pow(−1.5,2),则 x=16,y=2.25。

12. sin 函数

原型:`double sin(double x);`

功能:求 x 的正弦值,x 的单位为弧度。

例如,设 x=sin(30 * 3.1415926/180),则 x=0.5。

13. cos 函数

原型:`double cos(double x);`

功能:求 x 的余弦值,x 的单位为弧度。

例如,设 x=cos(60 * 3.1415926/180),则 x=0.5。

14. tan 函数

原型:`double tan(double x);`

功能:求 x 的正切值,x 的单位为弧度。

6.4.2　字符串处理函数

C 语言中定义了多个字符串处理函数,分别用于不同的功能,如用于输入、输出、复制、连接和大小写转换等操作,其中使用输入输出的字符串处理函数(如 gets 函数和 puts 函数)需要包含 stdio.h 头文件,其他字符串处理函数需要包含 string.h 头文件,在包含相关头文件后就可以直接使用这些字符串处理函数。

1. gets 函数

原型:`* gets(char * s);`

功能:从键盘读入一个以回车作为结束符的字符串,写入到 s 所指向的内存空间中。

返回值:s 指针。

说明：s 一般定义成字符数组的形式，该数组的大小一般应大于实际输入字符的个数。如果 s 是指针，则要先令其指向内存的某个具体位置。

【例 6.11】 使用 gets 和 puts 函数进行输入输出。

```c
#include "stdio.h"
void main()
{
    char a[20];              //先定义 20 个元素的字符数组
    gets(a);                 //可输入 19 个字符,回车结束后系统自动添加字符串结束标志'\0'
    Puts(a);
}
```

或者使用动态分配内存函数 malloc，如下：

```c
#include "stdio.h"
#include "malloc.h"
void main()
{
    char * p;
    p=(char *)malloc(20);    //先分配 20 个字节的内存地址,p 指向起始地址
    gets(p);                 //可输入 19 个字符,回车结束后系统自动添加字符串结束标志'\0'
    puts(p);
}
```

gets 函数与 scanf 函数在输入字符串时的区别在于：前者是以回车作为结束符，而后者则以空格、Tab 键或回车作为结束符。读者可以使用以下程序并在输入时按空格键、Tab 键和回车键，查看输出结果。

【例 6.12】 使用 scanf 函数。

```c
#include "stdio.h"
void main()
{
    char a[20];  int i=0;
    scanf("%s",a);
    while(a[i]!='\0')
    printf("%c ",a[i++]);
}
```

2. puts 函数

原型：int puts(const char * s);

功能：把字符数组的内容输出到显示器上，s 是字符数组的名称或是指向内存空间的字符指针。

返回值：函数被正确执行时，返回最后一个输出的字符，否则，返回 EOF。

说明：程序输出字符时，自第一个字符开始，输出之前先判断该字符是否是字符串的结束标志'\0'，如果在输出数据中没有'\0'，将导致不可预料的结果。

【例 6.13】 使用 puts 函数。

```
#include "stdio.h"
void main()
{
    char a[10];
    scanf("%s",a);
    puts(a);
}
```

若输入字符串的字符个数小于等于9,则能正常输出结果,否则,将导致错误!

3. strcat 函数

原型:char * strcat(char * dest, const char * src);

功能:将 src 的字符串连接到 dest 字符串之后,覆盖原 dest 的'\0'字符,复制连接结束后在 dest 之后添加结束标志\0字符。

返回值:dest 指针。

说明:dest 字符数组应该足够大,能容纳自身和 src 字符数组的所有内容(包括\0')。

例如:

```
char a[13]="c",b[10]="language";
strcat(a,b);
```

执行上面的语句后,数组 a 的内容变成"clanguage",数组的存储状态如图 6-11 所示。

a	c	\0								

b	l	a	n	g	u	a	g	e	\0	

a	c	l	a	n	g	u	a	g	e	\0	

图 6-11 数组存储状态

【例 6.14】 使用 strcat( )函数连接两个字符串。

```
#include "stdio.h"
#include "string.h"
void main()
{
    char str1[100],str2[30];
    gets(str1);
    gets(str2);
    strcat(str1,str2);
    for(int i=0 ; str1[i]!='\0' ; i++)
        printf("%c",str1[i]);
    printf("\n");
}
```

输入 shandong 回车,然后再输入 sheng 回车,程序运行如下:

4．strcpy 函数

原型：char * strcpy(char * dest, const char * src);

功能：将 src 的字符串复制到 dest 字符数组中,复制时连同 src 中的'\0'字符一同复制。

返回值：dest 指针。

说明：dest 字符数组应该足够大,能容纳 src 字符数组的所有内容(包括'\0')。

例如：

```
char a[13]="c ",b[10]="language";
strcpy(a,b);
```

将字符数组的内容全部复制到数组 a 中,字符串的存储状态如图 6-12 所示。

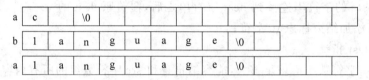

图 6-12　数组存储状态

5．strncpy 函数

原型：char * strncpy(char * dest, const char * src,size_t maxlen);

功能：将 src 的字符数组的前 maxlen 个字符复制到 dest 字符数组的前 maxlen 个位置,若 maxlen 小于数组 dest 的实际元素个数,则覆盖 dest 数组的前 maxlen 个字符;若 maxlen 大于数组 dest 的实际元素个数,则复制完成后添加'\0'字符。

返回值：dest 指针。

说明：dest 字符数组应该足够大,能容纳复制的所有内容(包括'\0')。

例如：

```
char a[13]="hellowld",b[10]="language";
strncpy(a,b,3);
printf("%s",a);
```

程序运行结果如下：

```
lanlowld
```

6．strlen 函数

原型：size_t strlen(const char * s);

功能：计算 s 中字符的个数(从指针 s 指向的第一个位置开始直到遇到第一个'\0'字符为止),计算的字符串长度不包括'\0'字符。

返回值：s 的字符串长度。

【例 6.15】 求字符串长度。

```
#include "stdio.h"
#include "string.h"
void main()
{
```

```
char str1[]="\t\v\\\0will\n\0";
char str2[]="ab\n\012\\\"";
printf("%d,%d\n",strlen(str1), strlen(str2));
}
```

程序运行结果如下：

```
3,6
```

strlen 函数在测定一个字符串的长度时，遇到第一个'\0'(字符串结束标志)就结束。但遇到符合'\ddd'的转义字符时(ddd 表示 3 位八进制数，如本例中的'\012')，系统将按'\ddd'处理成八进制字符，而不看作单独的'\0'、'1'和'2'字符。因此，第 1 个字符串的长度为 3('\t'、'\v'和'\\')，第 2 个字符串的长度为 6('a'、'b'、'\n'、'\012'、'\\'和'\"')。

7. strcmp 函数

原型：int strcmp(const char * s1,const char * s2);

功能：按照字典顺序比较字符串 s1 和 s2 的大小，比较时从 s1 和 s2 字符串的第一个字符开始比较，若二者相同则比较下一对字符，直到出现不同的字符或者到达字符串结束标志'\0'为止。

返回值：若 s1<s2 则返回-1，若 s1=s2 则返回 0，若 s1>s2 则返回 1。

例如：

```
strcmp("computer","company");
```

从第一个字符开始，两者都是小写字母 c，无法区分大小，于是比较第二个字符，第二个也相同，因此也无法区分大小，向后比较直到第 5 个字符时，由于前者'u'的 ASCII 码值大于'a'的 ASCII 码值，所以前者大于后者，比较结束，函数返回值为 1。

【例 6.16】 将两个字符串进行比较后，输出大字符串及 strcmp 函数的返回值。

```
#include "stdio.h"
#include "string.h"
void main()
{
    char str1[]="China",str2[]="Chinese";
    int n;
    if((n=strcmp(str1,str2))>0)
        puts(str1);
    else
        puts(str2);
    printf("function return %d\n",n);
}
```

程序运行结果如下：

```
Chinese
function return -1
```

6.5　变量的作用域和存储类型

在前面各章中,已用到了整型、实型和字符型等各种类型的变量,这是从数据类型的角度来划分的。如果从变量的作用域(即变量的有效范围)来划分的话,变量还可分为局部变量和全局变量。

在 C 语言中,以大括号为一个独立的小单位。如函数的定义、选择结构分支执行语句和循环结构的循环体语句等都是用大括号来说明的。每个被大括号括起来的区域叫做语句块。每个语句块的开始位置都可以定义变量。所谓变量的作用域是指每个变量仅在定义它的语句块内有效,拥有自己的内存空间。

6.5.1　局部变量

所谓"局部变量",顾名思义就是在一定范围内有效的变量。C 语言中,在以下各位置定义的变量均属于局部变量,其作用域各有不同。

(1) 在函数体内定义的变量在本函数范围内有效,即其作用域只局限在本函数体内。

(2) 在复合语句内定义的变量仅在本复合语句范围内有效。

(3) 有参函数中的形式参数也是局部变量,只在其所在的函数范围内有效。

例如:

```
double fun1(int x,int y)        //fun1 函数中,形参 x、y 和 m、n 均是局部变量
{
    int m,n;
    …
}
int fun2(char ch)               //fun2 函数中,形参 ch 和 a、b 均是局部变量
{
    int a,b;
    …
}
void main()                     //main 函数中,a、b 均是局部变量
{
    int a,b;
    …
    {
    int x,y;                    //main 函数的复合语句中,x、y 均是局部变量
        …
    }
    …
}
```

说明:

(1) fun1 函数中的形参 x、y 和定义的 m、n 变量都只在 fun1 函数中有效,fun2 函数中的形参 ch 和定义的 a、b 变量只在 fun2 函数中有效,main 函数中定义的 a、b 变量只在 main

函数中有效,main 函数的复合语句中定义的 x、y 变量只在该复合语句中有效。

(2) 不同的函数和不同的复合语句中可以使用同名变量,因为它们的作用域不同,代表不同的对象,运行时在内存中占据的存储单元不同,所以它们之间互不干预。如上面的例子中 fun1 函数中的形参 x、y 和 main 函数的复合语句中定义的 x、y 变量同名,fun2 函数中定义的 a、b 变量和 main 函数中定义的 a、b 变量也同名,但是它们之间互不干扰,各司其职。

(3) 局部变量所在的函数被调用或执行时,系统临时给相应的局部变量分配存储单元进行数据处理,一旦函数执行结束,则系统立即释放这些存储单元。所以在各个函数中的局部变量起作用的时刻是不同的。

(4) 在同一个源文件中,全局变量与局部变量同名,则在局部变量的作用范围内,全局变量被"屏蔽"而使用局部变量。

【例 6.17】 各函数中局部变量同名的实例。

程序如下:

```c
#include <stdio.h>
void main()
{
    int a=1;
    {
        int a=2;
        printf("In the INNER block,a=%d\n",a);
    }
    printf("In the OUTER block,a=%d\n",a);
}
```

该程序运行结果如下:

```
In the INNER block, a=2
In the OUTER block, a=1
```

可见,在内层语句块使用的变量 a 是该复合语句的局部变量 a,而不是大括号外部定义的 a。这两个变量 a 所处位置不同,表示两个不同的变量,各自有自己的存储空间,彼此没有关系。

【例 6.18】 不同函数中同名的局部变量。

```c
#include <stdio.h>
sub()
{
    int a=6,b=7;
    printf("sub:a=%d,b=%d\n",a,b);
}
void main()
{
    int a=3,b=4;
    printf("main:a=%d,b=%d\n",a,b);
    sub();
```

```
        printf("main:a=%d,b=%d\n",a,b);
    }
```

程序运行结果如下:

```
main:&a=12FF7C,a=3,&n=12FF78,b=4
sub:&a=12FF20,a=6,&n=12FF1C,b=7
main:&a=12FF7C,a=3,&n=12FF78,b=4
```

可以看出,虽然 main 函数和 sub 函数中存在两个同名的局部变量 a 和 b,但由于二者都是局部变量,所以内存地址不同,sub 函数中的局部变量 a 和 b 数值的改变不影响 main 函数中的局部变量 a 和 b 的数值。

6.5.2 全局变量

全局变量也称为外部变量,是在函数外部定义的变量。它不属于哪一个函数,而属于一个源程序文件,其作用域是整个源程序。在函数中使用全局变量,如果全局变量定义在使用该变量的函数之后,或定义在另一个文件中,一般应用 extern 作外部变量声明,只有在函数内经过说明的全局变量才能使用。但在一个函数之前定义的全局变量,在该函数内使用时可不用再说明。

例如:

```
int x,y,z;                  //x、y、z 是全局变量,在其后范围有效
extern t,p;                 //外部变量声明,t 和 p 定义在后,在 f1 和 f2 函数中可使用
float f1(float a,float b)
{
    ...
}
char ch1,ch2;               //ch1、ch2 是全局变量,在其后范围有效
int f2(int m)
{
    ...
}
double t,p;                 //t、p 是全局变量,在其后范围有效
void main()
{
    ...
}
```

说明:

(1) 在 f1 函数中,可以使用全局变量 x、y 和 z,但不能使用 ch1 和 ch2 变量;在 f2 函数中,可以使用全局变量 x、y、z、ch1 和 ch2;在 main 函数中,可以使用所有定义的全局变量,即 x、y、z、ch1、ch2、t 和 p;由于用 extern 对 t 和 p 作了外部变量声明,所以在 f1 和 f2 函数中也可以使用变量 t 和 p。

(2) 全局变量可以和局部变量同名,当局部变量有效时,同名的全局变量不起作用。

注意:

(1) 使用全局变量可以增加各个函数之间数据传输的渠道,即在某个函数中改变一个

全局变量的值,就可能影响到其他函数的执行结果。

(2) 全局变量在程序全部执行过程中占用存储单元,定义的全局变量越多,内存消耗越大。

(3) 全局变量降低了函数的通用性、可靠性和可移植性,使程序的模块化、结构化变差,降低了程序的清晰度,容易出错。

所以应慎用、少用全局变量,部分函数调用时可以采用地址传递参数的方式。

【例 6.19】　输入长方体的长宽高,求体积及 3 个面的面积。

编程分析:给定长方体的长宽高数值,体积和 3 个面的面积可以通过具体公式得出,将求解过程写在函数中进行调用,但在函数调用过程中,只能得到一个函数的返回值,因此要得到体积和 3 个面的面积共 4 个数值,可以将 3 个面的面积以全局变量的形式来处理。

```c
#include "stdio.h"
int s1,s2,s3;                    //全局变量,用于存储 3 个面的面积值
int vs(int a,int b,int c)        //求体积和 3 个面的面积
{
    s1=a*b;
    s2=b*c;
    s3=a*c;
    return a*b*c;
}
void main()
{
    int v,l,w,h;
    printf("input length,width and height\n");
    scanf("%d%d%d",&l,&w,&h);
    v=vs(l,w,h);                 //调用函数求体积和 3 个面的面积
    printf("v=%d,s1=%d,s2=%d,s3=%d\n",v,s1,s2,s3);
}
```

输入 9 6 8 回车后,程序的运行结果如下:

```
input length,width and height
9 6 8
v=432,s1=54,s2=48,s3=72
```

因为一个函数只能有一个 return 数值,若要得到多个数值,可将参数改成地址传递方式,则上述程序可修改为

```c
#include "stdio.h"
int vs(int a,int b,int c,int *s1,int *s2,int *s3)        //地址传递
{
    *s1=a*b;
    *s2=b*c;
    *s3=a*c;
    return(a*b*c);
}
void main()
```

```
{
    int v,l,w,h,s1,s2,s3;
    printf("input length,width and height\n");
    scanf("%d%d%d",&l,&w,&h);
    v=vs(l,w,h,&s1,&s2,&s3);        //调用函数求体积和 3 个面的面积
    printf("v=%d,s1=%d,s2=%d,s3=%d\n",v,s1,s2,s3);
}
```

【例 6.20】 全局变量和局部变量实例。

```
#include "stdio.h"
int Square(int i)
{   return i * i;   }
void main()
{
    int i=0;
    for(; i<3; i++)
    {
        static int i=1;
        i+=Square(i);
        printf("%d  ", i);
    }
    printf("%d  ", i);
}
```

程序运行结果如下：

```
2   6   42  3
```

程序运行过程中，main 函数中第一个定义的整型变量 i 用于控制 for 循环的次数，而 for 循环中定义的 static(静态)类型的整型变量 i 与前面的 i 不是同一个变量，且 static 类型的变量只在第一次使用时初始化。各变量在循环中的数值变化如表 6-1 所示。

表 6-1   各个变量在循环中的值

for 循环	自动变量 i	循环开始时静态变量 i	循环结束时静态变量 i
第 1 次循环	0	1	2
第 2 次循环	1	2	6
第 3 次循环	2	6	42
循环结束时	3	×	×

6.5.3 变量的存储类别

前面介绍了从变量的作用域(即从空间)角度来分，可以分为全局变量和局部变量。如果从另一个角度，即从变量值存在的作用时间(即生存期)角度来分，可以分为静态存储方式和动态存储方式。

静态存储方式是指在程序运行期间分配固定的存储空间的方式。

动态存储方式是指在程序运行期间根据需要动态地分配存储空间的方式。

首先看一下内存中供用户使用的存储空间的情况。实际上存储空间分为 3 个部分：程序区、静态存储区和动态存储区，如图 6-13 所示。

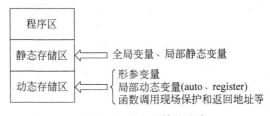

图 6-13　内存中存储的分类

全局变量全部存放在静态存储区，在程序开始执行时给全局变量分配存储区，程序运行完毕就释放。在程序执行过程中它们占据固定的存储单元，而不动态地进行分配和释放。

动态存储区存放以下数据：

（1）函数的形式参数；

（2）局部动态变量（未加 static 声明的局部变量）；

（3）函数调用时的现场保护和返回地址。

对以上这些数据，在函数开始调用时分配动态存储空间，函数结束时释放这些空间。

在 C 语言中，每个变量和函数都有两个属性：数据类型和数据的存储类别，数据类型包括整型、长整型、字符型、单精度、双精度，以及后面要学习的结构体、共用体等；存储类别包括 auto、static、register 和 extern 共 4 种，用于指定对应的变量在内存的存储位置。

1. auto 变量

函数中的局部变量，如不专门声明为 static 存储类别，都是动态分配存储空间，数据存储在动态存储区中。函数中的形参和在函数中定义的变量，包括在复合语句中定义的变量，都属此类，在调用该函数时系统会给它们分配存储空间，在函数调用结束时自动释放这些存储空间。这类局部变量称为自动变量，用关键字 auto 作存储类别的声明。关键字 auto 可以省略，如果不写的话，则隐含指定为自动存储类别。

例如：

```
int f(int a)                  //定义 f 函数,a 为参数
{
    auto int b,c=3;           //定义 b、c 为自动变量
        ...
}
```

a、b 和 c 均是自动存储类型的局部变量，对 c 赋初值 3，b 的值不确定。执行完 f 函数后，自动释放 a、b、c 所占的存储单元。

2. 用 static 声明局部变量

有时希望函数中的局部变量的值在函数调用结束后不消失而保留其原值，以方便再次调用该函数时利用上一次调用时的变量值，这时就应该指定局部变量为静态局部变量，用关键字 static 进行声明。

【例 6.21】 考察静态局部变量的值。

```
#include "stdio.h"
int f(int a)
{
    auto int b=0;
    static int c=3;
    b=b+1;
    c=c+1;
    return(a+b+c);
}
void main()
{
    int a=2,i;
    for(i=0;i<3;i++)
        printf("%d  ",f(a));
}
```

程序运行结果如下：

7 8 9

对静态局部变量的说明如下：

(1) 静态局部变量属于静态存储类别，在静态存储区内分配存储单元，在程序的整个运行期间都不释放。

(2) 静态局部变量在函数第一次被调用时赋初值，且只赋一次初值，下次调用该局部变量时其值为上一次使用结束时的数值。例 6.22 中函数 f 被调用了 3 次，对于 auto 类型的变量 b 来说，每次调用时的数值均为 0；而对于静态局部变量 c 来说，只有第一次调用 f 函数时赋初值 3，后两次调用 f 函数时 static int c＝3 语句将不再执行，从而使用该变量前一次函数调用后所得到的结果。

(3) 如果在定义局部变量时没有赋初值，编译时系统自动为静态局部变量赋初值 0（对数值型变量）或空字符（对字符变量）。

【例 6.22】 练习使用 static 类型变量，打印 1 到 5 的阶乘。

```
#include "stdio.h"
int fac(int n)
{
    static int f=1;                //定义静态局部变量 f 且赋初值为 1
    f=f*n;
    return(f);
}
void main()
{
    int i;
    for(i=1;i<=5;i++)
        printf("%d!=%d ",i,fac(i));
}
```

程序运行结果如下：

```
1!=1 2!=2 3!=6 4!=24 5!=120
```

main 函数中的 for 循环执行 5 次，第一次调用 fac 函数时，系统为静态局部变量分配内存地址，并赋初值为 1，函数调用结束时 f 值为 1；后 4 次调用时，fac 函数中的静态局部变量不再分配内存地址和赋初值 1，而是使用上一次调用结束时 f 的数值，最后一次调用时的结果为 5!=120。

【例 6.23】 静态变量的应用实例。

```c
#include "stdio.h"
int func(int a,int b)
{
    static int i=2,m=0;
    i+=m+1;
    m=i+a+b;
    return(m);
}
void main()
{
    int k=4,m=1,p;
    p=func(k,m); printf("%d,",p);
    p=func(k,m); printf("%d\n",p);
}
```

程序运行结果如下：

```
8,17
```

该例中 func 函数中的变量 m 和 i 是静态局部变量，其值的变化如表 6-2 所示。

表 6-2 静态局部变量数值的变化

函数调用次数	函数调用时的初值		函数调用结束时的值	
	i	m	i	m
第 1 次	2	0	3	8
第 2 次	3	8	12	17

3. register 变量

程序运行中所使用的数据，每次使用时都需要从内存读到 CPU 的寄存器中，使用完后再放回内存中。如果对某些数据访问的频率很大，则内存与 CPU 的数据传输就要耗费较多的时间。为了提高效率，C 语言允许将局部变量的值放在 CPU 的寄存器中，这种变量叫寄存器变量，用关键字 register 作声明。

【例 6.24】 使用寄存器变量。

```c
#include "stdio.h"
int fac(int n)
{
```

```
        register int i,f=1;
        for(i=1;i<=n;i++)
            f=f*i;
        return(f);
}
void main()
{
        int i;
        for(i=0;i<=5;i++)
            printf("%d!=%d ",i,fac(i));
        printf("\n");
}
```

程序运行结果如下：

```
0!=1 1!=1 2!=2 3!=6 4!=24 5!=120
```

说明：

(1) 只有局部自动变量和形式参数可以作为寄存器变量。

(2) 一个计算机系统中的寄存器数目有限，不能定义任意多个寄存器变量。

(3) 局部静态变量不能定义为寄存器变量。

4. 用 extern 声明外部变量

外部变量（即全局变量）是在函数的外部定义的，它的作用域为从变量定义处开始，直到本程序文件的末尾。如果外部变量不在文件的开头定义，其有效的作用范围只限于定义处到文件终了。如果在定义点之前的函数想引用该外部变量，则应该在引用之前用关键字 extern 对该变量作外部变量声明，表示该变量是一个已经定义的外部变量。有了此声明，就可以从声明处起，合法地使用该外部变量了。

【例 6.25】 用 extern 声明外部变量，扩展程序文件中的作用域。

```
#include "stdio.h"
int max(int x,int y)
{
        int z;
        z=x>y?x:y;
        return(z);
}
void main()
{
        extern a,b;
        printf("%d\n",max(a,b));
}
int a=13,b=-8;
```

程序运行结果如下：

　　说明：在本程序文件的最后 1 行定义了全局变量 a 和 b，但由于其位置在函数 main 之后，如果 main 函数中使用全局变量 a 和 b，必须对这两个变量用 extern 作外部变量声明，否则程序提示错误信息"error C2065: 'a' : undeclared identifier"和"error C2065: 'b': undeclared identifier"。现将 a 和 b 变量声明为外部变量类型后，就可以在 main 函数中合法地使用 a 和 b 变量的数值了。

6.6　指针作为函数的参数

　　函数的参数不仅可以是整型、实型等基本数据类型，还可以是指针类型。它的作用是把内存地址传递给被调用函数。下面通过一个实例来说明。

　　【例 6.26】 输入两个整型数字，按从小到大的顺序输出。

```c
#include "stdio.h"
#include "conio.h"
void swap(int * p1,int * p2)                //指针作函数参数
{
    int t;
    t= * p1;  * p1= * p2;  * p2=t;
void main()
{
    int a,b, * q1= &a, * q2=&b;
    printf("please input the value of a,b");
    scanf("%d,%d",q1,q2);                //输入时用指针变量 p1 和 p2
    printf("before swap: q1=%p,q2=%p\n",q1,q2);
    if(a>b)
        swap(q1,q2)                      //传递指针调用 swap 函数
    printf("after swap: a=%d,b=%d\n",a,b);
    printf("after swap: q1=%p,q2=%p\n",q1,q2);
    getch();
}
```

　　从键盘输入 18,13 回车后，程序运行结果如下：

```
please input  the value of a,b 18,13
before swap: q1=0012FF7C,q2=0012FF78
after swap: a=13,b=18
after swap: q1=0012FF7C,q2=0012FF78
```

　　其中 0012FF7C 是指针变量 q1 所指向的变量 a 的地址，0012FF78 是指针变量 q2 所指向的变量 b 的地址。在被调函数 swap 中，将形参 p1、p2 声明成指针型变量，该函数的作用是交换两个变量的值。程序运行时，先执行 main 函数，定义变量 a 和 b 以及指针变量 q1 和 q2 并分别指向 a 和 b 的内存地址，输入两个数 18 和 13 给变量 a 和 b，然后执行 if 语句，由于 a>b，因此执行 swap 函数，在调用过程中，首先将实参 q1 和 q2 的值传递给形参 p1 和 p2，经虚实结合后，形参 p1 指向变量 a 的内存地址，形参 p2 指向变量 b 的内存地址，如图 6-14(a)所示。接着执行 swap 函数体，将 * p1(值＝a)与 * p2(值＝b)中的值交换，交换后的情况如图 6-14(b)所示。函数调用结束后，形参 p1 和 p2 所占内存地址被释放，最后在

main 函数中输出的 a 和 b 的值即为交换后的值(a＝13、b＝18),如图 6-14(c)所示。由于 q1、q2 在调用 swap 函数前后没有改变,main 函数两次输出的 q1、q2 的值均相等。

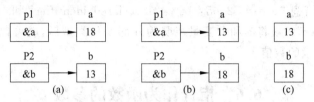

图 6-14　指针作为函数参数值的传递

下面是 3 种不正确的使用及处理:

(1) swap 函数中的中间变量定义成指针类型变量。

```
void swap(int * p1,int * p2)
{
    int * t;
    * t= * p1; * p1= * p2; * p2= * t;
}
```

编译程序时没有错误和警告信息,但是 swap 函数中由于定义的指针变量 t 并未进行初始化,所以不能引用变量 * t 进行 * t＝ * p1 的操作,否则引起执行错误。输入 18,13 后,程序执行结果如下:

```
please input  the value of a,b 18,13
befor swap the value of q1=0012FF7C,q2=0012FF78
```

正确的写法应该是:

```
int t;
t= * p1;   * p1= * p2;   * p2=t;
```

这样 t 是一个整型变量,调用该函数时系统为其分配内存地址,通过赋值语句赋值。

(2) 被调函数中的赋值操作改为地址交换方式。

```
void swap(int * p1, int * p2)
{
    int * t;
    t=p1;   p1=p2;   p2=t;
}
```

输出结果如下:

```
please input  the value of a,b 18,13
befor swap the value of q1=0012FF7C,q2=0012FF78
after swap the value of a=13,b=18
after swap the value of q1=0012FF7C,q2=0012FF78
```

可见 swap 函数调用结束后,变量 a 和 b 中的值没有交换。原因是函数 swap 交换了变量 p1、p2 的值(p1 和 p2 所指向的内存单元发生了交换),但并没有影响到 main 函数中 q1、q2 的数值。

(3) 利用普通变量作函数参数,采用数值传递方式。

```
#include "stdio.h"
void swap(int p1, int p2)
{
    int t;
    t=p1;    p1=p2;     p2=t;
}
void main()
{
    int a,b;
    scanf("%d,%d",&a,&b);
    if(a<b)
        swap(a,b);
    printf("\n%d,%d\n",a,b);
}
```

程序运行后的输入内容和输出结果如下：

```
25,34
25,34
```

主函数中直接将 a 和 b 作为实参传递给 swap 函数，是一种函数调用的数值传递参数方式，swap 函数中形参 p1 和 p2 的数值确实发生了交换，但并主函数的实参 a 和 b 的数值并未交换。

6.7　指向函数的指针

6.7.1　函数的指针

函数在编译时被分配一个入口地址(首地址)，通过该地址可以找到该函数，这个入口地址就是函数的指针。C 语言规定，函数的首地址就是函数名。如果把这个地址赋给某个特定的指针变量，使其指向该函数，因此可通过这个指针变量实现函数的调用。

利用指向函数的指针调用函数分 3 个步骤：

(1) 定义指向函数的指针变量，格式如下：

数据类型 (* 指针变量名) ();

(2) 给指向函数的指针变量赋值，格式如下：

指针变量名=函数名;

(3) 利用指向函数的指针变量调用函数，格式如下：

(* 指针变量名) (实参表)

下面通过实例说明指向函数的指针变量的应用。

【例 6.27】　输入 5 个数，求其中的最大值。

(1) 传统函数调用方法：

```
#include "stdio.h"
```

```
int max(int * p)
{
    int i, t= * p;
    for(i=1;i<5;i++)
        if(* (p+i)>t)
            t= * (p+i);
    return(t);
}
void main()
{
    int i,m,a[5];
    for(i=0;i<5;i++)
        scanf("%d",&a[i]);
    m=max(a);
    printf("max=%d\n",m);
}
```

（2）利用指向函数的指针变量调用函数的方法：

```
#include "stdio.h"
int max(int * p)
{
    int i, t= * p;
    for(i=1;i<5;i++)
        if(* (p+i)>t)
            t= * (p+i);
    return(t);
}
void main()
{
    int i,m,a[5];
    int (* f)(int * );              //定义指向函数的指针变量 f
    for(i=0;i<5;i++)
        scanf("%d",&a[i]);
    f=max;                          //给指向函数的指针变量 f 赋值
    m=(* f)(a);                     //利用指针变量 f 调用函数
    printf("max=%d\n",m);
}
```

以上两种写法，输入数据后程序的运行结果如下：

```
23 54 12 98 74
max=98
```

说明：

（1）定义指向函数的指针变量时，＊f 必须用（）括起来。如果写成 ＊f（），则意义不同，它表示 f 是一个返回指针值的函数。

（2）指针变量的数据类型必须与被指向的函数类型一致。

（3）在给函数指针变量赋值时，只需给出函数名而不必给出参数，如，f＝max；，因为函数名即函数入口地址，不能随意添加实参或形参。

（4）用函数指针变量调用函数时，只需用(＊f)代替传统函数调用时的函数名，(＊f)之后括号内的实参同传统函数调用的实参。

6.7.2　用指向函数的指针作函数参数

前面已介绍，函数的参数可以是变量、指向变量的指针变量、数组名、指向数组的指针变量等。现介绍用指向函数的指针变量作函数参数，在函数调用时把某几个函数的首地址传递给被调用函数，使被传递的函数在被调用的函数中使用，如下所示：

主调函数	被调函数
p1=max;	inv(int(＊x1)(int,int),int(＊x2)(int,int))
p2=min;	{
…	…
	y1=(＊x1)(a,b);
inv(p1,p2);	y2=(＊x2)(a,b);
…	…
	}

它的工作原理可简述如下：函数 inv 有两个参数 x1 和 x2，定义 x1 和 x2 为指向函数的指针变量，x1 所指向的函数(＊x1)有两个整型参数，x2 所指向的函数(＊x2)有两个整型参数。在主调函数中，实参用两个指向函数的指针变量 p1 和 p2 给形参 x1 和 x2 传递函数地址，也可直接用函数名 max 和 min 作函数实参。这样在函数 inv 中就可以利用(＊x1)和(＊x2)调用 max 和 min 两个函数了。下面通过一个简单的例子说明这种方法的应用。

【例6.28】　编制函数 operate，在调用它的时候，每次实现不同的功能。对于给定的两个数 a 和 b，第一次调用 operate 时得到 a 和 b 的乘积，第二次调用 operate 时得到 a 和 b 的最大公约数。

```
#include "stdio.h"
void main()
{
    long chengji(long,long);
    long gongyueshu(long,long);
    void operate(long, long, long(＊f)(long,long));
    int a,b;
    printf("enter two numbers to a and b:");
    scanf("%ld,%ld",&a,&b);
    printf("chengji=");
    operate(a,b,chengji);
    printf("gongyueshu=");
    operate(a,b,gongyueshu);
}
long chengji(long x,long y)
{
```

```
        return(x * y);
    }
    long gongyueshu(long x,long y)
    {
        long t=1;
        while(t=x%y)
        {
            x=y;
            y=t;
        }
        return(y);
    }
    void operate(long x, long y, long( * f)(long,long))
    {
        printf("%ld\n",( * f)(x,y));
    }
```

operate 函数中参数 f 是指向函数的指针,该函数有两个长整型参数。

程序运行时,从键盘输入 42,68 后回车,运行结果如下:

```
enter two numbers to a and b:42,68
chengji=2856
gongyueshu=2
```

说明:

chengji 和 gongyueshu 是两个已定义的函数,分别实现了求两个数的乘积和求两个数的最大公约数功能。main 函数第一次调用 operate 时,除了将参数 a 和 b 作为实参传递给 operate 中的形参 x 和 y 外,还将函数名 chengji 作为实参传递给形参 f,这时 f 指向函数 chengji 的首地址。operate 函数中的(* f)(x,y)相当于 chengji(x,y),执行 operate 函数后返回 a * b 的结果。main 函数第二次调用 operate 时,将函数名 gongyueshu 作为实参传递给 operate 函数的形参 f,f 指向函数 gongyueshu,operate 函数中的(* f)(x,y)相当于 gongyueshu(x,y),执行 operate 函数后输出 a 和 b 的最大公约数。

【例 6.29】 利用指向函数的指针及其作为函数的参数,编写一个通用的求定积分的程序,并分别求 $\int_a^b \sin x dx$,$\int_a^b \cos x dx$ 和 $\int_a^b (1+x)dx$ 的值。

编程分析: 定义 double 类型的 f1、f2 和 f3 函数(均有一个 double 类型的形参变量)分别代表 $\sin x$、$\cos x$ 和 $1+x$ 函数;再定义函数 jifen,该函数有 3 个参数,分别表示指向具有一个 double 参数的 double 类型函数的指针变量,以及两个 double 类型的形参变量。用梯形法求定积分的通用函数如下:

```
double jifen(double( * fun)(double),double a,double b)
{
    double s=0,h;
    int n,i;
    n=1000;                          //将积分区间等分为 1000 份
    h=(b-a)/n;
```

```
    s=h*((*fun)(a)+(*fun)(b))/2.0;
    for(i=1;i<n;i++)                            //得到积分值
        s=s+(*fun)(a+i*h)*h;
    return(s);
}
```

可以用上述函数求不同函数的定积分,只要传递待求积分的函数名称和对应的积分区间即可。如果不用这种方法,而是分别编写相互独立的求某些函数的定积分的函数,是十分麻烦的。本实例程序的其他代码如下:

```
#include <stdio.h>
#include <math.h>
double f1(double x)
{    return(sin(x));   }
double f2(double x)
{    return(cos(x));   }
double f3(double x)
{    return(1+x);   }
void main()
{
    double a,b;
    printf("input the integral interval:");    //提示输入积分区间
    scanf("%lf%lf",&a,&b);                       //输入积分区间值
    printf("val=%lf\n",jifen(f3,a,b));           //调用 f3 函数
}
```

6.8 返回指针的函数

由前面已知,所谓函数类型是指函数返回值的类型。一个函数可以返回一个整型值、实型值或字符型值,也可以返回指针型数据。这种返回指针值的函数称为指针型函数。

指针型函数的一般定义形式如下:

类型名 * 函数名(参数表)

{

   ……

}

其中函数名之前加了 * 号,表明这是一个指针型函数,其返回值是一个指针。类型名表示了返回的指针值所指向的数据类型。例如:

```
int * fun(int x,int y)
{
    ……                                         //函数体
}
```

表示 fun 是函数名,是一个返回指针值的指针型函数,它返回的指针指向一个整型变量的地

址,该函数有两个形参 x 和 y,均是整型数据类型。

请注意,在 * fun 两侧没有括号,在 fun 两侧分别有 * 运算符和( )运算符,( )优先级高于 * ,因此 fun 先与( )结合,表明 fun 是函数名。函数前有一个 * ,表示此函数返回值类型是指针,最前面的 int,表示返回的指针指向整型变量的内存地址。

【例 6.30】 以下函数把两个整数形参中较大的那个数的地址作为函数值传回。

```c
#include "stdio.h"
int * fun(int x,int y)                   //函数 fun 定义,指定返回值为整型指针
{
    int * z;
    if(x>y)
        z=&x;
    else
        z=&y;
    printf("Address of z=%p\n",z);
    return(z);
}
void main()
{
    int i,j,* p,* fun(int,int);           //函数说明
    printf("enter two numbers to i,j:");
    scanf("%d,%d",&i,&j);
    printf("Address of i=%X,Address of j=%X\n",&i,&j);
    p=fun(i,j);                           //调用函数 fun,返回最大数的地址赋值指针变量 p
    printf("Address of p=%X,max=%d\n",p,* p);
}
```

从键盘输入 62,108 后回车,程序输出结果如下:

```
enter two numbers to i,j:62,108
Address of i=12FF7C,Address of j=12FF78
Address of z=0012FF24
Address of p=12FF24,max=108
```

程序说明:

调用函数 fun 时,将变量 i、j 的值 62、108 分别传递给形参 x、y,函数 fun 将 x 和 y 中的大数地址 &y 赋给指针变量 z,函数调用完毕,将返回值 z 赋给变量 p,即 p 指向 fun 函数的局部变量 z 的地址。实际上,应该避免使用这种参数传递方法,因为 x、y 和 z 均属于动态(auto)存储类型的局部变量,函数调用结束后将释放所占内存空间,因此不应该再使用这些变量的内存地址。读者可思考一下,看如何修改和完善这个程序。

【例 6.31】 本程序是通过指针函数,输入一个 1~7 之间的整数,输出对应的星期名。

编程分析:定义指针数组,将一个星期 7 天的英文名称作为字符串写入指针数组中,令输入的星期数字与数组元素的下标存在对应关系,即可根据输入的星期数值读取指针数组的字符串。

```c
#include "stdio.h"
char * name [ ] = { " Illegal day"," Monday"," Tuesday", " Wednesday"," Thursday",
```

```
"Friday","Saturday","Sunday"};
void main()
{
    int day;
    char * weekday(int);                    //函数声明
    char * myDay;
    printf("input Day No:");
    scanf("%d",&day);
    myDay=weekday(day);
    printf("Day No:%2d-->%s\n",day,myDay);
}
char * weekday(int n)                        //返回指针的函数
{
    return((n<1||n>7)? name[0] : name[n]);
}
```

程序运行后的输入内容和输出结果如下：

```
input Day No:3
Day No: 3-->Wednesday
```

本例中定义了一个指针型函数 weekday，它的返回值是指向一个字符串的指针。name 数组初始化有 8 个字符串，分别表示出错提示及星期一至星期天的英语名称。又定义了一个指向字符类型的指针 myDay，函数 weekday 的形参 n 表示与星期名所对应的整数。

weekday 函数中的 return 语句包含一个条件表达式，n 值若大于 7 或小于 1 则把 name[0] 指针返回 main 函数，输出出错提示字符串"Illegal day"，否则返回 main 函数输出对应的星期名。

应该特别注意的是函数指针变量和指针型函数这两者在写法和意义上的区别。如 int (* p)() 和 int * p() 是两个完全不同的量，前者是一个变量说明，说明 p 是一个指向函数入口的指针变量，该函数的返回值是整型量，(* p) 两边的括号不能少；后者不是变量说明而是函数说明，说明 p 是一个指针型函数，其返回值是一个指向整型量地址的指针，* p 两边没有括号。作为函数说明，在括号内最好写入形式参数，这样便于与变量说明相区别。对于指针型函数定义，int * p() 只是函数头部分，一般还应该有函数体部分。

6.9　main 函数中的参数

前面介绍的 main 函数都是不带参数的，形式如 main() 或 main(void)。实际上，main 函数可以带参数，并且带参数时必须是两个参数，习惯上这两个参数写为 argc 和 argv。因此，main 函数的函数头可写为

```
main(int argc,char * argv[])
```

其中，第一个形参 argc 必须是整型变量，表示执行该程序文件时在命令行输入的参数的个数，第二个形参 argv 是指针数组。

由于 main 函数不能被其他函数调用，因此不可能在程序内部取得实际值。那么，在何

处把实参值赋予 main 函数的形参呢？实际上，main 函数的参数值是从操作系统命令行中获得的。当我们要运行一个可执行文件时，在 DOS 提示符下输入文件名，再输入实际参数即可把这些实参传送到 main 的形参中去；或者在工程中进行设置和输入，然后可编译执行程序，也能输出结果。

1. DOS 提示符下运行和输入参数

DOS 提示符下命令行的一般形式为

C:\>可执行文件名　参数 1　参数 2…

但是应该特别注意的是，main 的两个形参和命令行中的参数在位置上不是一一对应的。因为，main 的形参只有二个，而命令行中的参数个数原则上未加限制。argc 参数表示了命令行中参数的个数（注意：文件名本身也算一个参数），argc 的值是在输入命令行时由系统按实际参数的个数自动赋予的。

例如，有以下 DOS 命令行：

C:\>myexe　BASIC　foxpro　FORTRAN

由于文件名 myexe 本身也算一个参数，所以共有 4 个参数，因此 argc 取得的值为 4。argv 参数是指针数组，其各元素的值为命令行中各字符串（参数均按字符串处理）的首地址。指针数组元素的个数即为命令行中的参数个数，数组元素初值由系统自动赋予。其表示如图 6-15 所示。

argv[0]	m	y	e	x	e	\0	
argv[1]	B	A	S	I	C	\0	
argv[2]	f	o	x	p	r	o	\0
argv[3]	F	O	R	T	R	A	N	\0

图 6-15　argv 数组

【例 6.32】 输出除文件名外的各参数内容。

```c
#include "stdio.h"
void main(int argc,char * argv[ ]){
    while(argc-->1)
        printf("%s ",* ++argv);
}
```

本例用于显示命令行中输入的除第一个参数之外的其他所有参数，所以 while 循环的条件是 argc-->1，即 argc>0，如果上例的可执行文件名为 myexe.exe，存放在 C 驱动器的根目录下。输入的命令行内容如下：

C:\>myexe BASIC foxpro FORTRAN

则运行结果如下：

BASIC foxpro FORTRAN

2. 在工程设置中输入参数

除了在 DOS 提示符下进入到该工程的 debug 目录下运行生成的 exe 文件之外，在 Visual C++ 6.0 下还有一种运行方式，即选择菜单"工程"→"设置"→"调试"→"程序变量"，在该变量框中输入 BASIC foxpro FORTRAN 内容之后，再编译和运行该程序，则仍将输出上述内容。

该行共有 4 个参数，执行 main 时，argc 的初值即为 4。argv 的 4 个元素分别为 4 个字符串的首地址。执行 while 语句,每循环一次,argv 值减 1,当 argv 等于 1 时停止循环,共循环 3 次,因此共输出 3 个参数。在 printf 函数中,由于打印项 * ++argv 是先加 1 再打印,故第一次打印的是 argv[1]所指的字符串 BASIC。第二、三次循环分别打印后两个字符串。而参数 myexe 是文件名,不必输出。

6.10 实 例

【例 6.33】 利用字符串的相关知识,编写程序输入一串二进制数构成的字符串并将其转换成十六进制输出。

编程分析:由于一个十六进制数字可转换为 4 位二进制数值,所以在二进制向十六进制的转换中,首先判断输入的二进制字符串的长度,若不是 4 的整数倍,则在字符串左侧加字符'0',目的是将输入的二进制字符串自左向右按照 4 个字符一组的方式分组,然后将每组二进制字符转换成十六进制字符并进行输出,或者将得到的十六进制字符写入字符数组中,待所有二进制字符转换完成后,再整体输出十六进制字符串。

在每组二进制转十六进制中,由于每组均为 4 位二进制字符串,因此应使用 strcmp 函数对该字符串进行比较,以便得出十六进制的'0','1',…,'F'等字符。使用 if…else if 的多分支选择结构的形式,共有 16 个分支。

参考程序如下:

```
#include "stdio.h"
#include "string.h"
void main()
{
    void bintohex(char * s,char * t);          //函数声明
    char s[100]="",t[50]="";
    printf("input the binary string:%s\n",s);
    gets(s);
    bintohex(s,t);                             //函数调用
    printf("Hex=%s\n",t);
}
void bintohex(char * s,char * t)               //二进制向十六进制转换的函数
{
    char k[5]="";
    int i,j,n=0;
    while(strlen(s)%4!=0)                       //不为 4 的倍数左侧加字符'0'
    {
        for(i=strlen(s);i>0;i--)               //循环向后移位
            s[i]=s[i-1];
        s[0]='0';
    }
    if(strlen(s)>0)
        for(i=0;i<strlen(s)/4;i++)             //循环分组次数
        {
```

```
        for(j=0;j<=3;j++)                    //得到每个分组的内容
            k[j]=s[i * 4+j];
        if(strcmp(k,"0000")==0)t[n++]='0';
        else if(strcmp(k,"0001")==0)t[n++]='1';
        else if(strcmp(k,"0010")==0)t[n++]='2';
        else if(strcmp(k,"0011")==0)t[n++]='3';
        else if(strcmp(k,"0100")==0)t[n++]='4';
        else if(strcmp(k,"0101")==0)t[n++]='5';
        else if(strcmp(k,"0110")==0)t[n++]='6';
        else if(strcmp(k,"0111")==0)t[n++]='7';
        else if(strcmp(k,"1000")==0)t[n++]='8';
        else if(strcmp(k,"1001")==0)t[n++]='9';
        else if(strcmp(k,"1010")==0)t[n++]='A';
        else if(strcmp(k,"1011")==0)t[n++]='B';
        else if(strcmp(k,"1100")==0)t[n++]='C';
        else if(strcmp(k,"1101")==0)t[n++]='D';
        else if(strcmp(k,"1110")==0)t[n++]='E';
        else t[n++]='F';
    }
}
```

程序运行时,输入二进制字符串,运行结果如下:

```
input the binary string:1010110110111101110001
Hex=2B6F71
```

【例 6.34】 编写程序,实现一个字符串中文字的查找和替换。

编程分析:字符串的替换前提是先在源字符串中查找到待替换字符串的起始位置,然后进行替换操作。替换可采用以下两种方式:(1)根据替换字符串(即新字符串)的长度和待替换字符串长度,确定源字符串中待替换字符串的后续字符应该向前移动还是向后移动,如将字符串"Shandong Shanghai"中的"an"替换成"xyz",由于待替换内容"an"长度为 2,替换内容"xyz"长度为 3,自右向左替换时需要将其后的"ghai"依次向后移动一个字符,然后将"xyz"写入"Sh"和"ghai"之间,如表 6-3 第二行所示,然后再向前替换"Shandong"中的"an",本书采用该种方式编程;(2)将源字符串中待替换字符之前的内容写入临时字符数组中,然后写入替换字符串,最后写入后续部分的字符内容。字符串替换前后的内容如表 6-3 所示。

表 6-3　字符串替换

源字符串	S	h	a	n	d	o	n	g		S	h	a	n	g	h	a	i	
第一个替换	S	h	a	n	d	o	n	g		S	h	**x**	**y**	**z**	g	h	a	i
第二个替换	S	h	**x**	**y**	**z**	d	o	n	g		S	h	x	y	z	g	h	a	i

参考程序如下:

```
#include "stdio.h"
#include "string.h"
void main()
```

```
{
    void replace(char * s,char * f,char * t);      //函数声明
    char s[100]="Shandong Shanghai",f[50]="an",t[50]="xyz";
    printf("before replace: s=%s\n",s);
    replace(s,f,t);                                //函数调用
    printf("after replace: s=%s\n",s);
}
void replace(char * s,char * f,char * t)
{
    int i,j,k,ss=strlen(s),sf=strlen(f),st=strlen(t);
    for(i=ss-sf;i>=0;i--)                          //自后向前依次查找
    {
        for(j=0,k=i;k<i+sf;k++)                    //查找替换位置
        {
            if(s[k]!=f[k-i])                       //有不相同字符则退出
            {    j=1; break; }
        }
        if(j==0)                                   //完全相同,则找到待替换内容
        {
            if(st>sf)                              //替换内容长于待替换内容
            {
                for(j=ss-1;j>=i;j--)               //向后移动 st-sf 个字符位置
                    s[j+st-sf]=s[j];
                for(j=i;j<i+st;j++)                //写入替换字符
                    s[j]=t[j-i];
            }
            else                                   //替换内容小于待替换内容
            {
                for(j=i;j<i+st;j++)                //写入替换字符
                    s[j]=t[j-i];
                for(;j<=ss;j++)
                    s[j]=s[j+sf-st];
            }
            ss=strlen(s);                          //重新计算字符串长度
        }
    }
}
```

程序运行后,输出结果如下:

```
before replace: s=Shandong Shanghai
after replace: s=Shxyzdong Shxyzghai
```

【例 6.35】 利用带参数的 main 函数实现文本文件的复制。

编程分析:新建工程,并在 main 函数中使用参数,运行时输入目标文件和源文件名称。文件复制的原理是以读方式打开源文件,并以写方式打开目标文件,然后使用循环的方式,每从源文件中读一个字符就写到目标文件中,直到文件的结束为止,详细函数说明请参见后

续章节内容。

参考程序如下：

```
#include "stdio.h"
void main(int argc,char * argv[])
{
    char ch;
    FILE * fp1, * fp2;
    fp1=fopen(argv[1],"rt");
    fp2=fopen(argv[2],"wt");
    while((ch=fgetc(fp1))!=EOF)
        fputc(ch,fp2);
    fclose(fp2);
    fclose(fp1);
}
```

编译程序，生成 filescopy. exe 文件，在 DOS 提示符下输入并运行

C:\VC6\MyProjects\xx\Debug>filescopy c:\\text.c c:\\dest.txt

则 c 盘根目录下 text. c 的文件内容被复制到该目录下的 dest. txt 文件中，若 dest. txt 文件不存在则自动创建该文件。

习　题

1. 单项选择题

（1）有如下程序：

```
#include "stdio.h"
int d=1;
fun(int p)
{
    static int d=5;
    d+=p;       printf("%d ",d);
    return(d);
}
void main()
{
    int a=3;
    printf("%d \n",fun(a+fun(d)));
}
```

该程序的输出结果是（　　）。

　　A. 6　9　9　　　　B. 6　6　9　　　　C. 6　15　15　　　D. 6　6　15

（2）以下所列的各函数首部中正确的是（　　）。

　　A. void play(var a:Integer,var b:Integer)

  B. void play(int a,b)

  C. void play(int a,int b)

  D. Sub play(a as integer,b as integer)

(3) 有如下程序

```c
#include "stdio.h"
long fun(int n)
{
    long s;
    if(n==1 || n==2)  s=2;
    else     s=n-fun(n-1);
    return s;
}
void main()
{  printf("%ld\n", fun(3));  }
```

该程序的输出结果是(　　　)。

  A. 1   B. 2   C. 3   D. 4

(4) 有如下程序：

```c
int d=11;
#include "stdio.h"
fun(int p)
{
    int d=5;
    d+=p;
    printf("%d",d);
}
void main()
{
    int a=3;
    fun(a);
    d=a;
    printf("%d\n",d);
}
```

该程序的输出结果是(　　　)。

  A. 84   B. 83   C. 95   D. 99

(5) 若有以下调用语句：

```c
void main()
{
    …
    int a[50],n;
    …
    fun(n,&a[9]);
```

```
    ...
    }
```

则不正确的 fun 函数的首部是（ ）。

    A. void fun(int m,int x[])   B. void fun(int s,int h[41])

    C. void fun(int p,int * s)   D. void fun(int n,int a)

（6）有如下函数调用语句：

```
func(rec1,rec2+rec3,(rec4,rec5));
```

该函数调用语句中，含有的实参个数是（ ）。

    A. 3   B. 4   C. 5   D. 有语法错

（7）有如下程序：

```
#include "stdio.h"
int func(int a,int b)
{ return(a+b); }
void main()
{
    int x=2,y=5,z=8,r;
    r=func(func(x,y),z);
    printf("%d\n",r);
}
```

该程序的输出的结果是（ ）。

    A. 12   B. 13   C. 14   D. 15

（8）有如下程序：

```
#include "stdio.h"
long fib(int n)
{
    if(n>2)return(fib(n-1)+fib(n-2));
    else return(2);
}
void main()
{ printf("%d\n",fib(3)); }
```

该程序的输出结果是（ ）。

    A. 2   B. 4   C. 6   D. 8

（9）有如下程序：

```
#include "stdio.h"
fun(int x,int y,int z)
{ z=x * x+y * y; }
void main()
{
    int a=31;
```

```
    fun(5,2,a);
    printf("%d",a);
}
```

该程序的输出结果是(   )。

    A. 0   B. 29   C. 31   D. 无定值

(10) 当调用函数时,实参是一个数组名,则向函数传送的是(   )。

    A. 数组的长度   B. 数组的首地址

    C. 数组每一个元素的地址   D. 数组每个元素中的值

2. 编程题

(1) 编程计算 $s=5!+8!$。

(2) 编写程序,将字符串中的第 m 个字符开始的全部字符复制成另一个字符串。要求在主函数中输入字符串及 m 的值并输出复制结果,在被调用函数中完成复制。

(3) 从键盘输入一个字符串,然后按照下面要求输出一个新字符串:新串是在原串中每 3 个字符之间插入一个空格,如原串为"abcd",则新串为"abc d"。要求在函数 insert 中完成新串的产生,并在函数中完成所有相应的输入和输出。

(4) 设有一数列,包含 10 个数,已按升序排好。现要求编一程序,它能够把从指定位置开始的 n 个数按逆序重新排列并输出新的完整数列,进行逆序处理时要求使用函数。

(5) 编一程序,统计从键盘输入的命令行中第二个参数所包含的英文字符个数。

(6) 编一程序,将字符串"computer"赋给一个字符数组,然后循环输出自奇数位置开始的字符,即 computer,mputer,uter,er。

(7) 有 10 个字符串,在每个字符串中找出最大字符,按一一对应的顺序放入一维数组 a 中,即第 i 个字符串中的最大字符放入 a[i]中,输出每个字符串中的最大字符,要求用函数实现。

(8) 把两个已按升序排列的数组合并成一个升序数组,要求用函数实现。

(9) 从键盘输入若干整数,其值在 0~4 的范围内,用 −1 作为输入结束的标志,统计整数的个数,设计函数实现。

(10) 从键盘输入两个字符串 a 和 b,要求不用 strcat 把 b 中的前 5 个字符连接到 a 中,如果 b 的长度小于 5,则把 b 的所有元素都连接到 a 中,试编程。

(11) 编写递归函数实现将输入的整数按逆序输出。例如,在主程序中输入 12345,则输出 54321。

(12) 编写递归程序,实现字符串的倒序输出。例如,输入"abc",则输出"cba"。

(13) 编写递归函数实现十进制整数向二进制数字的转换。

(14) 已知 x 的 n 阶勒让德多项式值计算公式如下,编程输入 x 的值,输出 n 阶勒让德多项式的值。

$$p_n(x)=\begin{cases}1 & n=0 \\ x & n=1 \\ ((2n-1)xp_{n-1}(x)-(n-1)p_{n-2}(x))/n & n>1\end{cases}$$

(15) 编写一个函数,计算字符串的长度,要求用字符指针实现,在 main 函数中调用函数,并输出字符串的长度。

(16) 从键盘上输入 10 个整数存放到一维数组中,将其中最小的数与第一个数对换,最大的数与最后一个数对换。要求将进行数据交换的处理过程编写成一个函数,函数中对数据的处理要用指针方法实现。

(17) 利用指向行的指针变量求 4×3 数组各行元素之和。

(18) 找出一个 2×3 的矩阵中的最大值及其行下标和列下标,要求调用子函数 FindMax(int p[][3], int m, int n, int * pRow, int * pCol)实现,最大值以函数的返回值的方式得到,行下标和列下标在形参中以指针的形式返回。

(19) 输入一个长度不大于 30 的字符串,将此字符串中从第 m 个字符开始的剩余全部字符复制成为另一个字符串,并将这个新字符串输出。要求用指针方法处理字符串。

(20) 定义函数计算两个日期之间的天数,在 main 函数中输入两个日期并调用函数,输出两个日期之间的天数。

第 7 章　编译预处理

【本章概述】

前面章节中已多次使用过以♯号开头的预处理命令，如包含命令♯ include 和宏定义命令♯ define 等。编译预处理功能是 C 语言与其他高级语言的重要区别，有效改进了 C 语言的设计环境，提高了程序的开发效率，增强了程序的可移植性。C 语言提供的预处理功能主要有宏定义、文件包含和条件编译 3 种形式。预处理的内容一般出现在源文件的开始部分。

【学习要求】

* 掌握：带参的宏和不带参的宏的定义和使用方法。
* 掌握：编译预处理命令的含义及其与其他命令的区别。
* 了解：条件编译。
* 重点：宏的定义和使用。
* 难点：带参宏的定义和使用，条件编译。

7.1　宏　定　义

所谓预处理是指在进行编译的第一遍扫描(词法扫描和语法分析)之前所做的工作。预处理是 C 语言的一个重要功能，它由预处理程序负责完成。当对一个源文件进行编译时，系统将自动引用预处理程序对源程序中的预处理部分作处理，处理完毕后自动进入对源程序的编译。需要注意的是，预处理命令虽然是 ANSI C 统一规定的，但它不是 C 语言本身的组成部分，是不能够被编译的。也就是说，这些命令是在源程序编译之前被执行的。

宏定义命令是将一个标识符定义为一个字符串，在编译之前将程序出现的该标识符用字符串替换，所以又称为宏替换。宏定义是由源程序中的宏定义命令完成的。宏替换是由预处理程序自动完成的。宏定义又分为两种：一种是简单的无参数的宏定义，另一种是带参数的宏定义。

7.1.1　无参宏定义

无参宏的宏名后不带参数。其定义的一般形式为

#define　标识符　字符串

其中的♯表示这是一条预处理命令，凡是以♯开头的均为预处理命令。define 为宏定义命令，"标识符"为所定义的宏名，"字符串"可以是常数、表达式和格式串等。

在前面介绍过的符号常量的定义就是一种无参宏定义。此外，常对程序中反复使用的表达式进行宏定义。例如：

```
#define  M  (y * y+3 * y)
```

该指令的作用是指定标识符 M 在源程序中表示表达式(y * y+3 * y)。在编写源程序时,所有的(y * y+3 * y)都可由 M 代替,而对源程序作编译时,将先由预处理程序进行宏替换,即用(y * y+3 * y)表达式去替换源程序中所有的宏名 M,然后再进行编译。

【例 7.1】 不带参数的宏定义。

```
#include "stdio.h"
#define  M  (y * y+3 * y)
void main()
{
    int s,y;
    printf("input a number:");
    scanf("%d",&y);
    s=3 * M+4 * M+5 * M;
    printf("s=%d\n",s);
}
```

程序运行后的输入内容和输出结果如下:

```
input a number:4
s=336
```

上例程序中首先进行宏定义,定义 M 代表表达式(y * y+3 * y),在 s＝3 * M＋4 * M＋5 * M 中作了宏调用。在预处理时经宏展开后该语句变为

```
s=3 * (y * y+3 * y)+4 * (y * y+3 * y)+5 * (y * y+3 * y);
```

注意:在宏定义中表达式(y * y+3 * y)两边的括号不能少,否则会发生结果错误。这里一定要记住的是宏定义在预处理时执行的是字符串的原样宏名替换!

如果将例题中的宏定义修改为

```
#define  M  y * y+3 * y
```

在宏展开时 s＝3 * M＋4 * M＋5 * M 将被替换为

```
s=3 * y * y+3 * y+4 * y * y+3 * y+5 * y * y+3 * y;
```

因此在作宏定义时必须十分注意! 虽然预处理命令是在编译前自动执行的,但宏的定义是由程序员来确定的,所以在程序的设计过程中一定要确保宏替换后能够正确描述程序的算法。

对于宏定义还要说明以下几点:

(1) 宏定义不是说明或语句,在行末不必加分号,如加上分号则连分号也一起替换。

(2) 宏名在源程序中若用双引号括起来,则预处理程序不对其作宏替换。

(3) 宏定义是用宏名来表示一个字符串,在宏展开时又以该字符串取代宏名,这只是一种简单的替换,字符串中可以含任何字符,可以是常数,也可以是表达式,预处理程序对它不作任何检查。如有错误,只能在编译已被宏展开后的源程序时发现。

(4) 宏定义必须写在函数之外,其作用域为从宏定义命令起到源程序结束。如要终止

其作用域可使用♯ undef 命令。

【**例 7.2**】 undef 终止宏的作用。

```
#include "stdio.h"
#define   PI   3.14159
void main()
{
    ……
}
#undef PI                    //PI 的作用域
f1()
{
    ...
}
```

在本例中,PI 的作用域只在 main 函数中,在 f1 中无效。

【**例 7.3**】 宏的使用。

```
#include "stdio.h"
#define OK 100
void main()
{
    printf("OK");
    printf("\n");
}
```

本例中定义宏名 OK 表示 100,但在 printf 语句中 OK 被引号括起来,表示"OK"为字符串数据,因此不作宏替换。

程序运行结果如下:

`OK`

(5) 宏定义允许嵌套,在宏定义的字符串中可以使用已经定义的宏名,在宏展开时由预处理程序逐层代换。例如:

```
#define PI 3.1415926
#define S   PI * y * y          //PI 是已定义的宏名
```

对语句

```
printf("%f",S);
```

在宏代换后变为

```
printf("%f",3.1415926 * y * y);
```

(6) 对"输出格式"作宏定义,可以减少程序编辑时的书写麻烦。

【**例 7.4**】 宏的使用。

```
#include "stdio.h"
```

```
#define P printf
#define D "%d "
#define F "%f\n"
void main()
{
    int a=5, c=8, e=11;
    float b=3.8, d=9.7, f=21.08;
    P(D F,a,b);
    P(D F,c,d);
    P(D F,e,f);
}
```

程序运行后的输出结果如下：

```
5 3.800000
8 9.700000
11 21.080000
```

本例中将 printf 及控制字符串"%d "和"%f\n"分别使用 P、D、F 来代替，简化了程序的书写过程。

（7）可用宏定义表示数据类型，使书写方便。例如：

```
#define STU struct stu
```

在程序中可用 STU 做变量说明：

```
STU body[5],*p;
#define INTEGER int
```

在程序中即可用 INTEGER 做整型变量说明：

```
INTEGER a,b;
```

注意：用宏定义表示数据类型和用 typedef 定义数据说明符是有区别的。宏定义只是简单的字符串替换，是在预处理命令执行时完成的；而 typedef 是在编译时处理的，它不是作简单的替换，而是对类型说明符重新命名。被命名的标识符具有类型定义说明的功能。例如：

```
#define  PIN1  int *
typedef  (int *)  PIN2;
```

从形式上看这两者相似，但在实际使用中却不相同。下面用 PIN1 和 PIN2 说明变量时就可以看出它们的区别：

```
PIN1 a,b;
```

在宏代换后变成 int *a,b;，表示 a 是指向整型的指针变量，而 b 是整型变量。

```
PIN2 a,b;
```

表示 a、b 都是指向整型的指针变量，因为 PIN2 是一个类型说明符，宏定义虽然也可表示数据类型，但只是作字符替换。

（8）习惯上宏名用大写字母表示，以便于与变量区别，但也允许用小写字母。

7.1.2 带参宏定义

带参数的宏定义扩充了无参宏定义的功能，在字符串替换的同时还进行参数的替换。在宏定义中的参数称为形式参数（形参），在宏调用中的参数称为实际参数（实参）。

注意：对带参数的宏定义，在调用时，不仅要宏展开，而且要用实参去替换形参。

带参宏定义的一般形式为

#define 标识符(形参表)字符串

其中，"标识符"为宏名，"形参表"中的参数个数不作限制，字符串中包含着"形参表"中指定的参数。带参宏调用的一般形式为

宏名(实参表);

例如：

```
#define PI 3.1415926                    //无参宏定义
#define S(y)  PI * y * y                 //带参宏定义
```

如果程序中有赋值语句

```
area=S(5);                              //宏调用
```

在宏替换时，用实参 5 去代替形参 y，经预处理宏展开后的语句为

```
area=3.1415926 * 5 * 5;
```

可以看出，对于带参数的宏定义的替换过程是：将程序中出现的带实参的宏，按照宏定义中指定的字符串，从左至右进行替换，将字符串中的形参用对应的实参替换，对非参数字符则保留。实参可以是常量、变量或表达式。

对于带参的宏定义还应注意以下问题：

（1）在带参宏定义中，形参不分配内存单元，因此不必作类型定义。而宏调用中的实参有具体的值。要用它们去替换形参，因此必须作类型说明。这是与函数中的情况不同的。在函数中，形参和实参是两个不同的量，各有自己的作用域，调用时要把实参值赋予形参，进行"值传递"。而在带参宏中，只是符号替换，不存在值传递的问题。

（2）要注意宏定义字符串参数上的括号的使用，一般为了在宏替换后得到一个合理的计算顺序，要在宏定义字符串中的参数上加括号。例如：

```
#define S(y)  y * y
```

若在程序中出现语句

```
a=S(n+1);
```

则经预处理后，语句被替换为

```
a=n+1 * n+1;
```

这显然不是所期望的结果。如果将宏定义字符串中的参数用括号括起来，就可以避免上述

错误。例如：

```
#define S(y)(y) * (y)
```

则程序中语句 a＝S(n＋1)；经预处理被替换为

```
a= (n+1) * (n+1);
```

（3）带参宏定义中，宏名和形参表之间不能有空格出现。例如：

```
#define S(y)  PI * y * y
```

如果被写为

```
#define S  (y)  PI * y * y
```

将被认为是无参宏定义，宏名 S 代表字符串"(y) PI＊y＊y"。

（4）带参的宏和带参函数很相似，但两者之间是有本质上的区别的。宏是在编译之前完成替换的，增加了程序所占的存储空间；而函数调用不会增加程序所占空间，只是在调用时需要时间上的额外消耗。除上面已谈到的各点外，把同一表达式用函数处理与用宏处理两者的结果有可能是不同的。

【例 7.5】 函数定义和调用。

```
SQ(int y);
#include "stdio.h"
void main()
{
    int i=1;
    while(i<=5)
        printf("%d  ",SQ(i++));
}
SQ(int y)
{
    return((y) * (y));
}
```

程序运行结果如下：

`1  4  9  16  25`

【例 7.6】 带参宏的定义和使用。

```
#include "stdio.h"
#define SQ(y)((y) * (y))
void main()
{
    int i=1;
    while(i<=5)
        printf("%d\n",SQ(i++));
}
```

程序运行后的输出结果如下：

1　9　25

在例 7.5 中，函数名为 SQ，形参为 y，函数体表达式为$((y)*(y))$。在例 7.6 中，宏名为 SQ，形参也为 y，字符串表达式为$((y)*(y))$。例 7.5 的函数调用为 SQ(i++)，例 7.6 的宏调用为 SQ(i++)，实参也是相同的。但两个程序的输出结果大不相同。注意，对于宏定义，不仅应在参数两侧加括号，也应在整个字符串外加括号。

分析：在例 7.5 中，函数调用是把实参 i 值传给形参 y 后自增 1。然后输出函数值，因而要循环 5 次，输出 1~5 的平方值。而在例 7.6 中宏调用时，只作替换，SQ(i++)被替换为$((i++)*(i++))$，在第一次循环时，由于 i 初值等于 1，且++运算符均处于变量 i 的右侧，计算时先用当前 i 的数值进行相乘，即 $1\times1=1$，然后 i 连续执行++两次，i 变为 3；在第二次循环时，用 i 的当前值 3 进行相乘，即 $3\times3=9$，然后 i 连续执行++两次，i 变为 5；进入第三次循环，由于 i 值已为 5，所以这将是最后一次循环，计算结果为 $5\times5=25$，然后 i 连续执行++两次，i 变为 7，不再满足循环条件，停止循环。

从以上分析可以看出，函数调用和宏展开二者虽然在形式上相似，但存在的空间和执行的时间上有本质的不同。

7.2　文件包含

文件包含是 C 程序中常用的一种预处理命令，文件包含是指一个源文件可以将另外一个指定的源文件的内容包含进来。

文件包含命令行的一般形式为

#include "文件名"

或

#include <文件名>

其中，include 为包含命令，文件名是被包含的文件的全名。

在前面已多次用此命令包含过库函数的头文件。例如：

```
#include "stdio.h"
#include "math.h"
```

文件包含命令的功能是把指定的文件插入该命令行位置取代该命令行，从而把指定的文件和当前的源程序文件连成一个源文件。

被包含文件也可以是用户自己定义的程序、数据等文件，其扩展名不一定是.h，也可以是其他扩展名，如.c 文件等。

被包含文件通常放在文件开头，因此常称为头文件，一般用.h 作扩展名（h 是 head 的缩写），C 编译系统提供了很多头文件，在使用标准库函数进行程序设计时，需要在源程序中包含相应的头文件。因为这些头文件中包含有一些公用的常量定义、函数说明及数据结构定义等。

在程序设计中,文件包含是很有用的。一个大的程序可以分为多个模块,由多个程序员分别编程。有些公用的符号常量或宏定义等可单独组成一个文件,在其他文件的开头用包含命令包含该文件即可使用。这样,可避免在每个文件开头都去书写那些公用量,从而节省时间,并减少出错。

对文件包含命令还应注意以下几个问题:

(1)一个include命令只能指定一个被包含文件,若有多个文件要包含,则需用多个include命令。

(2)当被包含文件中的内容被修改后,包含该文件的所有源文件都要重新进行编译处理。

(3)被包含文件应是源文件,而不是目标文件。

(4)包含命令中的文件名可以用双引号括起来,也可以用尖括号括起来。但是这两种形式是有区别的:使用尖括号表示在包含文件目录中去查找(包含目录是由用户在设置环境时设置的),而不在源文件所在目录查找;使用双引号则表示首先在当前的源文件目录中查找,若未找到才到包含目录中去查找。用户编程时可根据自己文件所在的目录来选择某一种命令形式。

(5)文件包含允许嵌套,即在一个被包含的文件中又可以包含另一个文件。

7.3 条件编译

预处理程序提供了条件编译的功能。使用条件编译命令可以使用户有选择地按不同的条件去编译不同的程序部分,只有满足一定条件才能进行编译,从而产生不同的目标代码文件。这对于程序的移植和调试是很有用的,提高了程序的通用性。

常用的条件编译命令有3种形式。

7.3.1 #ifdef 命令

#ifdef命令的一般形式为

```
#ifdef 标识符
    程序段 1
#else
    程序段 2
#endif
```

它的功能是,如果标识符已被#define命令定义过,则对程序段1进行编译;否则对程序段2进行编译。如果没有程序段2(它为空),本格式中的#else可以没有,即可以写为

```
#ifdef 标识符
    程序段
#endif
```

条件编译的作用主要是提高程序的通用性。例如,有的计算机存放一个整数需要16位,而有的计算机需要32位,为使所编程序能够在两种计算机上通用,程序中可使用如

下条件编译命令：

```
#ifdef PC
#define INT_SIZE 16
#else
#define INT_SIZE 32
#endif
```

如果 PC 在前面定义过，则编译语句

```
#define INT_SIZE 16
```

否则将编译语句

```
#define INT_SIZE 32
```

这样，源程序不必做任何修改，只要增加或删除语句

```
#define PC
```

就可以使程序运行于不同的计算机系统。

条件编译也常用于程序的调试。例如，在调试程序时，常常希望输出一些中间信息，而在调试完成后不要输出这些信息，为此可在源程序的相应位置上插入形式如下的条件编译段：

```
#ifdef DEBUG
    printf("a=%d,b=%d\n",a,b);
#endif
```

如果前面对 DEBUG 进行了定义，即有

```
#define DEBUG
```

则在程序运行时显示 a、b 的值，以便作调试分析。程序调试完成后，只要删去 DEBUG 的定义，则上述 printf 语句就不参加编译，程序运行时就不再显示 a、b 的值。

【例 7.7】 ＃ifdef 的应用。

```
#include "stdio.h"
#define OP MUL
void main()
{
    int a=10,b=20;
    #ifdef OP
        printf("a*b=%d\n",a*b);
    #else
        printf("a+b=%d\n",a+b);
    #endif
}
```

程序运行后的输出结果如下：

```
a*b=200
```

由于在程序的第 6 行插入了条件编译预处理命令,因此要根据 OP 是否被定义过来决定编译哪一个 printf 语句。而在程序的第 2 行已对 OP 作过宏定义,因此应对第一个 printf 语句作编译,故运行结果是输出了 a 和 b 的乘积 200。在程序的第二行宏定义中,定义 OP 表示字符串 MUL,其实也可以为任何字符串,甚至不给出任何字符串,写为

```
#define OP
```

也具有同样的意义。只有取消程序的第二行才会去编译第二个 printf 语句。

7.3.2　♯ifndef 命令

♯ifndef 命令的一般形式为

```
#ifndef 标识符
    程序段 1
#else
    程序段 2
#endif
```

它与第一种形式的区别是将 ifdef 改为 ifndef。其功能是:当标识符未被 ♯define 命令定义时则对程序段 1 进行编译,否则对程序段 2 进行编译。这与第一种形式的功能正相反,两者的用法完全相同,可根据需要任选一种。

7.3.3　♯if 命令

♯if 命令的一般形式为

```
#if 常量表达式
    程序段 1
#else
    程序段 2
#endif
```

需要注意的是 if 后面的表达式为常量表达式。该命令的功能是:如果常量表达式的值为真(非 0),则对程序段 1 进行编译,否则对程序段 2 进行编译。因此可以使程序在不同条件下完成不同的功能。其中,♯else 部分也可省略,可简写为如下形式:

```
#if 常量表达式
    程序段 1
#endif
```

【例 7.8】　♯if 的应用。

```
#include "stdio.h"
#define R 1
void main()
{
    float c,r,s;
```

```
    printf("input a number: ");
    scanf("%f",&c);
    #if R
        r=3.14159*c*c;
        printf("area of round is: %f\n",r);
    #else
        s=c*c;
        printf("area of square is: %f\n",s);
    #endif
}
```

在程序第 1 行宏定义中,定义 R 为 1,因此在条件编译时,常量表达式的值为真,故计算并输出圆面积。上面介绍的条件编译当然也可以用条件语句来实现。但是用条件语句将会对整个源程序进行编译,生成的目标代码程序很长;而采用条件编译,则根据条件只编译其中的程序段 1 或程序段 2,生成的目标程序较短。因此,如果条件选择的程序段很长,采用条件编译的方法是十分必要的。

条件编译还可以嵌套,特别是为了描述♯else 后的程序段又是条件编译的情况,引入预处理命令♯elif,它的含义是♯else if。因此条件编译预处理更一般的形式为

```
#if 表达式 1
    程序段 1
#elif 表达式 2
    程序段 2
    ⋮
#elif 表达式 n
    程序段 n
#else
    程序段 n+1
#endif
```

7.4　实　　例

【例 7.9】　利用宏定义比较两个数字的大小。

```
#include "stdio.h"
#define MAX(a,b)(a>b)? a:b
void main()
{
    int x,y,max;
    printf("input two numbers:    ");
    scanf("%d%d",&x,&y);
    max=MAX(x,y);
    printf("max=%d\n",max);
}
```

程序运行后的输出结果如下：

```
input two numbers:    123 764
max=764
```

本例程序的第二行进行带参宏定义，用宏名 MAX 表示条件表达式(a＞b)?a:b，形参 a、b 均出现在条件表达式中。程序第 8 行 max＝MAX(x,y);为宏调用，实参 x、y 将替换形参a、b。宏展开后该语句为

max=(x>y)?x:y;

用于计算 x、y 中的大数。

【例 7.10】 用宏定义来定义多个语句，在宏调用时，把这些语句替换到源程序内。

```
#include "stdio.h"
#define SV(s1,s2,s3,v)s1=l*w;s2=l*h;s3=w*h;v=w*l*h;
void main()
{
    int l=3,w=4,h=5,sa,sb,sc,vv;
    SV(sa,sb,sc,vv);
    printf("sa=%d  sb=%d\nsc=%d  vv=%d\n",sa,sb,sc,vv);
}
```

程序运行后的输出结果如下：

```
sa=12   sb=15
sc=20   vv=60
```

程序第二行为宏定义，用宏名 SV 表示 4 个赋值语句，4 个形参分别为 4 个赋值运算符左侧的变量。在宏调用时，把 4 个语句展开并用实参替换形参，使计算结果送入实参之中。

习　题

1. 单项选择题

(1) 以下叙述正确的是(　　)。

    A. 可以把 define 和 if 定义为用户标识符

    B. 可以把 define 定义为用户标识符，但不能把 if 定义为用户标识符

    C. 可以把 if 定义为用户标识符，但不能把 define 定义为用户标识符

    D. define 和 if 都不能定义为用户标识符

(2) 有以下程序：

```
#define  PI  3.14
#define  R  5.0
#define  S  PI*R*R
void  main()
{ printf("%f",S); }
```

该程序的输出结果是(　　)。

A. 3.14   B. 78.500000   C. 5.0   D. 无结果

（3）有以下程序：

```
#define  MAX(x,y)  (x)>(y)? (x):(y)
main()
{
    int a=5,b=2,c=3,d=3,t;
    t=MAX(a+b,c+d) * 10;
    printf("%d\n",t);
}
```

该程序的输出结果是（   ）。

A. 70   B. 60   C. 7   D. 6

（4）以下关于文件包含的说法中错误的是（   ）。

A. 文件包含是指一个源文件可以将另一个源文件的全部内容包含进来

B. 文件包含处理命令的格式为

   `#include  "包含文件名"` 或 `#include <包含文件名>`

C. 一条包含命令可以指定多个被包含文件

D. 文件包含可以嵌套，即被包含文件中又包含另一个文件

（5）下面程序的功能是通过带参的宏定义求圆的面积，则划线处为（   ）。

```
#include "stdio.h"
#define  PI  3.1415926
#define  AREA(r)  _____
main()
{
    float r=5;
    printf("%f",AREA(r));
}
```

A. PI * (r) * (r)   B. PI * (r)
C. r * r   D. PI * r * r

2. 简答题

（1）带参数的宏与函数的区别是什么？

（2）包含指令的作用是什么？

（3）文件包含应该注意哪些问题？

（4）条件编译有哪几种形式？

（5）分别用函数和带参的宏，从 3 个数中找出最大数。

第8章　结构体与链表

【本章概述】

到目前为止,已经完成了对 C 语言中的基本数据类型以及数组这种构造数据类型的学习,但数组是一种具有相同数据类型的数据的集合,对于要综合处理包含多种类型信息于一体的应用显得力不从心,尽管可以通过定义多种数据类型的变量来实现,但变量定义和访问操作烦琐,因此,有必要将多种类型的数据综合在一起进行考虑。结构体和共用体是 C 语言中的两种非常重要的自定义数据类型,可以由不同类型的数据项组合而构成新的数据类型。结构体是构造动态数据结构(链表)非常有用的工具。本章介绍结构体和共用体类型的定义、引用、结构体数组、结构体指针以及由结构体所构成的链表。

【学习要求】

- 掌握:结构体类型、结构体变量与指针的定义方法。
- 掌握:结构体数组的定义和初始化方法。
- 掌握:结构体变量成员的引用方法。
- 掌握:链表的创建、访问等主要操作方法。
- 掌握:共用体类型、共用体变量的定义方法。
- 了解:typedef 的用法。
- 重点:结构体类型变量、数组和指针的应用。
- 难点:链表的主要操作方法。

8.1　结构体的定义和引用

前面已经学习了 C 语言中整型、浮点型和字符型等数据类型和数组这种构造数据类型,用于科学计算已经足够了,但是对于复杂程序的设计、计算机辅助信息管理等方面而言,应用这些基本数据类型或数组进行数据处理是不够的。结构体是一种构造数据类型,是一种可以根据实际需要而自己定义的数据类型,其构成元素既可以是基本数据类型(如字符型char、基本整型 int、长整型 long、单精度浮点型 float、双精度浮点型 double 等)的变量,也可以是一些构造数据类型(如数组 array、结构体 struct、共用体 union 等)的数据单元。

8.1.1　结构体类型定义

结构体与整型等基本数据类型不同,它是一种由用户参与定义的构造数据类型,在使用这种类型定义变量之前,必须先定义这种数据类型。结构体类型定义的一般格式为

struct [结构体类型名]
{

```
    数据类型说明符 1    结构体成员名 1;
    数据类型说明符 2    结构体成员名 2;
        ⋮
    数据类型说明符 n    结构体成员名 n;
};
```

此处,struct 是定义结构体类型时必须使用的修饰符,［结构体类型名］加中括号表示可以省略,省略与不省略结构体类型名只是与定义这种结构体变量或指针变量时的书写位置有关系。各个结构体成员的数据类型可以是基本的数据类型,如 int、char 等,也可以是数组这种构造类型。结构体类型名和结构体成员名必须遵循 C 语言关于标识符的约定,即只能由数字、字母和下划线组成,首字母不能为数字且不能使用系统的关键字。

例如,学籍管理系统中学生的基本信息由学号、姓名、年龄、籍贯和 10 门课程成绩组成,定义学生信息的结构体类型如下:

```
struct students
{
    unsigned int id;
    char name[20];
    char age;
    char address[30];
    float score[10];
};
```

以上代码定义了一个名为 students 的结构体类型,它由 5 个成员组成,成员 id 的数据类型为无符号整型,成员 name、age 和 address 的数据类型为字符型,成员 score 的数据类型为单精度浮点型。

另外一种定义的格式为

typedef struct 结构体类型名
```
{
    数据类型说明符 1    结构体成员名 1;
    数据类型说明符 2    结构体成员名 2;
        ⋮
    数据类型说明符 n    结构体成员名 n;
}新结构体类型名;
```

这种方式与前面讲述的定义方式稍有不同,主要区别在于使用了 typedef 关键字,目的是为现有类型创建一个新的名字(并不创建新的类型,而仅仅为现有类型添加一个同义字),以便于记忆和理解。这种方式下,结构体类型名就不能再省略了,以后用于对定义结构体类型的变量、数组和指向结构体类型的指针时直接使用新结构体类型名即可,而不用再写上 struct 这个关键字。

在定义结构体类型时,成员的数据类型还可以是结构体这种类型,即结构体类型可以进行嵌套定义。如在学生信息结构体中增加一个用于记录学生出生年月日信息的成员,该成员由整型的年、月和日 3 个成员组成,可按照如下方式定义:

```
struct date
{
    unsigned int year;
    unsigned char month;
    unsigned char day;
};
struct students
{
    unsigned int id;
    char name[20];
    char age;
    struct date birthday;                    //出生日期是结构体类型
    float score[10];
    char address[30];
};
```

此处,首先定义了结构体类型 date,然后在学生结构体 students 中的出生日期成员就是用了 date 类型的结构体。

结构体类型的长度是各个成员的长度之和,如上面的 date 结构体类型,在 16 位计算机系统中,其长度为 $2 \times 1 + 1 \times 1 + 1 \times 1 = 4$ 字节,而 students 结构体类型的长度为 $1 \times 2 + 20 \times 1 + 1 \times 1 + 1 \times 4 + 10 \times 4 + 30 \times 1 = 97$ 字节。在 32 位计算机系统中,为了提高 CPU 的存储速度,Visual C++ 对一些变量的起始地址做了"对齐"处理。在默认情况下,Visual C++ 规定各成员变量存放的起始地址相对于结构的起始地址的偏移量必须为该变量的类型所占用的字节数的倍数,即:(1)结构体中成员变量的偏移量(相对于结构体起始位置)必须是该成员变量大小的整数倍;(2)结构体的总大小必须是所有成员变量大小的整数倍;(3)当结构体中有嵌套的结构体时,只需把嵌套的结构体展开。所以在 Visual C++ 6.0 环境下,结构体类型 date 中 int 是 4 字节,char 是 1 字节,所以要两个 char 型成员均向 int 型对齐,整体是 8 字节;而结构体类型 students 中基本类型长度最长的是 float 和 int,都是 4 字节,因此对齐后的长度为 4+20(数组长度正好是 4 的倍数)+4+8+40+32(数组长度 30 向上对齐为 32)=108 字节。也可以在程序中利用 sizeof 函数计算得出,例如:

```
printf("%d,%d\n",sizeof(date),sizeof(students));
```

8.1.2　结构体类型变量的定义

由于结构体本身就是自定义的数据类型,定义结构体类型之后再定义结构体变量的方法和定义普通变量的方法一样,但是结构体变量的定义方法比普通变量的定义方法更丰富,共有 3 种定义方法。

(1)首先定义结构体数据类型,然后在结构体类型定义位置之后定义该结构体类型的变量,格式如下:

struct 结构体类型名
{
　　数据类型说明符 1　结构体成员名 1;

```
    数据类型说明符 2    结构体成员名 2；
     ⋮
    数据类型说明符 n    结构体成员名 n；
};
……
struct 结构体类型名    变量名称表列；
```

例如：

```
struct students
{
    unsigned int id;
    char name[20];
    char age;
    float score[10];
    char address[30];
};
……
struct students stu1,stu2;
```

此处定义了 stu1 和 stu2 为结构体类型的变量，该定义语句可以写在结构体类型定义所在作用范围之后的位置，即在复合语句的内部或外部，在这种方式下，定义结构体类型时的类型名称绝对不能省略，否则会造成错误。

（2）在定义结构体类型的同时定义结构体变量，将结构体类型的定义和变量的定义放在一个定义语句中，格式如下：

```
struct 结构体类型名
{
    数据类型说明符 1    结构体成员名 1；
    数据类型说明符 2    结构体成员名 2；
     ⋮
    数据类型说明符 n    结构体成员名 n；
}变量名称表列；
```

例如：

```
struct students
{
    unsigned int id;
    char name[20];
    char age;
    float score[10];
    char address[30];
} stu1,stu2;
```

此处定义了 stu1 和 stu2 为结构体类型的变量，这种情况下也可定义结构体数组或指针。

（3）在第 2 种方式的基础上进行改进，省略结构体类型名称而直接定义结构体类型的变量，格式如下：

```
struct
{
    数据类型说明符 1   结构体成员名 1；
    数据类型说明符 2   结构体成员名 2；
        ⋮
    数据类型说明符 n   结构体成员名 n；
}变量名称表列；
```

对于这种方式，由于没有结构体类型名称，在程序的后续代码位置不能像第 1 种方式那样再定义结构体类型的变量、数组或指针，结构体变量、数组或指针必须写在大括号和分号之间。

关于结构体类型有以下几点说明：

（1）变量和类型是两个不同的概念，类型不占用存储空间，只有定义了该类型的变量，系统在编译时才为其分配存储空间，并为各个成员按照它们被声明的顺序在内存中顺序存储，第一个成员的地址和整个结构变量的地址相同。

（2）结构体变量中的成员名称可以与程序中的变量名称相同，其含义不同，引用方式也不同：对普通变量而言，可以直接使用变量的名称；而对于结构体变量，应引用其成员。

（3）数据类型相同的数据项，既可以逐个、逐行分别定义，也可合并成一行定义。例如：

```
struct students
{
    unsigned int id;
    char name[20],age,address[30];
    float score[10];
}stu;
```

8.1.3 结构体变量的初始化和成员引用

1. 整体赋值法

结构体类型的变量的初始化赋值方式与一维数组的初始化非常相似，若结构体类型变量中各成员均是基本数据类型，则可以采用下面的方法：

结构体变量={初值表}；

对于存在结构体类型嵌套的变量而言，由于其成员中存在结构体数据类型，因此对于该成员的初始化也需要写在一对大括号中，格式如下：

结构体变量={成员 1 初值,成员 2 初值,…{子成员 1,…},成员 n 初值}；

在 8.1.2 节中给出了定义结构体类型的变量的 3 种方式，相应地，为结构体类型的变量进行整体初始化的方式也有 3 种，初值的数据类型应与结构变量中相应成员的类型相一致，否则会出错。3 种初始化方式分别如下。

方式 1：

```
struct 结构体类型名
{
    数据类型说明符 1    结构体成员名 1；
    数据类型说明符 2    结构体成员名 2；
        ⋮
    数据类型说明符 n    结构体成员名 n；
};
......
struct 结构体类型名 变量名={初始值}；
```

方式 2：

```
struct 结构体类型名
{
    数据类型说明符 1    结构体成员名 1；
    数据类型说明符 2    结构体成员名 2；
        ⋮
    数据类型说明符 n    结构体成员名 n；
}变量名={初始值}；
```

方式 3：

```
struct
{
    数据类型说明符 1    结构体成员名 1；
    数据类型说明符 2    结构体成员名 2；
        ⋮
    数据类型说明符 n    结构体成员名 n；
}变量名={初始值}；
```

不存在结构体类型嵌套时，结构体类型变量的初始化如下：

```
struct students
{
    unsigned int id;
    char name[20];
    char age;
    char address[30];
} stu1={1,"张三",20,"中国青岛"};
struct students stu2={2,"李四",18,"北京"};
```

存在结构体类型嵌套时，如带有日期结构体的结构体类型变量的初始化如下：

```
struct students
{
    unsigned int id;
    char name[20];
    char age;
    struct date birthday;
```

```
        char address[30];
    } stu1={1,"张三",20,{1985,8,18},"中国青岛"};
    struct students stu2={2,"李四",18,{1987,9,5}, "北京"};
```

【例 8.1】 现有两个同学的信息由学号、姓名、年龄、生日和住址内容组成,建立结构体并输出每个同学的信息。

编程分析:根据学生信息的组成(学号、姓名、年龄、生日、住址等内容)建立日期结构体和学生信息结构体,并建立两个学生信息结构体变量,同时对结构体变量赋值初始化。最后在程序中输出每个学生的信息。

参考程序如下:

```
#include "stdio.h"
struct date                        //日期结构体
{
    unsigned int year;
    unsigned char month;
    unsigned char day;
};
struct students                    //学生信息结构体
{
    unsigned int id;               //学号
    char name[20];                 //姓名
    char age;                      //年龄
    struct date birthday;          //出生日期是结构体类型
    char address[30];              //住址
};
void main()
{
    struct students s1={1,"张三",20,{1985,8,18},"中国青岛"};
    struct students s2={2,"李四",18,{1987,9,5}, "北京"};
    printf("id  name age  birthday  address\n");
    printf("%2d,%s,%3d,%d-%d-%d,%s\n",s1.id,s1.name,s1.age,s1.birthday.year,s1.
        birthday.month,s1.birthday.day,s1.address);
    printf("%2d,%s,%3d,%d-%d-%d,%s\n",s2.id,s2.name,s2.age,s2.birthday.year,s2.
        birthday.month,s2.birthday.day,s2.address);
}
```

程序输出结果如下:

```
id  name age  birthday  address
1.张三, 20,1985-8-18,中国青岛
2.李四, 18,1987-9-5,北京
```

对于成员中属于整型、浮点型数组的结构体类型变量的整体初始化方式也要采用上面的第 2 种形式。例如:

```
struct students
{
```

```
      unsigned int id;
      char name[20];
      char age;
      struct date birthday;
      char address[30];
      float score[4];
} stu1={1,"张三",20,{1985,8,18},"中国青岛",{67,98,85,70}},stu2;
```

注意：程序中两个相同类型的结构体变量可以相互赋值，例如：

```
stu2=stu1;
```

2. 分量赋值法

在第5章介绍了对于数组个别元素可以采用"数组名称[下标]"的方式进行引用。与此类似，对于结构体变量成员的引用，是采用"结构体变量名称.成员名称"的方式，其中"."称为成员引用符，若该成员也是结构体类型，则继续利用成员引用符找到最深层的成员名称。

分量赋值法就是用程序语句为结构体类型变量的某些成员进行赋值，具体过程是：先书写要赋值的成员名称，然后利用赋值运算符或有关函数（对于字符数组应使用 strcpy 函数）进行赋值。例如：

```
st1.age=21;
st1.birthday.year=1985;
strcpy(st1.name,"zhangsan");
```

成员引用符用于访问结构中的成员，属于直接访问方式，它在所有的运算符中优先级最高。

注意：

（1）不能对一个结构体变量整体进行输入和输出，例如，为 stu1 变量进行赋值时，不能使用下面的方法：

```
scanf("%d,%s,%c,%s",&stu1);
printf("%d,%s,%c,%s",stu1);
```

而必须使用成员引用符逐个引用变量中的各个成员，例如：

```
scanf("%d,%s,%s",&stu1.id,stu1.name,stu1.address);
```

（2）结构体变量的成员中存在结构体类型时，需要逐级深入，找到最底层的成员，然后进行引用，例如：

```
stu1.birthday.year=1985;
```

（3）结构体变量的地址与该变量的第一个成员的地址相同，例如：

```
printf("%p",&stu1);
printf("%p",&stu1.id);
```

（4）对于结构体变量的成员可以像普通变量一样进行各种运算：

```
stu1.id++;
sum=stu1.score[0]+stu1.score[1]+…+stu1.score[n];
```

8.2 结构体数组

8.2.1 结构体数组的定义

数组是一组相同数据类型的数据的集合,结构体变量中可以存放一组不同数据类型的数据或相同数据类型的数据(引用更加清晰直观),如果要存储和处理的数据比较多,如对某个班级同学的信息按照姓名进行排序等,应该使用结构体类型的数组进行存储和运算。结构体类型的数组与普通类型数组的不同之处在于两者存储数据的类型不同,前者是构造类型,后者是基本数据类型。

对于结构体数组的定义,完全可以参照结构体类型变量的定义方法,因此,结构体数组的定义也有 3 种不同形式。例如:

struct 结构体类型名
{
   数据类型说明符 1 结构体成员名 1;
   数据类型说明符 2 结构体成员名 2;
    ⋮
   数据类型说明符 *n* 结构体成员名 *n*;
};
……
struct 结构体类型名 数组名 [常量表达式];

此处的结构体类型的数组名称必须遵循 C 语言关于标识符的约定,数组元素的个数是一个常量表达式,且数值大于 0。参照上述定义方法及多维数组的定义方法,也可以定义二维甚至多维的结构体数组。

结构体数组的定义实例如下:

```
struct students
{
    unsigned int id;
    char name[20];
    char age;
    float score[10];
    char address[30];
}stu[40];                                    //或:struct students stu[40];
```

以上代码定义了由 40 个元素组成的 students 结构体数组,每个元素均是 students 类型,即都包含 id、name、age、score 和 address 等成员信息。

省略结构体类型时结构体数组的定义如下:

```
struct
{
```

```
    unsigned int id;
    char name[20];
    char age;
    float score[10];
    char address[30];
}stu[40];
```

8.2.2 结构体数组的初始化

对普通二维数组进行定义并同时初始化时,有分行初始化和整体初始化两种方式,而结构体数组中每个元素是一个结构体,同结构体变量类似,其各成员的值可写在一对大括号中,因此一维结构体数组的初始化与普通二维数组的初始化类似,在定义时进行初始化的方式也有两种形式。

1. 分行初始化

分行初始化是将每个数组元素的初始化数值写在一对大括号中,然后整体放入一对大括号中。格式为

struct 结构体类型名 数组名**[**元素个数**]={{**元素 **1** 各成员值**}**,…,**{**元素 **n** 各成员值**}}**;

例如:

```
struct students
{
    unsigned int id;                    //学号
    char name[15];                      //姓名
    char age;                           //年龄
    float score[3];                     //三门功课成绩
    char address[20];                   //地址
}stu[2]={{1,"zhangsan",20,{65,72,90},"QingDao Road"},{2,"wanglin",18, {86,54,
        78},"Beijing Road"}};
```

或

```
 struct students stu [2] = {{1," zhangsan", 20, {65, 72, 90}," QingDao Road"}, {2,"
                        wanglin",18, {86,54,78},"Beijing Road"}};
```

此时,也可以把 3 门功课成绩的一对大括号省略,例如:

```
struct students
{
    unsigned int id;                    //学号
    char name[15];                      //姓名
    char age;                           //年龄
    float score[3];                     //三门功课成绩
    char address[20];                   //地址
}stu[2]={{1,"zhangsan",20,65,72,90,"QingDao Road"},{2,"wanglin", 18, 86,54,78,"
        Beijing Road"}};
```

或

```
struct students stu[2]={{1,"zhangsan",20,65,72,90,"QingDao Road"}, {2,"wanglin",
            18, 86,54,78,"Beijing Road"}};
```

2. 整体初始化

整体初始化是将所有数组元素的各成员取值按先后顺序存放到一对大括号中。格式为

struct 结构体类型名 数组名[元素个数]={元素 1 成员 1,元素 1 成员 2 , … ,元素 n 成员 m};

例如：

```
struct students
{
    unsigned int id;                        /*学号*/
    char name[15];                          /*姓名*/
    char age;                               /*年龄*/
    float score[3];                         /*三门功课成绩*/
    char address[20];                       /*地址*/
} stu[2] = {1,"zhangsan",20,65,72,90,"QingDao Road",2,"wanglin", 18, 86,54,78,"
        Beijing Road"};
```

或

```
struct students stu[2]={1,"zhangsan",20,65,72,90,"QingDao Road",2, "wanglin", 18,
            86,54,78,"Beijing Road"};
```

定义结构体数组并对其进行完全初始化时,可以不指定数组元素的个数。系统在编译过程中,自动根据赋值的个数确定数组元素的个数。例如：

```
struct students stu[ ]={1,"zhangsan",20,65,72,90,"QingDao Road",2, "wanglin", 18,
            86,54,78,"Beijing Road"};
```

【例 8.2】 对某班级同学的总成绩按升序排序。设每个同学的信息由学号、姓名、年龄、籍贯、3 门功课成绩和总成绩组成。

编程分析：对于结构体数组的排序方法,可以直接使用冒泡排序法和直接选择排序法原理,关键是在进行数据交换时的操作,可以对数组元素的各个成员进行数据交换,也可以借助于相同类型的结构体变量进行数据交换,注意是对数值还是字符串排序。

参考程序如下：

```
#include "stdio.h"
#define N 3
struct students
{
    unsigned int id;
    char name[10];
    char age;
    char address[10];
    float score[3];
```

```
        float tscore;
    }stu[N],tmp;
    void main()
    {
        int i,j,k;
        for(i=0;i<N;i++)                          //输入数值
        {
            scanf("%d,%s,%d,%s",&stu[i].id,stu[i].name,&stu[i].age,stu[i].address);
            scanf("%f,%f,%f",&stu[i].score[0],&stu[i].score[1],&stu[i].score[2]);
            stu[i].tscore=stu[i].score[0]+stu[i].score[1]+stu[i].score[2];…
                                                 //总成绩
        }
        //按照直接选择法对总成绩进行排序
        for(i=0;i<N-1;i++)
        {
        k=i;
        for(j=i+1;j<N;j++)
            if(stu[k].tscore>stu[j].tscore)
                k=j;
        if(k!=i)                                  //交换数组元素的数值
        {
            tmp=stu[i];   stu[i]=stu[k];     stu[k]=tmp;
        }
        }
        //输出排序后的结果
        printf(" id    name     age   address    score1 score2 score3 tscore\n");
        for(i=0;i<N;i++)
            printf("%3d%10s%3d%10s%7.1f%7.1f%7.1f%7.1f\n",stu[i].id,
            stu[i].name,stu[i].age,stu[i].address,stu[i].score[0],
            stu[i].score[1],stu[i].score[2],stu[i].tscore);
    }
```

输入以下数值：

1 zhangsan 20 qingdao 56 78 90

2 lisi 21 beijing 75 85 100

3 wangwu 23 shanghai 65 70 40

输出结果如下：

```
id    name    age  address   score1 score2 score3 tscore
3    wangwu  23  shanghai   65.0   70.0   40.0  175.0
1   zhangsan 20  qingdao    56.0   78.0   90.0  224.0
2     lisi   21  beijing    75.0   85.0  100.0  260.0
```

结构体数组和普通数组有以下几点区别：

（1）结构体数组的元素中可以包含相同的数据类型，也可以有不同的数据类型；而普通数组各元素的数据类型必须是完全相同的。

（2）结构体数组中各元素成员的访问要用"数组名称［下标］.成员名"的形式，对于存在结构体嵌套的还要逐级深入到最底层;而普通数组元素的访问用"数组名称[下标]"的形式。

（3）对于数组元素的交换,二者都可以使用相同类型的变量作为交换的中间媒介。

8.3   指向结构体的指针

在第 5 章介绍了对于变量数值的访问有直接法(利用变量名)和间接法(利用指向该变量的指针)两种形式。对于结构体这种自定义的构造数据类型而言,一旦定义某个变量,系统编译时就为其分配地址空间,该地址空间的首地址也就是结构体的第一个成员的内存地址,完全可以定义该类型的指针并指向结构体变量的地址或结构体数组元素的地址。

8.3.1   结构体指针变量的定义

指向结构体变量的指针的定义与结构体变量的定义方式类似,只是在变量名称的前面加 * 符号即可,因此也有 3 种定义方式:

方式 1:

```
struct 结构体类型名
{
    ……
};
struct 结构体类型名  * 指针变量名;
```

方式 2:

```
struct 结构体类型名
{
    ……
} * 指针变量名;
```

方式 3:

```
struct
{
    ……
} * 指针变量名;
```

此处定义了指向该种结构体类型的指针变量,该指针变量名应符合 C 语言标识符的约定。例如:

```
struct students
{
    unsigned int id;
    char name[20];
    char age;
    float score[10];
    char address[30];
} * p;                                //或:struct students * p;
```

8.3.2 结构体指针变量的赋值

结构体指针变量指向相同类型结构体变量的内存地址,因此对于指向结构体变量的指针的赋值必须是地址,可以使用 & 取地址运算符利用赋值语句来完成,格式为

结构体指针变量=&表达式;

此处的表达式可以是结构体变量名称,也可以是结构体数组元素。例如:

```
struct students
{
    unsigned int id;
    char name[20];
    char age;
    float score[10];
    char address[30];
}stu1,stu[5], * q;
q=&stu1;
struct students * p=&stu1;
struct students * h=&stu[3];
```

8.3.3 结构体指针变量成员的引用

通过指向结构体变量的指针引用结构体变量中成员的方法有以下两种形式:

(* 结构体指针变量名).成员名
结构体指针变量名->成员名

第一种是采用结构体成员运算符的访问形式,由于"."运算符的优先级高于间接访问运算符 * ,因此指针变量名两侧的一对小括号不能省略,否则将造成错误。

第二种是采用指向结构体成员运算符->的访问形式,->由 - 和>两个符号组成,这种引用方式中指针的指向关系很直观,应用更加广泛。

【例 8.3】 指向结构体变量的指针的应用。

```
#include "stdio.h"
struct students
{
    unsigned int id;
    char name[10];
    char age;
    char address[10];
    float score[3];
}stu={1,"zhangsan",20,"qingdao",56,78,90};
void main()
{
    struct students * p=&stu;
    printf(" id   name    age   address   score1 score2 score3\n");
```

```
printf("%3d%10s%3d%10s%7.1f%7.1f%7.1f\n",(*p).id,(*p).name,(*p).age,(*p).
address,(*p).score[0],(*p).score[1],(*p).score[2]);
printf("%3d%10s%3d%10s%7.1f%7.1f%7.1f\n",p->id,p->name,p->age, p->address,p
->score[0],p->score[1],p->score[2]);
}
```

程序运行时输出结果如下：

```
id   name    age  address   score1 score2 score3 tscore
 1  zhangsan 20   qingdao    56.0   78.0   90.0   0.0
 1  zhangsan 20   qingdao    56.0   78.0   90.0   0.0
```

8.3.4 指向结构体数组的指针

从前面的知识可以知道,数组名称是一个地址常量,完全可以定义指向数组元素数据类型的指针来指向该数组的首地址或某个元素的地址。结构体数组是数组的一种形式,因此,对于结构体数组或结构体数组元素也同样可以建立指向结构体数组或数组元素的指针变量,通过该变量来访问结构体数组的元素。

【例 8.4】 指向结构体数组的指针的应用。

```
#include "stdio.h"
#define N 3
struct students
{
    unsigned int id;
    char name[10];
    char age;
    char address[10];
    float score[3];
}stu[N]={{1,"zhangsan",20,"qingdao",56,78,90},{2,"lisi",21,"beijing",75,85,100},
        {3,"wangwu",23,"shanghai",65,70,40}};
void main()
{
    int i;
    float sum=0;
    struct students *p=stu;                      //定义指向结构体数组的指针
    printf(" id   name    age  address  score1 score2 score3 tscore\n");
    for(i=0;i<N;i++,p++)
    {
        sum=p->score[0]+p->score[1]+p->score[2];   //计算总成绩
        printf("%3d%10s%3d%10s%7.1f%7.1f%7.1f%7.1f\n",p->id,p->name, p->age,
        p->address,p->score[0],p->score[1],p->score[2],sum);
    }
}
```

程序运行结果如下：

```
id   name      age  address   score1  score2  score3  tscore
1    zhangsan  20   qingdao   56.0    78.0    90.0    224.0
2    lisi      21   beijing   75.0    85.0    100.0   260.0
3    wangwu    23   shanghai  65.0    70.0    40.0    175.0
```

程序中定义了指向结构体数组 stu 首地址的指针变量 p,每循环一次进行 p++,使其指向数组的下一个元素,实际上 p 指针跳过了 sizeof(struct students)个字节,即 40B。

注意以下两种用法的不同:

(++p)->id 是先使指针 p 自加 1,然后获取其指向的数组元素的 id 成员的值。

(p++)->id 是先获取其指向的数组元素的 id 成员的值,然后使指针 p 自加 1,即指向下一个数组元素的地址。

指针变量 p 指向的是数组元素的地址,而不是指向数组元素的某个成员的地址,所以 p=stu[1].address 的赋值方法是错误的。

通过前面的实例可知,在访问结构体成员方面,以下 3 种写法是完全等价的:

结构体变量.成员名

(*结构体指针).成员名

结构体指针->成员名

8.3.5 结构体指针数组

1. 结构体指针数组的定义

结构体指针数组是指数组的各个元素是指向结构体类型的指针变量,定义结构体指针数组的格式如下:

struct 结构体类型名 *结构体数组名[数组元素个数]

其中,"struct 结构体类型名"是结构体类型说明符,若在定义结构体类型时使用了 typedef 关键字,如"typedef struct 结构体类型名{……} 新结构体类型名;",此处就可以直接写成"新结构体类型名 *结构体数组名[数组元素个数]"。结构体数组名前的 * 表明此处定义的是指针类型,数组元素个数是整型常量,且其数字应大于 0。

2. 结构体指针数组元素的赋值

结构体指针数组中的各个元素均是指针类型,因此,在赋值时必须使用指向同种类型结构体变量的指针。例如:

```
struct students
{
    unsigned int id;
    char name[10];
    char age;
    char address[10];
    float score[3];
} * stu[5], stu1, stu2, stu3;
stu[0]=&stu1; stu[1]=&stu2; stu[2]=&stu3;   //为数组的前 3 个元素赋值
```

8.3.6 结构体变量和结构体指针作为函数的参数

在定义函数时,形参可以是基本数据类型的变量或指针,也可以是结构体类型的变量和指向结构体类型的指针变量,相应地,进行函数调用时主调函数向被调函数的参数传递也有 3 种形式。

在讲解参数传递形式之前,先定义一个图书信息的结构体类型和变量。

```
struct bookinfo
{
    long id;
    char name[15];
    char author[10];
    float price;
    char press[20];
}book={1001,"C Language","Liu",23.5,"qinghua"};
```

(1) 用结构体变量的某个成员作为函数调用的实参,此时,函数的形参用与该成员相同类型的变量。如要将结构体变量 book 中的各成员输出时,输出函数可定义如下:

```
void print(long id,char name[],char author[],float price,char press[])
{
    printf("id name author price press\n");
    printf("%5ld%15s%10s%6.1f%20s\n",id,name,author,price,press);
}
```

主调函数中可用如下语句进行函数调用:

```
#include "stdio.h"
void main()
{
    print(book.id,book.name,book.author,book.price,book.press);
}
```

(2) 用结构体变量作为函数的参数,形参必须是与实参相同类型的结构体变量,属于"值传递"方式,将结构体变量所占内存单元的内容按顺序传递给形参,程序运行期间,若在函数中修改了形参的数值将不会影响到实参。这种方式下,由于形参在函数调用过程中系统为其分配内存空间,若程序规模较大时应避免使用这种方式(可用地址传递方式)。例如,要输出上述 book 结构体的信息,可定义如下函数:

```
void print(struct bookinfo bk)
{
    printf("id name author price press\n");
    printf("%5ld%15s%10s%6.1f%20s\n",bk.id,bk.name,bk.author,bk.price,bk.
        press);
}
```

主调函数中可用如下语句进行函数调用:

```
#include "stdio.h"
void main()
{
```

```
        print(book);
}
```

（3）用指向结构体变量或数组的指针变量作为函数的参数，属于地址传递方式，程序运行期间，若在函数中修改了形参的数值将会影响到实参。例如，要输出上述 book 结构体的信息，可定义如下函数：

```
void print(struct bookinfo * p)
{
    printf("id name author price press\n");
    printf("%5ld%15s%10s%6.1f%20s\n",p->id,p->name,p->author,p->price,p->
        press);
}
```

主调函数中可用如下语句进行函数调用：

```
#include "stdio.h"
void main()
{
  print(&book);
}
```

以上程序代码均输出如下内容：

```
id              name        author price        press
1001        C Language      Liu  23.5           qinghua
```

【例 8.5】 现有多名同学的学号、姓名以及 3 门功课的成绩，要求利用结构体数组、指向结构体数组的指针及函数调用方式按每个学生的总成绩排序，并输出排序结果。

编程分析：将学生的学号、姓名、3 门功课成绩以及总成绩定义为一个结构体，利用数组存储多名同学的相关数据，编写不同函数实现数据的输入、排序和输出等功能。

（1）编写 inputdata 函数，以结构体数组作为参数，实现数据录入。

（2）编写 sort 函数，以指向结构体数组的指针作为参数，实现排序。

（3）编写 printdata 函数，以指向结构体数组的指针作为参数，实现输出操作。

参考程序如下：

```
#include "stdio.h"
#define N 4
struct student
{
    unsigned int id;                    //学号
    char name[15];                      //姓名
    float score[3];                     //3门功课成绩
    float tscore;                       //总成绩
}stu[N],* p=stu;                        //定义结构体数组和指针变量
```

/＊数据输入函数 inputdata，st 是结构体数组名称，采用了地址传递方式，输入数据后存入全局数
    组 stu 中，便于后面排序和输出。输入时采用了控制格式"%u%s%f%f%f"，因此输入数据间可用

空格或回车键隔开。若希望采用逗号","进行数据分隔时,应把字符串输入的"%s"单独拿出来作为一句,即写为如下两句:

```
scanf("%u,%f,%f,%f",&st[i].id,&st[i].score[0],&st[i].score[1],&st[i].score
[2]);
scanf("%s ",st[i].name); * /
void inputdata(struct student st[])
{
    for(int i=0;i<N;i++)
    {
        printf("input information of No.%d student:\n",i+1);          //提示输入
        //输入数据时非字符数组的成员要加 & 符号
        scanf("%u%s%f%f%f",&st[i].id,st[i].name,&st[i].score[0],&st[i].score[1],
        &st[i].score[2]);
        st[i].tscore=st[i].score[0]+st[i].score[1]+st[i].score[2];
        //计算成绩之和
    }
}


//排序函数,p是指向结构体数组首地址的指针
void sort(struct student * p)
{
    int i,j;
    struct student st;                                    //定义中间变量
    for(i=0;i<N-1;i++)                                     //使用冒泡排序
        for(j=0;j<N-1-i;j++)
            if(p[j].tscore>p[j+1].tscore)
            {
                st=p[j]; p[j]=p[j+1]; p[j+1]=st;   //交换数据
            }
}


//数据输出函数,p是指向结构体数组首地址的指针
void printdata(struct student * p)
{
    struct student * q=p;
    printf(" id        name   score1 score2 score3 tscore\n");
    while(q<p+N)                                          //p 和 q 均指向同一个结构体数组
    {
        printf("%3d%15s%7.0f%7.0f%7.0f%7.0f\n",q->id,q->name,q->score[0],q->
            score[1],q->score[2],q->tscore);
        q++;
    }
}
```

/ * main 主函数,因 inputdata、sort 和 printdata 的定义均在 main 之前完成,所以在 main 函数

中不需要再对上述 3 个函数进行函数声明。＊/

```
void main()
{
    inputdata(stu);                         //调用输入函数
    sort(p);                                //调用排序函数
    printdata(p);                           //调用数据输出函数
}
```

程序运行后的输入内容和输出结果如下：

```
input information of No.1 student:
1 zhangsan 87 80 92
input information of No.2 student:
2 litian 95 87 79
input information of No.3 student:
3 wangwu 67 89 96
input information of No.4 student:
4 zhaosi 94 93 67
id        name      score1  score2  score3  tscore
3         wangwu    67      89      96      252
4         zhaosi    94      93      67      254
1         zhangsan  87      80      92      259
2         litian    95      87      79      261
```

8.4　链表的基本操作

数组是同一种数据类型的集合，数组概念的引入，为 C 语言程序设计带来了很大的灵活性。应用数组之前必须先明确定义数组元素的个数，便于系统为其分配存储空间。由于数组元素在内存中存储在一段连续的地址空间中，因此对于大量数据的存储有可能引起空间分配不足，也可能由于空间分配太多而导致浪费。例如：

```
char name[2][10]={"hello", "world"};
```

由于每个数组元素均由 6 个字符构成，而定义的二维数组共有 20B，所以浪费了 $20-2\times6=8B$。链表是一种常见的数据结构，是线性表的一种形式，它是动态地进行存储分配的一种结构，通过指针的指向而将有关数据关联起来，可以很好地解决空间浪费问题。

链表有单链表、双链表和循环链表之分，简言之，单链表就是在链表的节点结构中只存在一个指针，由该指针指向后续的节点。双链表就是在链表的节点结构中存在两个指针，分别指向该节点的前一个节点和后一个节点。单链表和双链表都属于两端开口的形式，而循环链表则是一种封闭的形式，即最后面的一个节点通过指针与最前面的节点连接，构成了一个环路。由于双链表和循环链表的操作较为复杂，本书不作介绍，有兴趣的读者可以参考与数据结构有关的书籍。

8.4.1　单链表

链表是用一组任意的存储单元来存放线性表的节点，这组内存单元既可以是连续的，也可以是不连续的（但一个节点的存储地址是连续的），因此，链表中节点的逻辑次序和物理次序不一定相同。如图 8-1 所示，A 和 B 在逻辑上连续，但在物理上 A 在后（3200B）而 B 在前（1000B）。

在链表结构中存在一个指向链表头节点的指针变量，如图中的 head，它存放一个地址，

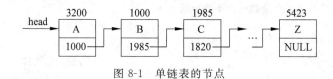

图 8-1　单链表的节点

该地址指向一个元素,链表中每个元素称为节点。为了能正确表示节点之间的逻辑关系,在存储每个节点数据的同时,还必须明确指示下一个节点的存储位置,该位置即指针,最简单的单链表中每个节点可以看成由数据域和指针域两部分内容组成,如下:

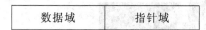

数据域中存放该节点的数值(可由多个数据成员构成),而指针域中存放下一个节点的内存地址,链表正是由节点的指针域顺序将各节点连接在一起,最后一个节点的指针域赋空值 NULL,用于链表结尾的判断标志。在单链表中只注重各节点的逻辑连接顺序,并不关心各节点在内存的存储位置,因此通常用箭头表示指针域的指向。

由于链表的节点中既要存储数据部分,也要存储指向自身类型的指针,因此是一种由不同数据类型组合而成的自定义结构,本章中介绍的结构体恰好可以用于此处。单链表节点的定义形式如下:

struct node
{
　　　数据域成员数据类型　　数据域成员名;
　　　struct node *　指向下一个节点的指针;
}变量表列;

例如,定义学生信息的一个简单结构体如下:

```
struct students
{
    int id;
    char name[20];
    struct students * next;
}p;
```

该结构体中,id 和 name 构成了节点的数据域,而 next 则构成了该节点的指针域,该节点的内容存储在一段具体的连续内存空间中,只不过在 next 成员部分保存了指向下一个相同类型的结构体变量的地址。

8.4.2　内存操作函数

在链表操作中是动态分配内存地址的,即在创建新节点时才分配一个节点的存储空间,对于不再使用的一些节点所占用的内存空间,还要及时地进行释放,以便这部分内存空间能被其他变量所使用,在 C 语言中提供了如下有关函数。

(1) malloc 函数。

函数原型: void * malloc(unsigned size);

说明：该函数的原型在 stdlib. h 和 alloc. h 头文件中。

功能：在内存中分配大小为 size 字节的连续存储空间,如果函数执行成功,返回一个 void 类型的指针,否则,返回 NULL 数值。

在链表中通常用指针指向一个节点的内存地址,由于该指针与 malloc 函数返回的指针类型不同,所以在使用时需要进行强制类型转换,例如：

```
struct students * p;
p=(struct students * )malloc(sizeof(struct students));
```

（2）calloc 函数。

函数原型：void * calloc(unsigned num,unsigned size);

说明：该函数的原型在 stdlib. h 和 alloc. h 头文件中。

功能：在内存中连续分配 num 个长度为 size 字节的存储空间,如果函数执行成功,返回一个 void 类型的指针,否则,返回 NULL 数值。

由于该函数的返回值类型是 void 类型,因此在使用时也要进行强制类型转换,例如：

```
struct students * p;
p=(struct students * )calloc(10,sizeof(struct students));
```

（3）free 函数。

函数原型：void free(void * ptr);

说明：该函数的原型在 stdlib. h 头文件中。

功能：释放有 ptr 所指向的内存,以便这些内存可以被其他变量所使用。例如：

```
free(p);
```

8.4.3　单链表的基本操作

为便于对有关操作进行讲解,现以一个简单通讯录管理的内容作为实例,定义如下结构体：

```
typedef struct comlist
{
    char name[10];                          //姓名
    int age;                                //年龄
    char email[15];                         //邮箱
    char phone[12];                         //电话
    char address[15];                       //地址
    struct comlist * next;
}comlist;
comlist * head;                             //定义头指针
#define FORMAT "%11s%3d%16s%13s%16s\n"      //定义格式控制串
```

1. 建立空链表

在链表中存在一个头节点,也就是指向目标链表首个节点的一个指针,在建立链表之前应该先定义这个指针并为其赋值。初次建立链表时内容为空,不存在任何节点,因此,直接为该指针赋空值即可。如上面定义的 head 指针：

```
comlist * create()
{
    comlist * p=NULL;
    return(p);
}
```

此处 NULL 代表 0，表示"空地址"，在初始化链表和链表的最后节点中经常会用到，函数返回空指针（表示当前链表为空）。

2. 添加节点

对链表按顺序添加新的节点时，根据该节点与头指针之间的位置关系，一般有头插法和尾插法两种形式。

（1）头插法。头插法是将数据存放到一个新节点的数据域中，然后将该节点连接到当前链表的头上（取代原有的链表头节点）。原理如图 8-2 所示。

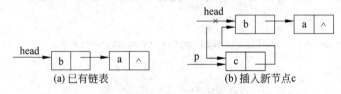

(a) 已有链表   (b) 插入新节点c

图 8-2　头插法原理

```
//头插法建链表
comlist * addbefore(comlist * h,char * na,int age,char * em,char * ph,char * ad)
{
    comlist * p;
    p= (comlist * )malloc(sizeof(comlist));          //分配空间
    strcpy(p->name,na);                              //向节点数据域写入姓名
    p->age=age;                                      //向节点数据域写入年龄
    strcpy(p->email,em);                             //向节点数据域写入邮箱
    strcpy(p->phone,ph);                             //向节点数据域写入电话
    strcpy(p->address,ad);                           //向节点数据域写入地址
    if(h==NULL)                                      //空链表时 h 为空
        p->next=NULL;
    else
        p->next=h;                                   //新节点的指针域指向原链表的表头
    return(p);
}
```

其中，h 是指向链表头节点的指针，其他参数为要插入节点的数据域的内容，函数执行完成后返回指向链表头节点的指针。

调用该函数后，将在原链表中按头插法方式加入新的节点，同时修改了头指针的指向（p 指针的指向）。在添加新节点时，需要用 malloc 函数分配一个新的节点，节点内存空间的大小用 sizeof 函数计算得出,如果能人工计算得出,也可以写成具体数值。

(2)尾插法。头插法操作比较简单,但是新插入的节点与链表中各节点的位置次序相反。尾插法是将数据存放到一个新节点的数据域中,然后修改当前链表中最后一个节点的指针域的指向,令其指向新建的节点,最后修改该节点的指针域并令其为空(取代原有的链表尾节点)。若当前链表为空,则直接添加到最后,否则,需要从链表头开始遍历整个链表以找到最后一个节点。原理如图 8-3 所示。

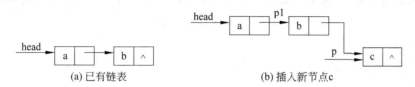

图 8-3　尾插法原理

```
//尾插法建链表
comlist * addlast(comlist * h,char * na,int age,char * em,char * ph,char * ad)
{
    comlist * p, * p1=h;                    //保存 h 指针的数值
    p=(comlist *)malloc(sizeof(comlist));   //开辟内存空间
    strcpy(p->name,na);
    p->age=age;
    strcpy(p->email,em);
    strcpy(p->phone,ph);
    strcpy(p->address,ad);
    p->next=NULL;
    if(p1==NULL)                            //空链表,修改 h 的指向
        p1=h=p;
    else                                    //非空链表,需要遍历找到最后一个节点
    {
        while(p1->next!=NULL)               //遍历链表
        p1=p1->next;
        p1->next=p;                         //将新节点添加到链表结尾
    }
    return(h);
}
```

其中,h 是指向链表头节点的指针,其他参数为要插入节点的数据域的内容,函数执行完成后返回指向链表头节点的指针。

在 main 函数中输入下列 4 个语句。

```
head=addlast(head,"zhangsan",18,"zh@126.com","1305612345","qingdao");
head=addlast(head,"lisi",20,"li@1636.com","5320065423","beijing");
head=addlast(head,"wangwu",32,"wang@tom.com","112345678","shanghai");
head=addlast(head,"zhaoliu",23,"liu@sohu.com","98765432","tianjin");
```

程序执行结果如下,从中可以看出输出的顺序与输入顺序相同。

```
name     age     email          phone        address
zhangsan 18      zh@126.com     1305612345   qingdao
    lisi 20      li@1636.com    5320065423   beijing
  wangwu 32      wang@tom.com   112345678    shanghai
 zhaoliu 23      liu@sohu.com   98765432     tianjin
```

3. 显示链表

对于链表的输出,应从头节点开始,依次遍历链表的每个节点,直到链表结尾(NULL指针)。

```c
//显示链表
void print(comlist * h)
{
    comlist * p=h;
    printf("   name    age      email    phone   address\n");
    if(p==NULL)
        return;
    while(p!=NULL)                              //非空指针
    {
        printf(FORMAT,p->name,p->age,p->email,p->phone,p->address);
        p=p->next;                              //指向下一个节点
    }
}
```

其中,h 是指向链表头节点的指针,函数无返回值。

4. 查找节点

在链表的查找操作中,一般有按照序号和按照某个成员数值进行查找两种形式。

(1)按序号查找。由于链表中各节点在内存中并不一定是在连续空间中按顺序存放的,因此不能使用由头节点跳转若干字节的方式来操作,必须采用从头节点开始逐个节点遍历的方式,并在遍历过程中记录已经遍历的节点个数,直到遍历个数符合要求为止。

```c
//在链表 h 中顺序查找第 n 个节点,并返回指向该节点的指针
comlist * findbynum(comlist * h,int n)
{
    comlist * p=h;
    int i=0;
    if(p==NULL || n<=0)return(NULL);
    while(p!=NULL)
    {
        i++;
        if(i==n)return(p);                      //找到就返回
            p=p->next;
    }
    if(n>i)                                     //节点总个数少于输入个数,未找到
    return(NULL);
}
```

其中,h 是指向链表头节点的指针,n 是要查找的节点序号。函数执行完成后返回指向第 n 个节点的指针,若没有找到则返回空值。

（2）按值查找。按值查找是自链表的头节点开始,依次判断节点数据域的某项数值与给定值是否相同,若找到则返回指向第一个符合要求的节点的指针,若找不到,则返回 NULL。下列程序代码用于按姓名方式进行查找：

```
//按照姓名进行查找
comlist * findbyname(comlist * h, char * name)
{
    comlist * p=h;
    if(p==NULL)return(NULL);
    while(p!=NULL)
    {
        if(strcmp(p->name, name)==0)
            return(p);                        //找到就返回
        p=p->next;
    }
    //若未找到,则肯定为 NULL 数值
    return(NULL);
}
```

其中,h 是指向链表头节点的指针,name 是要查找的姓名内容。函数执行完成后返回指向与输入姓名内容相同的第一个节点的指针,若没有找到则返回空值。

5. 插入节点

在链表中假设存在一个指针 p 指向其中的某个节点,指针 s 指向一个待插入的节点,若要将新节点插入到 p 指向的节点之后,则称为"后插";若要插入到 p 指向的节点之前,则称为"前插"。

（1）后插法。后插法操作比较简单,操作过程是：先找到要插入节点的位置,然后创建新节点,修改插入位置的指针的指向,使新节点连入已有链表中。若链表中已有 a、b 两个节点,现在 a 节点之后插入 c 节点,原理如图 8-4 所示。

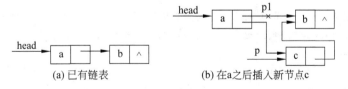

(a) 已有链表   (b) 在a之后插入新节点c

图 8-4 后插法原理

```
//后插法向链表中插入新节点,插入节点位置必须存在
void insertlast(comlist * p1,char * na,int age,char * em,char * ph,char * ad)
{
    comlist * p;
    p=(comlist * )malloc(sizeof(comlist));
    strcpy(p->name,na);
    p->age=age;
```

```
        strcpy(p->email,em);
        strcpy(p->phone,ph);
        strcpy(p->address,ad);
        p->next=p1->next ;
        p1->next=p;
    }
```

其中,p1 是指向插入位置节点的指针,其他参数为要插入节点的数据域的内容。函数无返回值。

若在前面操作的基础上,要在姓名为 lisi 的节点之后插入姓名为 wanglin 的节点,输入下面两句并执行:

```
p=findbyname(head,"lisi");
insertlast(p,"wanglin",22,"wlin@sohu.com","2345234","jinan");
```

程序输出结果如下:

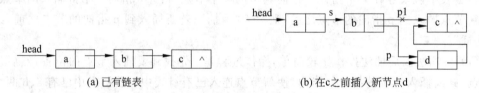

(2) 前插法。前插的操作过程也是需要先找到要插入节点的位置,因为是在该位置之前插入新节点,因此需要修改其前面节点的指针域,由于单链表中不存在指向前面节点的指针,所以在查找的过程中还要记录前面节点的指针。图 8-5 的原理中显示了在 c 节点之前插入新节点 d,找到插入节点位置的指针 p1 以及前趋节点的指针 s,修改 p1 指针的指向将新节点加入到链表中。

```
                                        head ┌──┬──┐ s    ┌──┬──┐  p1  ┌──┬──┐
                                        ─────▶│ a│  ├────▶│ b│  ├──╳──▶│ c│ ∧│
                                              └──┴──┘     └──┴──┘  │   └──┴──┘
                                                                   │     ▲
     head ┌──┬──┐   ┌──┬──┐   ┌──┬──┐                         p ┌──┴──┐  │
     ─────▶│ a│  ├──▶│ b│  ├──▶│ c│ ∧│                          ─│ d│  ├──┘
           └──┴──┘   └──┴──┘   └──┴──┘                           └──┴──┘
           (a) 已有链表                            (b) 在c之前插入新节点d
```

图 8-5　前插法原理

```
//前插法向链表中插入新节点,插入节点位置必须存在
comlist * insertbefore(comlist * h,comlist * p1,char * na,int age,char * em, char
* ph,char * ad)
{
    comlist * p, * s=h;
    p=(comlist * )malloc(sizeof(comlist));
    strcpy(p->name,na);
    p->age=age;
    strcpy(p->email,em);
    strcpy(p->phone,ph);
    strcpy(p->address,ad);
    //查找指向前趋节点的指针
    while(s!=NULL)
```

```
    {
        if(s->next==p1)break;              //找到指向前趋节点的指针
        s=s->next;
    }
    if(s==NULL)                            //一直未找到其前趋节点,断定 p1 是头节点
    {
        p->next=p1;
        h=p;
    }
    else                                   //在第一个节点之后最后一个节点之前的返回
    {
        p->next=p1;
        s->next=p;
    }
    return(h);
}
```

其中,h 是指向链表头节点的指针,p1 是指向插入位置节点的指针,其他参数为要插入节点的数据域的内容。函数执行完成后返回指向链表头节点的指针。

若在前面操作的基础上,要在姓名为 lisi 的节点之前插入姓名为 liufei 的节点,输入下面两句并执行:

```
p=findbyname(head,"lisi");
head=insertbefore(head,p,"liufei",22,"lf@tom.com","255679","hebei");
```

程序输出结果如下:

```
name     age       email        phone       address
zhangsan 18      zh@126.com    1305612345      qingdao
liufei   22      lf@tom.com      255679         hebei
lisi     20      li@1636.com   5320065423     beijing
wanglin  22      wlin@sohu.com    2345234        jinan
wangwu   32      wang@tom.com   112345678      shanghai
zhaoliu  23      liu@sohu.com    98765432       tianjin
```

6. 删除节点

在链表中要删除某个节点,必须要知道该节点的位置,也就是指向该节点的指针,以及指向前趋节点的指针。在删除过程中需要判断要删除的节点是头节点、尾节点还是中间节点,如果是中间节点则直接将该节点两侧的节点通过指针域连接起来即可;若是头节点,则需要修改头指针的指向;若是尾节点,则要修改前趋节点的指针域为空。删除的过程不是真正将某个节点从内存中删除,而是通过修改指针域的指向使该节点从链表中游离出来,并释放该节点占用的内存空间,以便其他变量或程序能使用该地址空间。图 8-6 是删除 b 节点的原理图。

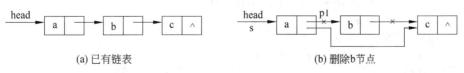

(a) 已有链表   (b) 删除b节点

图 8-6　删除原理

```
//删除节点,删除前先使用查找函数找到待删除的节点,然后再调用本函数
comlist * delnode(comlist * h,comlist * p1)
{
    comlist * s=h;
    //查找指向前趋节点的指针
    while(s!=NULL)
    {
        if(s->next==p1)break;              //找到指向前趋节点的指针
        s=s->next;
    }
    if(s==NULL)                           //一直未找到其前趋节点,断定 p1 是头节点
        h=p1->next;
    else                                  //在第一个节点之后最后一个节点之前的返回
        s->next=p1->next;
    free(p1);                             //释放 p1 所指向的内存空间
    return(h);
}
```

其中,h 是指向链表头节点的指针,p1 是指向要删除节点的指针。函数执行完成后返回指向链表头节点的指针。

7. 节点排序

对于排序的方法,主要有冒泡排序、直接选择排序等多种形式,关键是确定内外循环的循环次数以及要交换的数据,由于链表的节点中除了存放数据内容外,还要包含指向下一个节点的指针,因此在交换中不能直接使用两个结构体变量赋值的方式,而要使用中间变量,为两个需要交换数据域各成员内容的节点进行数据交换。以下是按姓名方式对链表的各节点进行升序排序:

```
//按姓名方式进行节点排序
comlist * sortbyname(comlist * h)
{
    void exchangenode(comlist * p,comlist * p1);
    comlist * p1=h,* p2,* p;
    while(p1->next!=NULL)
    {
        p=p1;
        p2=p1->next;
        while(p2!=NULL)
        {
            if(strcmp(p->name,p2->name)>0)
                p=p2;
            p2=p2->next;
        }
        if(p!=p1)
        {
            exchangenode(p,p1);
```

```
        }
        p1=p1->next;
    }
    return(h);
}
```

其中,h是指向链表头节点的指针。函数执行完成后返回指向链表头节点的指针。其中exchangenode 函数用于交换两个节点指针域的内容,可根据需要进行修改,该函数内容如下:

```
//节点内容交换函数
void exchangenode(comlist * p,comlist * p1)
{
    char cdata[50];
    int age;
    strcpy(cdata,p1->name);
    strcpy(p1->name,p->name);
    strcpy(p->name,cdata);
    age=p1->age;
    p1->age=p->age;
    p->age=age;
    strcpy(cdata,p1->email);
    strcpy(p1->email,p->email);
    strcpy(p->email,cdata);
    strcpy(cdata,p1->phone);
    strcpy(p1->phone,p->phone);
    strcpy(p->phone,cdata);
    strcpy(cdata,p1->address);
    strcpy(p1->address,p->address);
    strcpy(p->address,cdata);
}
```

以上结合实例对链表的基本操作进行了详细讲解,并给出了建立链表、插入节点、排序、查找、删除及输出列表等操作的程序代码,在进行链表程序设计时完全可以参照上述程序代码,根据需要调整和修改程序中结构体的成员名称并增删有关语句即可。

【例 8.6】 将本节对链表操作的相关程序代码组合起来,建立一个简单的通信录程序。

编程分析:一个简单的通信录中每个联系人信息包括姓名、年龄、邮箱、电话和通信地址等,可建立结构体进行数据操作,而对于联系人较多的情况,采用链表进行数据的存储可合理使用内存空间等,所以在结构体中加入一个指向下一个节点类型的指针成员,构成单链表的形式。

对于链表的建立、节点的插入、节点排序和输出等,本节中已写成了函数形式,所以此处复制过来,添加合理的函数声明即可使用。若要用于其他程序,也可以采用本程序的框架,修改结构体的定义、函数中形参的结构体类型名称以及函数中访问结构体成员的名称即可。

为便于用户根据需要调用相关函数,本例在 main 函数中采用循环显示菜单的方式,用户只需输入各函数的代码,即可调用和执行有关函数。

参考程序如下:

```c
#include "stdio.h"
#include "malloc.h"
#include "string.h"

//结构体类型及变量的定义
typedef struct comlist
{
    char name[10];                  //姓名
    int age;                        //年龄
    char email[15];                 //邮箱
    char phone[12];                 //电话
    char address[15];               //地址
    struct comlist * next;
}comlist;
comlist * head;                     //定义头指针
#define FORMAT "%11s%3d%16s%13s%16s\n"   //定义格式控制串
//定义创建链表头节点的函数
comlist * create()
{
    comlist * p=NULL;
    return(p);
}
//头插法建链表
comlist * addbefore(comlist * h,char * na,int age,char * em,char * ph,char * ad)
{
    ......
}
//尾插法建链表
comlist * addlast(comlist * h,char * na,int age,char * em,char * ph,char * ad)
{
    ......
}
//显示链表
void print(comlist * h)
{
    ......
}
//在链表 h 中顺序查找第 n 个节点,并返回指向该节点的指针
comlist * findbynum(comlist * h,int n)
{
    ......
}
```

```
//按照姓名进行查找
comlist * findbyname(comlist * h, char * name)
{
    ……
}
//后插法向链表中插入新节点,插入节点位置必须存在
void insertlast(comlist * p1,char * na,int age,char * em,char * ph,char * ad)
{
    ……
}
//前插法向链表中插入新节点,插入节点位置必须存在
comlist * insertbefore(comlist * h,comlist * p1,char * na,int age,char * em,char *
  ph,char * ad)
{
    ……
}
//删除节点,删除前先使用查找函数找到待删除的节点,然后再调用本函数
comlist * delnode(comlist * h,comlist * p1)
{
    ……
}
//按姓名方式进行节点排序
comlist * sortbyname(comlist * h)
{
    void exchangenode(comlist * p,comlist * p1);
    ……
}
//节点内容交换函数
void exchangenode(comlist * p,comlist * p1)
{
    ……
}


void main()
{
    comlist * q=(comlist * )malloc(sizeof(comlist));
    char name[10],email[15],phone[12],address[15];
    int age,mnuid;
MENU:
    printf("--------------------------------------------- \n");
    printf("|          简单通信录管理 V1.0                |\n");
    printf("| 1.  建立通信录空链表                         |\n");
    printf("| 2.  头插法新建联系人                         |\n");
    printf("| 3.  输出已有联系人信息                       |\n");
    printf("| 4.  按姓名对联系人排序                       |\n");
```

```
            printf("| 5.    按姓名查找联系人                                |\n");
            printf("| 6.    按姓名删除联系人                                |\n");
            printf("| 7.    退出通信录管理                                  |\n");
            printf("---------------------------------------------\n");
            scanf("%d",&mnuid);
            if(mnuid<1 || mnuid>7)
            {
                printf("输入菜单编号错误,重新输入\n");
                goto MENU;
            }
            switch(mnuid)
            {
            case 1:                                 //建立通信录空链表
                head=create();
                goto MENU;
            case 2:                                 //头插法新建联系人
                printf("输入联系人姓名、年龄、邮箱、电话和地址信息:\n");
                scanf("%s%d%s%s%s",name,&age,email,phone,address);
                head=addbefore(head,name,age,email,phone,address);
                goto MENU;
            case 3:                                 //输出已有联系人信息
                print(head);
                goto MENU;
            case 4:                                 //按姓名对联系人排序
                head=sortbyname(head);
                print(head);
                goto MENU;
            case 5:                                 //按姓名查找联系人
                printf("输入待查找的联系人姓名:");
                gets(name);
                q=findbyname(head,name);
                print(q);
            case 6:                                 //按姓名删除联系人
                printf("输入待删除的联系人姓名:");
                gets(name);
                q=findbyname(head,name);
                head=delnode(head,q);
                print(head);
            case 7:
                break;
            }
        }
```

程序运行后输入输出结果如下:

8.5 共用体的定义和引用

共用体（union）也是一种构造数据类型，是将不同的数据项组织成一个整体，它们在内存中占用同一段存储单元。形同结构体，只是实际占用存储空间为其最长的成员所占的存储空间。

8.5.1 共用体类型及变量的定义

共用体类型及变量的定义方法与结构体类型和变量的定义方法完全类似，也有有 3 种定义方法。

1. 共用体类型的定义

```
union [共用体类型名]
{
    数据类型说明符 1   共用体成员名 1;
    ⋮
    数据类型说明符 n   共用体成员名 n;
};
```

此处，union 是定义共用体类型的关键字，"[共用体类型名]"表示共用体类型名可以省略，共用体类型名应遵循 C 语言标识符的约定，共用体的各成员的数据类型可以是整型、字符型等基本数据类型，也可以是结构体等构造数据类型。

也可以采用如下的方式进行定义：

```
typedef union [共用体类型名]
{
    数据类型说明符 1   共用体成员名 1;
    ⋮
    数据类型说明符 n   共用体成员名 n;
};
```

例如,定义有如下共用体类型:

```
union data
{
    long lg;
    short high;
    short low;
    char ch
};
```

共用体类型名称为 data,由 4 个成员组成,该共用体类型的长度是所有成员中占用内存
字节数最多的成员的长度,从上述实例来看,共用体的长
度为 4,也可以用 sizeof(union data)由程序计算得出。
其表示形式如图 8-7 所示。

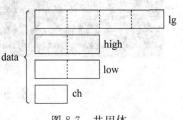

图 8-7　共用体

2. 共用体变量的定义

对于共用体变量的定义,可以先定义共用体类型,然
后再定义共用体变量;也可以在定义共用体类型的同时
定义共用体变量。格式如下:

union [共用体类型名]
{
　　数据类型说明符 1　共用体成员名 1;
　　　　⋮
　　数据类型说明符 n　共用体成员名 n;
}变量名表列;

当未省略共用体类型名时,可以按如下格式再定义新的共用体变量:

union 共用体类型名 新变量名表列;

例如,为前面定义的 data 共用体类型定义变量 a:

```
union data a;
```

省略共用体类型名称时,定义共用体变量或指向共用体类型的指针变量必须放在定义
后面的大括号和分号之间。例如:

```
union
{
    long lg;
    int high;
    int low;
    char ch;
}st, * p, x[5];
```

8.5.2　共用体变量的引用方法

只能引用共用体变量的成员,而不能引用整个共用体变量。例如,前面定义的共用体变

量 a,若要引用各成员,应写成如下的形式:

```
a.lg                                    //引用共用体变量的 lg 成员
a.high                                  //引用共用体变量的 high 成员
a.low                                   //引用共用体变量的 low 成员
a.ch                                    //引用共用体变量的 ch 成员
```

若一个共用体中存在结构体或共用体成员,对其构造类型成员的引用要由外向内逐级进行,即"共用体变量名.构造类型的成员.成员"格式。例如:

```
union longnum
{
    long n;
    struct
    {
        short high;
        short low;
    }lg;
}num;
```

若要引用成员 lg 的 high 成员,则要写成 num.lg.high。

不能引用整个共用体变量,例如:

```
printf("%ld", num);
```

由于共用体是多个成员共用同一段存储空间,在某个时刻只能有一个成员起作用,上述共用体类型中各成员长度不同,直接引用整个共用体变量,系统无法确定要引用的成员的数值,因而导致错误。

8.5.3 共用体变量的赋值

对于共用体类型变量的赋值方法,不能如普通变量或结构体变量一样在定义变量的同时进行初始化,而只能采用按成员进行单独赋值的方式,共用体变量在内存中存储的结果是最后一次进行赋值操作的成员的数值。例如:

```
num.n=1000;
num.lg.high=256;
```

则后一句执行赋值后,前一句的内容将被覆盖,因此共用体变量内存单元中的内容为 256,所以用 printf("%ld", num.n)只能得到 256。

```
#include "stdio.h"
union
{
    long lg;
    short high;
    short low;
    char ch;
```

```
}st, * p, x[5];
void main()
{
    st.lg=0x35363738;
    printf("%x  %x\n",st.high,st.low);
}
```

因共用体中 4 个成员共用相同存储空间(在最低字节位置对齐),最长成员 lg 的数值为十六进制的 0x35363738,最低 2 个字节值为 0x37 和 0x38,且待输出的 high 和 low 均为 short 类型,占据 2 字节长度,因此输出结果为:

```
3738   3738
```

8.5.4 共用体类型数据的特点

共用体类型的数据有以下一些特点。

(1)同一个内存空间可以用来存放几种不同类型的成员,但在某个时刻只能存放其中一个成员的数值。

(2)共用体变量中所占内存单元的内容是最后一次存入的成员的数值。

(3)共用体变量的地址和它的各成员的地址都相同,例如 &num、&num.n 和 &num.lg 都是同一个地址。

(4)不能在定义共用体变量时对它进行初始化,不能对共用体变量名赋值,也不能通过直接引用共用体变量名来得到一个结果,但两个相同类型的共用体变量可以相互赋值。例如:

```
void main()
{
    union longnum num,a;
    num.n=1000;
    a.lg.high=256;
    a=num;
    printf("%d\n",a.n);
}
```

共用体 longnum 的定义见 8.5.2 节,程序运行输出结果如下:

```
1000
```

(5)不能把共用体变量作为函数参数,也不能使函数返回共用体类型数值,但可以使用指向共用体变量的指针。

(6)共用体成员的数据类型可以是基本数据类型,也可以是数组、结构体或共用体等构造数据类型。

【例 8.7】 利用共用体来输出一个整数的十六进制数值。

分析:Visual C++ 6.0 中一个整型数占 4 字节,要实现一个整型数字的十六进制表示数值,则需要依次获得这 4 字节的值,然后将其输出为十六进制数字即可。为获取这 4 字节的数值,可定义由整型数和字节数组构成的共用体,通过为整型数赋值就可以获得这个字节数组的 4 个元素的内容。为保证输出结果正确,避免出现负值,定义的字符数组应为无符号型;此外,还要注意数据在内存的存储是低字节在前,高字节在后。

参考程序如下:

```
#include "stdio.h"
union number
{
    int n;
    unsigned char ch[4];
};
void main()
{
    union number m;
    scanf("%d",&m.n);
    printf("0X");
    for(int i=3;i>=0;i--)
        if(m.ch[i]>0)
            printf("%X",m.ch[i]);
    printf("\n");
}
```

程序运行时输入 123456,则结果如下:

```
123456
0X1E240
```

8.6 typedef 定义类型

在 C 语言中除了可以使用 int、char 等基本数据类型和自定义的结构体、共用体类型之外,还可以用 typedef 来声明新的类型名称来代替已有的类型名。

typedef 为 C 语言的关键字,其作用是为一种数据类型定义一个新名字。这里的数据类型包括内部数据类型(int、char 等)和自定义的数据类型(struct 等)。在编程中使用 typedef 的目的一般有两个,一个是给变量定义一个易记且意义明确的新名字,另一个是简化一些比较复杂的类型声明。

typedef 应用的一般形式为

typedef 已有类型名 新类型名

注意:虽然出现了一个新的名字,原有的数据类型名称依然有效。

8.6.1 用于对数据类型的命名

例如:

```
typedef int integer;
integer i,j;
```

上句中的声明定义了一个 int 的同义字,名字为 integer,可以在任何需要 int 的上下文中使用 integer;后一句定义了整型变量 i 和 j。

下面的语句是 typedef 用于结构体类型的定义中:

```
typedef struct students
{
    long id ;
    char name ;
};
```

上句声明了新的结构体类型名 students,用其定义结构体变量时就可以写成

```
students  stu1, * p;
```

也可以写为以下形式:

```
typedef struct students
{
    long id ;
    char name ;
} stus;
stus stu1, * p;
```

8.6.2　用于对数组和指针类型的命名

typedef 还可以用于对数组和指针类型的名称声明,例如:

```
typedef int NUM[10];            //声明 NUM 为整型数组类型
NUM  a;                         //定义 a 为整型数组,即 int a[10]
typedef char * STRING;          //声明 STRING 为字符指针类型
STRING  p,b[20];                //定义 p 为字符指针变量,b 为指针数组
```

【例 8.8】　练习使用 typedef。

```
#include "stdio.h"
typedef int NUM[10];
NUM a;
typedef char * STRING;
void main()
{
    STRING p="hello world";
    for(int i=0;i<10;i++)
    {
        a[i]=i * 3;
        printf("%d ", a[i]);
    }
    printf("\n%s\n",p);
}
```

程序运行结果如下：

```
0 3 6 9 12 15 18 21 24 27
hello world
```

8.6.3 typedef 与 ♯define

typedef 与 ♯define 有一定的相似性,但是也存在某些区别。♯define 通常用于宏的定义,可以使用 ♯ifdef、♯ifndef 等来进行逻辑判断,还可以使用 ♯undef 来取消定义。用 typedef 定义的变量类型在其所定义位置的函数或文件内部后续范围内有效,可以任意使用。通常讲,typedef 要比 ♯define 好,特别是在有指针的场合。例如:

```
typedef char * pChar1;
#define pChar2 char *;
pChar1 s1, s2,s3;
pChar2 s4, s5,s6;
```

在上述的变量定义中,s1、s2、s3 肯定都是 char * 类型,而 define 定义的 pChar2,系统编译时将用宏名代替宏值,所以最后一句经宏值替换展开后变成如下形式:

```
char * s4, s5,s6;
```

由此来看,s4 是字符指针类型,而 s5 和 s6 则是字符类型。

习   题

1. 单项选择题

(1) 有以下程序段:

```
typedef struct NODE
{
    int   num;
    struct NODE   * next;
} OLD;
```

下列叙述中正确的是(   )。

　　A. 以上的说明形式非法　　　　B. NODE 是一个结构体类型

　　C. OLD 是一个结构体类型　　　D. OLD 是一个结构体变量

(2) 若有如下定义:

```
struct pupil
{
    char name[20];
    int age;
    int sex;
}pup[5],* p;
```

则在下面的 scanf 函数调用语句中对结构体成员的引用不正确的是(   )。

    A. scanf("%d",p->age);

    B. scanf("%s",pup[0].name);

    C. scanf("%d",&pup[0].age);

    D. scanf("%d",&(pup[1].sex));

（3）有下列结构体：

```
struct student
{
    int m;
    float n;
}stu,* p;
```

对该结构体变量 stu 的成员项引用不正确的是（　　）。

    A. stu.n   B. p->m   C. (＊p).m   D. p.stu.n

2. 编程题

（1）定义一个结构体变量（包括年、月、日），计算该日在本年中是第几天。

（2）已知一个学生的信息由学号（int id）、姓名（char name[20]）、年龄（int age）、语文（float chinese）、数学（float math）、英语（float english）3 门功课成绩组成，请定义学生结构体并用循环方式输入 10 个学生的信息，输出每个学生 3 门功课的平均分。

（3）某单位进行选举，有 5 位候选人：zhang、wang、liu、zhao、sun。编写一个统计每人得票数的程序。要求每个人的信息使用一个结构体表示，5 个人的信息使用结构体数组。

（4）用结构体编写程序，求 3 个长方柱的体积和表面积。

（5）建立一个单链表，把'A'～'Z'共 26 个大写字母插入到链表中，倒序输出。

第9章 文　　件

【本章概述】

文件是程序设计中一个比较重要的概念,文件一般是指存储在外部介质上的数据的集合。通过文件可以大批量处理数据,可以长时间地将数据存储起来。本章从文件操作实例分析着手,使读者首先对文件的操作过程有一个初步的了解,明白文件操作的重要性,进而再深入学习 C 语言有关文件的操作。

【学习要求】

- 了解:文件出错的检测。
- 掌握:文件的打开与关闭。
- 掌握:文件的读写和定位。
- 重点:文件的打开与关闭的函数的使用方法。
- 难点:文件的操作。

9.1　文　件　概　述

9.1.1　文件的基本概念

计算机中的文件是指一组相关数据的有序集合,这个数据集的名称叫做文件名。在前面的各章中使用的源程序文件、目标文件、可执行文件和库文件(头文件)都属于文件的范畴。C 编译程序是以文件为单位对数据进行管理。文件通常是驻留在外部介质(如硬盘、优盘等)上的,在使用时才调入内存中来。如果想查找存放在外部介质上的数据,必须先按文件名找到所指定的文件,然后再从该文件中读取数据。要向外部介质上存储数据,也必须先建立一个文件(以文件名标识),然后才能向它输出数据。

9.1.2　文件的分类

从不同的角度可对文件作不同的分类。

(1) 从用户的角度看,文件可分为普通文件和设备文件。

普通文件是指驻留在磁盘或其他外部介质上的一个有序数据集,可以是源文件、目标文件和可执行程序;也可以是一组待输入处理的原始数据,或者是一组输出的结果。源文件、目标文件和可执行程序可以称作程序文件,输入输出数据可称作数据文件。

设备文件是指与主机相联的各种外部设备,如显示器、打印机和键盘等。在操作系统中,把外部设备也看作一个文件来进行管理,把它们的输入、输出等同于对磁盘文件的读和写。通常把显示器定义为标准输出文件,一般情况下在屏幕上显示有关信息就是向标准输出文件输出结果。如前面经常使用的 printf、putchar 函数就是这类输出。键盘通常被认为是标准输入文件,从键盘上输入就意味着从标准输入文件中输入数据,scanf、getchar 函数就属于这类输入。

（2）按编码的方式,文件可分为 ASCII 码文件和二进制文件。

ASCII 码文件也称为文本文件,该文件由一个个字符组成,每一个字节存放一个 ASCII 码,代表一个字符。例如,十进制数 1238 有 4 个字符,共占用 4 个字节,其存储形式如图 9-1 (a)所示,ASCII 码文件可在屏幕上按字符显示,源程序文件也是 ASCII 码文件,用 DOS 命令 TYPE 可显示文件的内容。

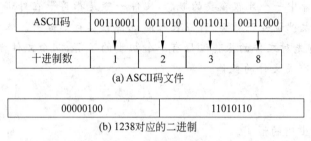

(a) ASCII码文件

00000100	11010110

(b) 1238对应的二进制

图 9-1　ASCII 码文件和二进制文件

二进制文件是按二进制的编码方式来存放文件的。例如,十进制短整型数 1238 的存储形式如图 9-1(b)所示,只占 2 个字节。二进制文件虽然也可在屏幕上显示,但其内容很难快速读懂。

C 语言系统在处理这些文件时,并不区分类型,都看成是字符流,按字节进行处理。输入输出字符流的开始和结束只由程序控制而不受物理符号（如回车符）的控制。因此也把这种文件称作流式文件。

9.1.3　文件的基本操作

对于文件的基本操作有两种,一种是输入操作,另一种是输出操作。输入操作是指从外部文件向内存变量输入数据。输出操作是指把内存变量或表达式的值写入外部文件中。在访问 ASCII 码文件和二进制码文件之前,要先打开文件,然后才能访问该文件,对文件操作结束后,还要关闭该文件。

一个文件中保存的内容是以字节为单位从地址 0 开始顺序编址的,文件开始位置地址为 0,如果文件中所包含的字节数为 N,则文件内容的最后一个字节的地址为 $N-1$,文本文件最后存放文件结束符的地址为 N,也就是该文件的长度位置。

9.2　文件类型指针

对于每个打开的文件,都存在着一个文件读写指针,初始值指向一个默认的位置,该位置由具体打开方式决定。每次对文件写入或读出信息都是从当前文件读写指针所指的位置开始的,当写入或读出若干个字节后,文件读写指针就后移相应多个字节。当文件读写指针移动到最后,读出的是文件结束符。文件结束符占有一个字节,其值为 EOF,在头文件 stdio.h 中把 EOF 常量定义为 -1。若依次读取文本文件中的每个字符,当读取到的字符等于文件结束符 EOF 时,则表示文件访问结束。

要对一个文件进行操作,需要知道以下信息:文件当前的读写位置,与该文件对应的内存缓冲区的地址,缓冲区中未被处理的字符数,文件操作方式等。缓冲文件系统为每一文件开辟了一个"文件信息区",用来存放以上信息。这个"文件信息区"在内存中,是一个结构体变量。

在 C 语言中用一个指针变量指向一个文件,这个指针称为文件指针。一个文件指针指向了某个文件,就意味着该指针指向了该文件的"文件信息区"的首地址。通过文件指针就可对它所指的文件进行各种操作。

定义文件指针变量的一般形式为

FILE * 指针变量标识符;

其中,FILE 是系统中的一个结构体类型,定义在 stdio.h 头文件中,一般有下面的形式:

```
typedef struct
{
    short   level;              //缓冲区空或满的程度
    unsigned  flags;            //文件状态标志
    char  fd;                   //文件描述符
    unsigned  char  hold;       //如无缓冲区则不读取字符
    short  bsize;               //缓冲区的大小
    unsigned  char  * buffer;   //数据缓冲区的位置
    unsigned  ar  * curp;       //指针,当前的指向
    unsigned  istemp;           //临时文件
    short  token;               //用于有效性检查
}
```

有了结构体 FILE 类型,就可以定义若干个 FILE 类型的变量,以便对文件进行有关的读写等操作。在编写源程序时完全可以不用关心 FILE 结构的细节,只要按照文件指针变量的定义方法定义文件指针变量即可,例如 FILE * fp;表示 fp 是指向 FILE 结构的指针变量,通过 fp 即可找到存放某个文件信息的结构变量,然后按结构变量提供的信息找到该文件,实施对文件的操作。习惯上也笼统地把 fp 称为指向一个文件的指针。

在文件的操作中,除了打开文件函数中要用文件名外,其余有关文件的操作都使用文件指针来标识被操作的文件。文件指针的重要性就在于几乎所有的文件操作函数都是通过它来实现的。

9.3　文件的打开与关闭

对磁盘文件的操作,必须遵守"先打开,再读写,后关闭"的原则。所谓打开文件,实际上是建立文件的各种有关信息,并使文件指针指向该文件,以便对其进行读写等操作。关闭文件则断开指针与文件之间的联系,禁止再对该文件进行操作。

在程序开始运行时,系统自动打开 3 个标准文件:标准输入(键盘)、标准输出(屏幕)和标准出错输出(屏幕)。系统自动定义了 3 个指针变量:stdin、stdout 和 stderr,分别指向标

准输入、标准输出和标准出错输出文件,在程序运行结束时,系统自动关闭这 3 个标准文件。

在 C 语言中,文件操作都是由库函数来完成的,下面是系统定义的部分文件操作函数的介绍及应用。

9.3.1 文件的打开

文件的打开是通过 fopen 函数来实现的,fopen 函数包含在 stdio.h 头文件。

函数原型:FILE * fopen(const char * path,const char * mode);

其中:

(1) path:是被打开文件的文件名,是字符串常量、字符指针或字符数组,该文件名要求全名,即包含扩展名,必要时还应加路径。

(2) mode:是指文件的类型和打开文件的访问形式。使用文件的方式共有 12 种,表 9-1 给出它们的符号和意义。

(3) 函数的返回值必须是被说明为 FILE 类型的指针变量。

表 9-1　文件的使用方式和意义

文件使用方式	意　　义
"rt"	只读打开一个文本文件,只允许读数据
"wt"	只写打开或建立一个文本文件,只允许写数据
"at"	追加打开一个文本文件,并在文件末尾写数据
"rb"	只读打开一个二进制文件,只允许读数据
"wb"	只写打开或建立一个二进制文件,只允许写数据
"ab"	追加打开一个二进制文件,并在文件末尾写数据
"rt+"	读写打开一个文本文件,允许读和写
"wt+"	读写打开或建立一个文本文件,允许读写
"at+"	读写打开一个文本文件,允许读,或在文件末追加数据
"rb+"	读写打开一个二进制文件,允许读和写
"wb+"	读写打开或建立一个二进制文件,允许读和写
"ab+"	读写打开一个二进制文件,允许读或在文件末追加数据

文件使用方式中各字符的含义如下:

r(read):读。用"r"打开一个文件时,该文件必须已经存在,且只能从该文件读出数据。

w(write):写。用"w"打开的文件只能向该文件写入数据。若打开的文件不存在,则以指定的文件名建立该文件;若打开的文件已经存在,则将该文件删去,重建一个新文件。

a(append):追加。若要向一个已存在的文件追加新的数据,只能用"a"方式打开文件。但此时该文件必须是存在的,否则将会出错。

t(text):文本文件,可省略不写。

b(binary):二进制文件。

+:读和写。

例如:

```
FILE * fp;
fp=("filea.txt","r");
```

其含义是：在当前目录下打开文件 filea. txt,只允许进行读操作,并使 fp 指向该文件。

又如：

```
FILE * fphzk;
fphzk=("c:\\hzk16.dat',"rb");
```

其含义是：打开 C 盘的根目录下的文件 hzk16. dat,这是一个二进制文件,只允许按二进制方式进行读操作。两个反斜线\\表示转义字符,在 C 语言中文件目录必须用\\表示。

(4) 若 fopen 函数成功打开了指定文件,则返回该文件的"文件信息区"的首地址;若没有成功打开所指定的文件,则返回 NULL。因此,在使用 fopen 函数打开文件时,一般要判断是否打开成功,如果打开成功,对文件进行读写操作;如果打开失败,要退出程序,然后检查失败的原因。

【例 9.1】 练习打开文件。

```
#include "stdio.h"
#include "conio.h"
void main()
{
    FILE * fp;
    if((fp=fopen("c:\\hzk16.dat","rb"))==NULL)
    {
        printf("\nerror on open c:\\hzk16.dat file!");
        getch();
        return;
    }
}
```

这段程序的含义是,如果返回的指针为空,表示不能打开 C 盘根目录下的 hzk16. dat 文件,则给出提示信息"error on open c:\hzk16. dat file!",下一行 getch()的功能是从键盘输入一个字符,但不在屏幕上显示,表示看到错误提示文字后按任意键继续执行,因此用户可利用这个等待时间阅读出错提示。按键后执行 return 函数退出程序。

9.3.2 文件的关闭

关闭文件可调用 fclose 函数来实现。

函数原型：int fclose(FILE * fp);

例如：

```
fclose(fp);
```

其中：

(1) fp 是指向待关闭文件的文件指针,它是在文件打开时通过函数 fopen 获得的文件指针。

(2) 关闭 fp 指针所指向的文件,即释放该文件的文件缓冲区和文件信息区。若 fp 所指文件的操作方式为写方式,则编译程序先把该文件缓冲区中的剩余数据全部输出到文件中,然后再释放该文件的文件缓冲区和文件信息区。

（3）正常完成关闭文件操作时，fclose 函数返回值为 0。如返回非零值则表示有错误发生。

文件使用后，如果不执行关闭操作，有可能出现如下问题：

（1）当向文件写数据时，先将数据存入文件缓冲区，待缓冲区充满后才开始向文件写入数据。如果数据未充满缓冲区而结束程序运行，就会将缓冲区中的数据丢弃。在执行写操作后用 fclose 关闭文件，则系统先将文件缓冲区的内容写入文件，然后再关闭文件，这样就可以避免文件缓冲区中数据的丢失。

（2）在某一时刻系统允许打开的文件数是有限的，超过这个限制，试图再打开文件就会出现"打开文件太多"的错误，从而中断程序的运行。所以，如果不关闭已处理完的文件，将有可能影响对其他文件的打开操作。

9.4 文件读写

对文件的读和写是最常用的文件操作，当成功打开文件后，就可以对文件进行读写操作。在 C 语言中提供了多种文件读写的函数。

（1）字符读写函数：fgetc 和 fputc。

（2）字符串读写函数：fgets 和 fputs。

（3）数据块读写函数：fread 和 fwrite。

（4）格式化读写函数：fscanf 和 fprintf。

使用以上函数都要求包含头文件 stdio.h。下面分别介绍这些函数的功能、调用格式及应用。

9.4.1 读字符函数 fgetc

fgetc 函数的功能是从指定的文件中读一个字符。

函数原型：int fgetc(FILE * fp);

其中：

fp：文件指针，通过打开文件函数 fopen 获得。

例如：

```
ch=fgetc(fp);
```

其含义是从打开的文件 fp 中读取一个字符并送入 ch 中。

对于 fgetc 函数的使用有以下几点说明：

（1）在 fgetc 函数调用中，读取的文件必须是以读或读写方式打开的。

（2）如果文件指针为 stdin 时，fgetc(stdin)等价于 getchar()，即从标准输入文件（键盘）读取一个字符。

（3）读取字符的结果也可以不向字符变量赋值，但是读出的字符不能保存。例如：

```
fgetc(fp);
```

（4）在文件内部有一个位置指针用来指向文件的当前读写字节位置。在文件打开时，该指针总是指向文件的第一个字节。使用 fgetc 函数后，该位置指针将向后移动一个字节。

因此可连续多次使用 fgetc 函数，以便读取多个字符。

应注意文件指针和文件内部的位置指针不是一回事。文件指针是指向整个文件的，须在程序中定义说明，只要不重新赋值，文件指针的值是不变的。文件内部的位置指针用以指示文件内部的当前读写位置，每读写一次，该指针均向后移动，它不需在程序中定义说明，而是由系统自动设置的。

【例 9.2】 已知一个文本文件 c:\text.c 的内容如下：

```
#include "stdio.h"
void main()
{
    printf("hello world");
}
```

利用 fgetc 函数编程读取该文件的内容，并在屏幕上输出。

```
#include <stdio.h>
#include <conio.h>
#include <stdlib.h>
void main()
{
    FILE * fp;
    char ch;
    if((fp=fopen("c:\\text.c","rt"))==NULL)
    {
        printf("Cannot open file, press any key to exit!");
        getch();
        return;
    }
    while((ch=fgetc(fp))!=EOF)
        putchar(ch);
    printf("\n");
    fclose(fp);
}
```

本例程序的功能是从文件中逐个读取字符，在屏幕上显示。程序定义了文件指针 fp，且以读文本文件方式打开文件 text.c，并使 fp 指向该文件，如打开文件出错，给出提示并退出程序。while 循环中每次读出一个字符，只要读出的字符不是文件结束标志（每个文件末有一个结束标志 EOF），就把该字符显示在屏幕上，然后再读入下一字符。每读一次，文件内部的位置指针向后移动一个字符，文件结束时，该指针指向 EOF。执行本程序将显示整个文件。正常执行该程序，显示结果如下：

9.4.2 写字符函数 fputc

fputc 函数的功能是将一个指定的字符写入指定的文件中。

函数原型：int fputc (int n, File * fp);

其中：

n：待输出的字符，可为字符型常量和变量或者对应的 ASCII 码。

fp：文件指针，通过打开文件函数 fopen 获得。

例如：

```
fputc('a',fp);
```

其含义是把字符 a 写入 fp 所指向的文件中。

说明：

(1) 被写入的文件可以用写、读写、追加方式打开，用写或读写方式打开一个已存在的文件时将清除原有的文件内容，写入字符从文件首字节开始。如需保留原有文件内容，希望写入的字符在文件末尾开始存放，必须以追加方式打开文件。被写入的文件若不存在，则创建该文件。

(2) 每写入一个字符，文件内部位置指针向后移动一个字节。

(3) 如果文件指针为 stdout 时，fputc (c,stdout)等价于 putchar(c)，即将字符 c 输出到终端。

(4) fputc 函数有一个返回值，如写入成功则返回写入的字符，否则返回一个 EOF，可用该返回值来判断写入是否成功。

【例 9.3】 从键盘输入一行字符，写入一个文件中，并显示该文件内容。

```c
#include <stdio.h>
#include <conio.h>
#include <stdlib.h>
void main()
{
    FILE * fp;
    char ch;
    if((fp=fopen("c:\\text.c","wt+"))==NULL)
    {
        printf("Cannot open file, strike any key to exit!");
        getch();
        return;
    }
    printf("input a string:\n");
    while((ch=getchar())!='\n')
        fputc(ch,fp);
    rewind(fp);
    printf("read from the file:\n");
    while((ch=fgetc(fp))!=EOF)
```

```
        putchar(ch);
    printf("\n");
    fclose(fp);
}
```

程序中以读写文本文件方式打开文件 c:\text.c。输入时,从键盘每输入一个字符,判断是否为回车符号,若不是则把该字符写入文件之中,然后继续从键盘输入下一字符。每写入文件一个字符,文件内部位置指针向后移动一个字节。如要把文件从头读出,在已操作文件的情况下须把指针移向文件头,然后进行后续读写等操作,rewind 函数即是把 fp 所指文件的内部位置指针移到文件头。第二个 while 循环用于读出文件中的一行内容。输入"Shandong University of Science and Technology"后显示结果如下:

```
input a string:
Shandong University of Science and Technology
read from the file:
Shandong University of Science and Technology
```

9.4.3 写字符串函数 fputs

fputs 函数的功能是向指定的文件写入一个字符串。

函数原型:int fputs(char * str, FILE * fp);

其中:

str:字符型指针,可以是字符串常量,或者是存放字符串的数组首地址,或者是指向存放字符串地址的指针变量。

fp:文件指针,通过打开文件函数 fopen 获得。

例如:

fputs("abcd", fp);

其含义是把字符串"abcd"写入 fp 所指的文件之中。

【例 9.4】 在例 9.3 建立的文件 c:\test.c 中追加一个字符串"http://www.sdust.edu.cn"。

编程分析:本例要求在文件末尾追加字符串,所以要用追加的方式打开文件,然后输入字符串,并用 fputs 函数把该字符串写入文件中。

```
#include <stdio.h>
#include <conio.h>
#include <stdlib.h>
void main()
{
    FILE * fp;
    char st[50];
    if((fp=fopen("c:\\text.c","at+"))==NULL)
    {
        printf("Cannot open file, strike any key to exit!");
        getch();
        return;
```

```
    }
    printf("input a string:\n");
    gets(st);
    fputc('\n',fp);                          //先换行
    fputs(st,fp);
    fclose(fp);
}
```

本例代码执行时，根据提示从键盘输入

http://www.sdust.edu.cn

输入完成后回车，则 c:\test.c 文件的内容变为

Shandong University of Science and Technology
http://www.sdust.edu.cn

9.4.4　读字符串函数 fgets

fgets 函数的功能是从指定的文件中读一个字符串到输入缓冲区（可以是字符类型的数组名称或指向字符数组地址的指针变量）中。

函数原型：char * fgets(char * buf, int bufsize, FILE * fp);

其中：

buf：字符型指针，指向用来存储所得数据的地址，可为字符数组名称或指针。

bufsize：整型数据，指明 buf 指向的字符数组的大小，从文件中读出不超过 bufsize－1 个字符，在读入的最后一个字符后加上串结束标志'\0'。

fp：文件指针，通过打开文件函数 fopen 获得。

例如：

```
char str[50], * p=str;
fgets(str, 20, fp);
fgets(p, 20, fp);
```

表示从 fp 所指的文件中读出 19 个字符送入字符数组 str 或 p 指向的内存地址中。

【例 9.5】　已知 c:\text.c 文件中的内容如下：

Shandong University of Science and Technology
http://www.sdust.edu.cn

利用 fgets 函数从该文件中读入一个含 20 个字符的字符串。

编程分析：定义指向文件的指针 fp，定义存储读出字符串的字符数组 st，使用 fgets 函数从指定文件中读出指定个数的字符内容并存放入字符数组 st 中，字符内容读出结束后，系统自动在最后一个字符位置之后添加字符串结束标志'\0'，最后使用 printf 的％s 控制格式或者使用 puts 函数即可输出字符数组 st 的内容。

参考程序：

```
#include <stdio.h>
```

```
#include <conio.h>
#include <stdlib.h>
void main()
{
    FILE * fp;
    char st[30];
    if((fp=fopen("c:\\text.c","rt+"))==NULL)
    {
        printf("Cannot open file, strike any key to exit!");
        getch();
        return;
    }
    fgets(st,20,fp);
    fclose(fp);
    printf("%s\n",st);
}
```

程序运行输出结果如下：

Shandong University

说明：

（1）在读出 $n-1$ 个字符之前，如遇到了换行符或 EOF，则读出结束。

（2）fgets 函数也有返回值，其返回值是字符数组的首地址。

9.4.5 格式化读写函数 fscanf 和 fprintf

fscanf 函数和 fprintf 函数是格式化读写函数。

1. fscanf 函数

fscanf 函数与前面使用的 scanf 函数的功能相似，两者的区别在于：fscanf 函数是从磁盘文件输入，而 scanf 函数是从键盘输入。fscanf 函数的功能是从文件指针所指向的文件读取一个字符流，按照格式字符串指定的格式经过相应的格式转换后存入接收数据的地址列表对应的地址中。

函数原型：int fscanf(FILE * fp, char * format, [argument]);

其中：

fp：文件指针，通过打开文件函数 fopen 获得。

format：读取数据的格式字符串。

[argument]：接收读取数据的地址列表。

例如：

```
int i;
char s[10];
fscanf(fp, "%d%s", &i, s);
```

当文件指针为 stdin 时，fscanf(stdin,"％d"，＆x);等价于 scanf("％d"，＆x);。

2. fprintf 函数

fprintf 函数与前面使用的 printf 函数的功能相似,两者的区别在于:fprintf 函数的输出对象是磁盘文件,而 printf 函数的输出对象是终端屏幕。fprintf 函数的功能是将输出表中的数据按照格式字符串指定的格式经过相应的格式转换后,输出到由文件指针 fp 所指的文件中。

函数原型:int fprintf(FILE * fp,char * format, [argument]);

其中:

fp:文件指针,通过打开文件函数 fopen 获得。

format:输出数据的格式字符串。

[argument]:输出数据的变量名称。

例如:

```
char  ch='A';
fprintf(fp, "%c", ch);
```

当文件指针为 stdout 时,fprintf 函数等价于 printf 函数。

【例 9.6】 利用 fprintf 函数将 0°~90°的每个整数角度的正弦值写入文件。

编程分析:0°~90°各整数角度的正弦值可通过循环调用系统函数 sin 来计算得出,计算时需要将角度数值转换为对应的弧度值。由于得到的正弦值为双精度 double 类型,因此在将各正弦值存入文件时,需要使用 fprintf 函数并指定输出格式的空格字符串为％lf即可。

参考程序如下:

```
#include <stdio.h>
#include <conio.h>
#include <math.h>
#define PI 3.1415926
void main()
{
    FILE * fp;
    int i;
    if((fp=fopen("c:\\text.c","wt+"))==NULL)
    {
        printf("Cannot open file, strike any key to exit!");
        getch();
        return;
    }
    for(i=0;i<=90;i++)
        fprintf(fp,"i=%-3d%lf\n",i,sin(i * PI/180));
    fclose(fp);
}
```

程序正常执行后,c:\text.c 文件的内容(部分)如下:

```
i=0   0.000000
```

```
i=1  0.017452
i=2  0.034899
i=3  0.052336
  ⋮
i=90 1.000000
```

9.4.6 数据块读写函数 fread 和 fwrite

fread 和 fwrite 函数用于整块数据的读写,一般用于二进制文件的读写。

1. fread 函数

fread 函数的功能是用来从文件中读取一组数据到内存缓冲区中,如一个数组元素、一个结构变量的值等。

函数原型:size_t fread(void * buffer, size_t size, size_t count, FILE * fp);

其中:

buffer:用于接收读取数据的内存地址,大小至少是 size * count 字节。

size:单个元素的大小,单位是字节。

count:元素的个数,每个元素是 size 字节。

fp:文件指针,通过打开文件函数 fopen 获得。

函数返回值为实际读取的元素个数,如果返回值与 count 不相同,则可能到达文件结尾或发生错误,可使用 ferror 和 feof 获取错误信息或检测是否到达文件结尾。

例如:

```
fread(fa,4,5,fp);
```

含义是从 fp 所指的文件中,每次读 4B(一个实数)送入实数组 fa 中,连续读 5 次,即读 5 个实数到 fa 中。

2. fwrite 函数

fwrite 函数的功能是将指定的内存缓冲区中的数据块写入到指定的文件中。所写入的数据块的大小是由数据块中数据项的大小和数据项的项数决定的。

函数原型:size_t fwrite(const void * buffer, size_t size, size_t count, FILE * fp);

其中:

buffer:待输出数据的起始地址。

size:要写入文件的单字节数。

count:要进行写入 size 字节的数据项的个数。

fp:文件指针,通过打开文件函数 fopen 获得。

函数返回值为实际写入文件的数据项个数 count。

例如:

```
fread(fa, 4, 5, fp);
```

含义是向 fp 所指的文件中,每次将 fa 中的内容顺序输出 4B(一个实数),连续输出 5 次,共计输出 20B 的内容。

【例 9.7】 从键盘输入两个学生的数据(包括学号、姓名和住址),写入一个文件中。

编程分析:学生数据由学号、姓名和住址组成,应定义成结构体形式。然后定义结构体数组来存储两个学生的数据,定义指向文件的指针以便向文件输出学生信息,数据输出时可使用格式输出 fprintf 方式输出成 ASCII 码文件,也可以采用 fwrite 输出成二进制文件。本例中,学生数据结构体是一组数据,采用 fwrite 函数输出较为方便,一次输出的字节数为结构体的长度(可用 sizeof 函数读出),输出 2 次即可。读取数据时采用 fread 函数,顺序调用两次该函数即可读出这两个学生的数据。

参考程序如下:

```c
#include <stdio.h>
#include <conio.h>
struct student
{
    int  num;
    char name[10];
    char addr[15];
}stu[2],stud[2];
 void main()
{
    FILE * fp;
    printf("input data of the first student:");
    scanf("%d%s%s",&stu[0].num,stu[0].name,stu[0].addr);
    printf("input data of the second student:");
    scanf("%d%s%s",&stu[1].num,stu[1].name,stu[1].addr);
    if((fp=fopen("c:\\stu.dat","wb+"))==NULL)
    {
        printf("Cannot open file, strike any key to exit!");
        getch();
        return;
    }
    fwrite(stu,sizeof(struct student),2,fp);
    rewind(fp);
    fread(stud,sizeof(struct student),2,fp);
    printf("read from the file\n");
    printf("%d %s %s\n",stud[0].num,stud[0].name,stud[0].addr);
    printf("%d %s %s\n",stud[1].num,stud[1].name,stud[1].addr);
    fclose(fp);
}
```

程序运行后输入两个学生的数据,运行结果如下:

```
input data of the first student:1 zhangsan qingdao
input data of the second student:2 lisi beijing
read from the file
1 zhangsan qingdao
2 lisi beijing
```

本例程序定义了一个结构体类型 student,定义了两个结构体数组 stu 和 stud。程序以读写方式打开二进制文件 c:\stu.dat,输入两个学生数据之后,写入该文件中,然后把文件内部位置指针移到文件首,读出两个学生数据后,在屏幕上显示,最后关闭文件。

9.5　文件的定位

文件中有一个位置指针指向当前文件读写的位置。C 语言的文件既可以顺序存取,又可以随机存取。如果顺序读写一个文件,每次读写完一个数据后,该位置指针会自动移动到下一个数据的位置。如果想随机读写一个文件,那么就必须根据需要改变文件的位置指针,这就会用到文件定位函数。移动文件内部位置指针的函数主要有两个,即 rewind 函数和 fseek 函数。

9.5.1　随机定位函数 fseek

如果能将文件位置指针按需要移动到任意位置,就可以实现对文件的随机读写。函数 fseek 可以实现这个功能。

函数原型: `Int fseek(FILE * fp, long offset, int fromwhere);`

其中:

fp:文件指针,通过打开文件函数 fopen 获得。

offset:是指以起始位置为基准点,文件位置指针移动的字节数,要求位移量是 long 型数据,以便在文件长度大于 64KB 时不会出错。

fromwhere:表示从何处开始计算位移量,规定的起始点有 3 种:文件首、当前位置和文件尾。它的取值可以是 0、1 或 2,含义如表 9-2 所示。

函数返回值:如果调用成功返回 0,否则返回非零值。

表 9-2　起始位置和表示符号

起始点	表示符号	数字表示
文件首	SEEK-SET	0
当前位置	SEEK-CUR	1
文件尾	SEEK-END	2

例如:

`fseek(fp,20L,0);`

表示将文件位置指针移到距文件头 20 个字节处。

`fseek(fp,50L,1);`

表示将文件位置指针朝文件尾方向移到距当前位置指针 50 个字节处。

`fseek(fp,-80L,2);`

表示将文件位置指针从文件尾向前移动 80 个字节。

fseek 一般用于二进制文件,因为文本文件要发生字符转换,在计算位置时往往会发生混乱。

9.5.2　文件头定位函数 rewind

rewind 函数的作用是将文件位置指针返回到文件指针变量指向的文件的开头。该函数无返回值。

函数原型：`void rewind(FILE * fp);`

其中：

fp：文件指针，通过打开文件函数 fopen 获得。

说明：不管当前文件的读写指针在什么位置，执行完 rewind 函数后，文件读写操作总是从文件头开始。

9.5.3　当前读写位置函数 ftell

读写文件时，文件位置指针的值经常发生变化，不容易知道其当前位置。但在程序设计过程中，明确文件当前的读写位置有时候是很重要的，可以用 ftell 函数来获取当前的文件指针位置。

函数原型：`long ftell(FILE * fp);`

其中：

fp：文件指针，通过打开文件函数 fopen 获得。

函数返回值为 FILE 指针当前位置，是一个长整型数值，表示文件位置指针从文件头算起的字节数。该函数调用失败返回$-1L$。

例如：

```
i=ftell(fp);
if(i==-1L)
    printf("error\n");
```

变量 i 存放当前位置，如调用函数出错（如不存在此文件），则输出 error。

9.6　文件检测函数

C 语言中常用的文件检测函数有 3 个：feof、ferror 和 clearerr。

9.6.1　文件结束检测函数 feof

函数 feof 的作用是检测文件内部的位置指针是否位于文件末尾。

函数原型：`int feof(FILE * fp);`

其中：

fp：文件指针，通过打开文件函数 fopen 获得。

函数返回值：如果文件指针已处于文件末尾，则返回一个非零值，否则返回 0。

9.6.2　读写文件出错检测函数 ferror

ferror 函数的作用是检测文件指针变量指向的文件里的错误。

函数原型：int ferror(FILE * fp);

其中：

　　fp：文件指针，通过打开文件函数 fopen 获得。

　　函数返回值为 0 时表示没有错误，返回非零值时表示有错误产生。

　　注意：对同一个文件，每调用一次文件读写函数，都会产生一个新的 ferror 函数值，所以，在调用一个文件读写函数后，应当立即使用 ferror 函数进行检测，否则信息可能会丢失。

　　例如，可以将各例题打开文件的程序代码改为如下：

```
FILE * fp;
fp=fopen("文件名", "打开方式");          //"文件名"和"打开方式"要给出具体值
if(ferror(fp))
    printf("打开文件时发生错误!");
```

9.6.3 文件出错标志和文件结束标志置 0 函数 clearerr

　　clearerr 函数的作用是将文件指针变量指向的文件的错误标志和结束标志设置为 0。在文件打开时，出错标志置为 0，一旦文件读写过程中出现错误，错误标志被置为非零值，直到同一文件调用 clearerr 函数或 rewind 函数。

　　函数原型：void clearerr(FILE * fp);

其中：

　　fp：文件指针，通过打开文件函数 fopen 获得。

　　【例 9.8】 以只写方式打开文件，观察出错标志的变化。

```
#include "stdio.h"
void main()
{
    char c;
    FILE * fp;
    fp=fopen("c:\\text.c","w");              //以只写方式打开文件
    printf("打开文件时的错误标志为:");
    printf("%d\n",ferror(fp));               //输出打开文件后的错误标志
    c=fgetc(fp);                             //读文件操作
    printf("\n 读文件后的错误标志为:");
    printf("%d\n",ferror(fp));               //输出读文件后的错误标志
    clearerr(fp);                            //错误标志置 0
    printf("\n 调用错误标志置 0 函数后的错误标志为:");
    printf("%d\n",ferror(fp));               //输出错误标志置 0 后的错误标志
    fclose(fp);
}
```

该程序的输出结果如下：

```
打开文件时的错误标志为：0
读文件后的错误标志为：32
调用错误标志置0函数后的错误标志为：0
```

程序在打开文件时，错误标志置 0，然后再读文件，由于该文件是以只写方式打开的，所

以读文件时会产生错误,错误标志置为非零值,接着调用错误标志置 0 函数 clearerr,又使错误标志重新置为 0。

9.7 文件应用举例

【例 9.9】 有如下所示的课程表,记录的是星期一至星期五每天的课程。试编写程序,使其具有以下功能:

星　期	1~2 节	3~4 节	5~6 节
星期一	数学	英语	物理
星期二	制图	微机	政治
星期三	英语	数学	物理
星期四	政治	制图	微机
星期五	数学	物理	英语

(1) 课程表设置,将一星期的课程数据写入到文件中。
(2) 查询某天课程,随机读出文件中的相关数据。
(3) 查询整个课程表,读出全部数据。
(4) 退出系统,提示用户系统已经退出。

编程分析:本例课程表中每天均有 3 大节课,因此可采用结构体方式定义一天 3 大节课的课程信息。存储课程表时可按照字节存储方式,通过调用 fwrite 函数实现;查询某天的课程时可根据输入的天数用 fseek 函数移动文件位置指针到待读取数据位置,利用 fread 函数读取出该天的课程信息即可;查阅整个课程表时按照存储顺序,依次用 fread 函数读出各天的课程信息后输出该结构体的 3 节课名称即可。以上 3 个功能应定义成函数以方便用户选择执行相关菜单功能。

参考程序如下:

```
#include <stdio.h>
#include <stdlib.h>
struct clsset                          //定义结构体
{
    char c12[6];                       //1~2 节课
    char c34[6];                       //3~4 节课
    char c56[6];                       //5~6 节课
}cls[5],cls2;
void save()                            //定义函数,将课程数据写入文件
{
    FILE * fp;
    int i;
    fp=fopen("class","wb");
    if(fp==NULL)
    {
        printf("cannot open the file.");
```

```
            exit(0);
        }
    printf("请输入所编排的课程表:\n");
    for(i=0;i<5;i++)
    {
        printf("Input the courses of %d day!", i+1);
        scanf("%s%s%s",&cls[i].c12,&cls[i].c34,&cls[i].c56);
        fwrite(&cls[i],sizeof(struct clsset),1,fp);
    }
    fclose(fp);
}
void somedaycls()                          //定义函数,随机读取某天的课程数据
{
    FILE * fp;
    int no;
        fp=fopen("class","rb");
    if(fp==NULL)
    {
        printf("cannot open the file.");
        exit(0);
    }
    printf("请输入星期代号(用 1,2,3,4,5 表示):");
    scanf("%d",&no);
    if(no>=1 && no<=5)
    {
        fseek(fp,(no-1) * sizeof(clsset),0);
        fread(&cls2,sizeof(clsset),1,fp);
        printf("\n%s,%s,%s\n",cls2.c12,cls2.c34,cls2.c56);
        fclose(fp);
    }
    else
        printf("请输入 1~5 之间的数!\n");
}
void clssheet()                            //读取文件中的全部数据
{
    FILE * fp;
    int i;
    char * format="星期%d%8s%8s%8s\n";
    fp=fopen("class","rb");
    if(fp==NULL)
    {
        printf("cannot open the file.");
        exit(0);
    }
```

```
        printf("--------课程表---------\n");
        printf("       12 节      34 节      56 节 \n");
        for(i=0;i<5;i++)
        {
            fread(&cls[i],sizeof(clsset),1,fp);
            printf(format,i+1,cls[i].c12, cls[i].c34,cls[i].c56);
        }
        fclose(fp);
}
void main()
{
    int op=1;
    while(op>=1 && op<=3)
    {
        printf("1.课程表设置 \n");
        printf("2.查阅某天课程 \n");
        printf("3.查阅整个课程表 \n");
        printf("4.退出系统 \n");
        printf("请选择要操作的命令 (1~4):");
        scanf("%d",&op);
        switch(op)
        {
            case 1:save();break;
            case 2:somedaycls();break;
            case 3:clssheet();break;
            case 4:printf("系统已经退出!");break;
            default:printf("输入错误!");
        }
    }
}
```

程序运行时,根据菜单提示,选择菜单功能 1,然后顺序输入每天每节课的课程名称;然后选择菜单功能 3,打印整个课程表。执行结果如下:

习　题

1. 简答题

（1）C 语言的文件系统分哪两种？各有何特点？

（2）对文件的打开与关闭的含义是什么？为什么要打开和关闭文件？

2. 编程题

（1）编程：从键盘输入一个字符串，把它输出到磁盘文件 file1.txt 中。

（2）从键盘输入一个字符串，将其中的小写字母全部转换成大写字母，然后输出到一个磁盘文件 string.txt 中保存，输入的字符串以"♯"结束。

（3）有两个磁盘文件 a1.txt 和 a2.txt，各存放若干行字母，现要求把这两个文件中的信息按行交叉合并（即先是 a1.txt 的第一行，接着是 a2.txt 的第一行，然后是 a1.txt 的第二行，接着是 a2.txt 的第二行……），输出到一个新文件 a3.txt 中去。

（4）将 8 名职工的数据（工号、姓名、年龄和工资）从键盘输入，然后保存到文件 worker.dat 中。

（5）在 worker.dat 的末尾添加一位职工的记录数据。

（6）统计出第（5）题 worker.dat 中保存的职工记录个数，并求出工资的最大值。

（7）设 worker.dat 中的记录个数不超过 100，试读出这些数据，对年龄超过 50 岁的职工每人增加 100 元工资，然后按工资高低排序，将排序结果存入文件 w_sort.dat 中。

（8）有一个磁盘文件 employee.dat，存放职工的数据。每个职工的数据包括职工姓名、职工号、性别、年龄、住址、工资、健康状况和文化程度。今要求将职工名、工资的信息单独抽出来另建一个简明的职工工资文件 salary.dat。

（9）从第（8）题的职工工资文件中删去一个职工的数据，再存回原文件。

（10）试写一个函数，将一个链表中各节点除指针外的数据存入到一个磁盘文件中。

第 10 章　综合设计实例

【本章概述】

前面章节对 C 语言的数据类型、3 种基本结构、数组、函数、指针和结构体等内容进行了详细讲解和应用，它们是进行复杂程序设计的基础。不经过综合程序的设计过程，距真正了解和掌握 C 语言以及编写成百上千行的程序目标而言还有很大差距。当然，要设计稍大型的复杂程序，必须按照软件工程的相关理论进行可行性分析、需求分析、功能分解与设计、代码设计和系统调试等，在功能分析中应本着自顶向下、逐步求精的原则进行软件功能的设计，代码设计过程中按照模块化设计的方式，将具体功能写成函数的方式进行嵌套调用。本章主要介绍简单万年历程序、简单通讯录等程序的结构化设计方法，目的在于使读者了解复杂程序的分析和设计过程。

【学习要求】

- 掌握：复杂程序的分析和结构化设计方法。
- 掌握：链表在综合程序设计中的应用。
- 掌握：字模转换的方法。
- 重点：复杂程序的分析及结构化设计方法、字模转换方法。
- 难点：复杂程序的分析及结构化设计。

10.1　万年历设计

10.1.1　功能要求

（1）只显示指定月份的阳历和星期。

（2）初始运行时显示当年当月的日历。

（3）根据用户输入的年、月数值自动输出对应的日历。

（4）当用户输入的年、月数值为 0 时退出程序。

（5）在文本模式下输出日历。

10.1.2　算法分析

对于比较复杂的万年历，如带有阴历、天干地支等内容，均有一定的算法，可以参考网络上的有关介绍。本实例所要求的万年历只需根据用户输入的年、月数值输出对应该月的阳历日期和星期，功能较为简单。本实例的关键是如何确定某年某月的第一天对应的星期日期，在日历表输出时，利用该数值通过循环可以确定本月后续日期所在的输出位置以及星期数值。

在很多运行于 Windows 下的程序设计语言（如 Visual Basic、Visual C++、Active

Server Page)中提供了日历控件,也可以利用有关函数进行日期及星期的计算判断,本题目设计的意义在于综合应用所学的选择结构和循环结构的相关知识解决实际问题。

如果已知 1980 年 1 月 1 日是星期二,要判断 2007 年 9 月 1 日是星期几,完全可以通过计算得出,把 1980 年 1 月 1 日作为参考日期,把要判断的日期作为目标日期,则两个日期之间的天数完全可以通过循环计算得出。

所以本实例的具体设计过程是:首先计算目标日期与参考日期(1980 年 1 月 1 日)之间的总天数,计算过程中还要考虑对闰年和平年的判断;然后用得到的总天数除以 7 取余数并将该余数与 2 相加,然后再除以 7 取余数运算。经过这两个步骤,就可以确定目标日期是星期几,一旦获得这一结果,就可以确定循环一周 7 天时的输出起点位置,后续天的输出用循环的方法即可实现。

10.1.3 函数介绍

(1) isleapyear

函数原型:int isleapyear(int year);

功能:用于判断某年是否为闰年。

参数:year 表示要判断的年份数值。

返回值:当判断结果为闰年时返回值为 1,否则返回值为 0。

(2) showcalender

函数原型:void showcalender(int y,int m);

功能:用于在文本模式下输出指定年月的日历。

参数:y 表示要输出日历的年份,m 表示要输出日历的月份。

返回值:无。

(3) getdate

函数原型:void getdate(struct date * datep);

功能:用于获取计算机系统当前日期。

参数:datep 是 date 结构体类型,用于存储得到的日期内容。

返回值:无。

10.1.4 参考程序

```
#include <time.h>
#include <stdio.h>
#include <conio.h>
int year=1980,mon=1,day=1,week=2;
int monday[13]={0,31,28,31,30,31,30,31,31,30,31,30,31};
int isleapyear(int year)                    //判断是否为闰年
{
    if((year%4==0&&year%100)||year%400==0)
        return(1);
    else
        return(0);
```

```
    }
    void showcalender(int y,int m)                      //显示 y 年 m 月的日历
    {
        int i,curweek,d;
        long days=0;
        //计算目标日期的月份第一天与参考日期的相距天数
        if(y>=year)
        {
            for(i=year;i<y;i++)
                if(isleapyear(i)==1)
                    days+=366;
                else
                    days+=365;
            for(i=0;i<m;i++)
                days+=monday[i];
            if(isleapyear(y)==1 && m>2)
                days+=1;
        }
        curweek= (week+days%7)%7;                        //计算星期几
        printf("\n");
        printf("------------日历------------\n");
        printf(" %4d-%2d\n",y,m);
        printf("Sun Mon Tue Thi Thr Fri Sat\n");
        if(isleapyear(y)==1 && m==2)
            d=29;
        else
            d=monday[m];
        for(i=0;i<curweek;i++)printf("    ");
        for(i=1;i<=d;i++)                                //输出万年历的天和星期
        {
            printf("%-4d",i);
            if((i+curweek)%7==0)printf("\n");
        }
    }


    int main(void)
    {
        int y,m;
        time_t nowtime; time(&nowtime);                 //获取时间
        struct tm * timeinfo;                           //定义时间结构体
        timeinfo=localtime(&nowtime);                   //转化为当地时间
        y=timeinfo->tm_year+1900;                       //从 1900 年开始计数,所以加 1900
        m=timeinfo->tm_mon+1;                           //从 0 开始计数,所以加 1
        printf("当前日期为:%d-%d\n",y,m);
        while(y>0 && m>0)
        {
            showcalender(y,m);                          //显示 y 年 m 月的日历
```

```
        printf("\n输入年月数值:");
        scanf("%d,%d",&y,&m);
    }
    return 0;
}
```

10.1.5 运行结果

万年历程序的输出结果如下：

10.2 大数字进制转换

常见的数字进制转换主要有十进制转二进制、二进制转十进制、十进制转十六进制和十六进制转二进制等多种形式。当然，对于十进制转十六进制，最简单的办法是在printf函数中使用%X控制格式，但对于带小数的十进制数字则不能实现。对于小的十进制数字转二进制或十六进制的算法较为简单，通常采用除以2或除以16取余数的算法并将产生的余数按倒序输出即可。但对于大数字之间的转换则不能采用这种方式，主要是由于大数字的存储可能会由于数字超过存储空间限制而溢出。

本实例主要利用字符串操作的方式进行十进制浮点数向二进制的转换，要求按字符串方式输入待转换的数字，其他的数字转换可参考本程序进行。本实例的目的在于熟练应用字符及字符串操作的方法，应用循环、数组等内容进行复杂程序设计。

10.2.1 功能要求

（1）对整数部分的转换，整数部分的转换是除以2取余数的运算。
（2）对小数部分的转换，小数部分的转换是乘以2取整数的运算。

10.2.2 函数设计

（1）changeint
函数原型：void changeint(char * s,char * t);
功能：将存储在字符数组 s 中的数字转换成二进制形式存放在字符数组 t 中。

参数：s 表示待转换的十进制数字字符串，t 表示转换后的二进制字符串。

返回值：无。

（2）changefloat

函数原型：void changefloat(char * s,char * t);

功能：将存储在字符数组 s 中的小数数字转换成二进制形式存放在字符数组 t 中。

参数：s 表示待转换的十进制小数数字字符串，t 表示转换后的二进制字符串。

返回值：无。

10.2.3 程序示例

```
#include "stdio.h"
#include "string.h"
void changeint(char * s,char * t);
void changefloat(char * s,char * t);
#define SIZE 500                              //最大存储 500 位
#define BITS 100                              //不能完全转换为二进制时的最大位数 (精度)
void main()
{
    char x[SIZE],s[SIZE]={0},t[SIZE]={0},y[SIZE]={0};
    //输入 11.67822265625,结果为 1011.10101101101
    int i,f,m,lens;
loops:
    printf("输入一串整型数字\n");
    gets(x);
    for(i=0,lens=0,f=0,m=0;x[lens]!='\0';lens++)    //lens 为字符串的长度
        if(x[lens]=='.')
        {
            i=lens;                           //'.'的位置
            f++;
        }
        else if(x[lens]<'0' || x[lens]>'9')
            m++;
    if(f>1 || m>0)
    {
        printf("必须输入正确的数字,最多一个小数点\n");
        goto loops;
    }
    if(f>0 && i<lens-1)                       //表示存在小数部分
    {
        for(m=0;m<i;m++)                      //得到整数部分的字符串
            s[m]=x[m];
        s[m]='\0';
        strcpy(t,x+i+1);                      //得到小数部分的字符串
        changeint(s,y);                       //结果存放在 y 数组中
        changefloat(t,s);                     //结果存放在 s 数组中
```

```
        strcat(y,".");
        strcat(y,s);
        printf("binary string=%s\n",y);
    }
    else                              //只有整数部分
    {
        changeint(x,y);
        printf("binary string=%s\n",y);
    }
}
void changeint(char * s,char * t)
{
    char x[SIZE]="",ch;
    int i,j,k=strlen(s),m,kk=0;
    while(k>0 && s[0]!='0')
    {
        i=0;
        j=0;
        m=s[j]-'0';
        while(j<k)
        {
            x[i]=m/2+'0';                //保存成字符串
            m=m-(x[i]-'0')*2;
            i++;
            j++;
            if(j<k)                      //排除最后一位
                m=m*10+s[j]-'0';
        }
        x[i]='\0';
        i=0;
        while(x[i]=='0')                 //找到第一个非零数字
            i++;
        strcpy(s,x+i);
        k=strlen(s);
        t[kk++]=m+'0';
    }
    for(i=0;i<kk/2;i++)
    {
        ch=t[i];
        t[i]=t[kk-1-i];
        t[kk-1-i]=ch;
    }
    t[kk]=0;
}
void changefloat(char * s,char * t)
```

```
{
    //自最右位开始向左依次计算
    int j,k=0,i,m=0,n=0;
    char x[SIZE];
    strcpy(x,s);
    i=strlen(x);
    if(i<=0)
    {
        strcpy(t,"");
        return;
    }
    while(i>0 || k<BITS)
    {
        for(m=0,j=i-1;j>=0;j--)
        {
            if(j>0)
            {
                m=m+(x[j]-'0')*2;
                x[j]=m%10+'0';
                m=m/10;
            }
            else                          //第一位
            {
                m=m+(x[j]-'0')*2;
                x[j]=m%10+'0';
                if(m>=10)
                    t[k]='1';
                else
                    t[k]='0';
                k++;
            }
            if(k>=BITS)
                break;
        }
        //自后向前找到非零数字
        for(j=i-1;j>=0;j--)
            if(x[j]>'0')
                break;
        x[j+1]='\0';
        i=strlen(x);
        if(i==0 || k>=BITS)
            break;
    }
    //截取左侧非零部分,前面指定了输出位数
    for(j=k-1;j>=0;j--)
```

```
        if(t[j]>'0')
            break;
    t[j+1]='\0';
}
```

10.2.4　程序验证

运行程序,从键盘输入 11.67822265625,显示转换后的结果为 1011.10101101101。若输入 11.1415,则转换后的结果如下:

```
输入一串整型数字
11.67822265625
二进制字符串 =1011.10101101101
输入一串整型数字
11.1415
二进制字符串 =1011.00100100001110010101100000010000011000100100110
0011011010011111101111100111011010110011001
Press any key to continue
```

10.3　彩票模拟程序

根据百度百科关于彩票的描述,福利彩票就是指以筹集社会福利资金为目的而发行的印有号码、图形或文字,供人们自愿购买并按特定规则确定购买人获取或不获取奖金的有价证券。国家发行彩票的目的是筹集社会公众资金,资助福利、体育等社会公众事业发展,财政部是彩票的主管机关。彩票的发行须经财政部审核同意后报国务院批准,并由国务院批准的彩票发行机构发行,其他任何部门无权批准发行彩票。

本实例选用彩票进行讲解,主要是介绍对于数组的定义和应用,以及循环的相关操作,目的是训练学生综合应用数组、循环、文件的内容进行相关数据处理的能力,仅限于教学。目前,国内有双色球、大乐透等多款彩票,本实例使用23选5的彩票方式。

10.3.1　功能要求

1. 数据文件

(1) 采用固定的文件名称。

(2) 按文本方式存储数据。

2. 软件功能

(1) 彩票数据的产生。

(2) 本期彩票数据存储。

(3) 历史彩票数据显示。

(4) 用户选择彩票数字。

(5) 判断中奖的数字。

3. 菜单设计

(1) 创建文本格式的菜单。

(2) 所有操作均由菜单提示,根据用户输入内容执行有关程序。

10.3.2　总体设计

在总体设计中主要是规划系统的功能,确定系统实现的方法、数据的存储格式以及系统功能实现的可行性。根据确定的系统功能,进行功能细化,然后确定对应的模块名称及参数内容,以便进行函数调用。

根据题目要求,规划如下系统功能:

(1) 产生彩票:按照随机方式在 1~23 数字中产生 5 个数字。

(2) 用户选票:用户输入 1~23 中的任意不重复的 5 个数字。

(3) 中奖判断:将用户输入的 5 个数字与系统自动产生的 5 个数字进行比较,判断用户选中数字的个数,并按照选中 5 个为一等奖、选中 4 个为二等奖、算中 3 个为三等奖、选中 2 个为四等奖的方式显示中奖情况。

(4) 存储数据:将本次产生的彩票数据存储于数据文件。

(5) 读取数据:将历史彩票数据读入到数组中。

10.3.3　函数设计

(1) lottery

函数原型:void lottery(int * a);

功能:在 1~23 之间产生 5 个随机数,并存入整型数组 a 中。程序开始用♯define 定义 M 和 N 两个常量,分别表示 23 和 5 两个数字。

参数:a 表示存储产生的随机彩票数字。

返回值:无。

(2) savedata

函数原型:void savedata(int * a);

功能:将本次产生的彩票数字存储到文件中。

参数:a 表示待存储的本次产生随机彩票数字的数组。

返回值:无。

(3) showdata

函数原型:void showdata();

功能:从文件中读取并显示历史彩票数据。

参数:无。

返回值:无。

(4) buylottery

函数原型:void buylottery(int * a);

功能:用户选择并输入彩票数字,输入过程中系统会判断是否已经存在该彩票数字,若存在则提示重新输入,不存在则直接加入数组 a 中。

参数:a 存储已选择彩票数字的数组。

返回值:无。

(5) checklottery

函数原型:void checklottery(int * a,int * b);

功能：判断用户选择的彩票数字与系统自动产生的彩票数字的相同情况，并输出是几等奖。

参数：a 表示存放用户选择的彩票数字的数组，b 表示存放系统产生的彩票数字的数组。

返回值：无。

10.3.4 程序代码

```c
#include "stdio.h"
#include "string.h"
#include "stdlib.h"
#include "time.h"
#include <windows.h>
#define M 23
#define N 5
#define datfile "c:\\lottery.dat"

//在 1~M 个数中选出 N 个数,结果存放在 a 数组中
void lottery(int * a)
{
    int i=0,j,x;
    srand(GetTickCount());              //基于毫秒级随机数产生方法
    a[i++]=rand()%M+1;                  //首先产生第一个数
    while(i<N)
    {
        x=rand()%M+1;
        //判断是否已存在该随机数
        for(j=0;j<i;j++)
            if(x==a[j])
                break;
        if(j>=i)
        {
            //对前 n-1 个数进行插入排序(边产生边排序),最后一个是特别码
            if(i<N-1)
            {
                j=i-1;
                while(a[j]>x)
                    a[j+1]=a[j--];
                a[j+1]=x;
                i++;
            }
            else
                a[i++]=x;
        }
    }
```

```
    }

//将本次产生的彩票数值存储到文件中
void savedata(int * a)
{
    int i;
    char f[100]="",p[10];
    FILE * fp;
    if((fp=fopen(datfile,"at"))==NULL)
    {
        printf("打开文件错误!");
        return;
    }

    for(i=0;i<N-1;i++)
    {
        sprintf(p,"%3d",a[i]);
        strcat(f,p);
    }
    sprintf(p,"%3d\n",a[i]);
    strcat(f,p);
    fputs(f,fp);
    fclose(fp);
}

//从文件中读取历史彩票数据
void showdata()
{
    char ch;
    FILE * fp;
    if((fp=fopen(datfile,"rt"))==NULL)
    {
        printf("打开文件错误!");
        return;
    }
    printf("存储的历史彩票数据\n");
    while((ch=fgetc(fp))!=EOF)
    {
        putchar(ch);
    }
    fclose(fp);
}
//投注程序
void buylottery(int * a)
{
```

```c
        int i,j,d,f;
        printf("请输入%d个 1-%d之间数字:",N,M);
        for(i=0;i<N;i++)
        {
            f=1;
            //判断该数是否已经存在
            while(f)
            {
                printf("请输入第%d个数字:",i+1);
                scanf("%d",&d);
                if(d>M)
                {
                    printf("输入的数字不能超过%d\n",M);
                    continue;
                }
                for(j=0;j<i;j++)
                    if(a[j]==d)
                        break;
                if(j<i)
                    printf("数字%d已存在。",d);
                else
                    f=0;
            }
            //将输入的数字按顺序插入到数组中
            if(i==0)
                a[0]=d;
            else
            {
                j=i-1;
                while(a[j]>d)
                    a[j+1]=a[j--];
                a[j+1]=d;
            }
        }
    }

    //判断投注程序中奖情况
    void checklottery(int * a,int * b)
    {
        int i,j,k=0;
        printf("买对的彩票数字:");
        for(i=0;i<N;i++)
        {
            for(j=0;j<N;j++)
            {
```

```
            if(a[i]==b[j])
            {
                k++;
                break;
            }
        }
        if(j<N)
            printf("%3d",a[i]);
    }
    printf(" 共计%d 个数字",k);
    switch(k)
    {
    case 5:
        printf(",恭喜中得一等奖!!\n"); break;
    case 4:
        printf(",恭喜中得二等奖!!\n"); break;
    case 3:
        printf(",恭喜中得三等奖!!\n"); break;
    case 2:
        printf(",恭喜中得四等奖!!\n"); break;
    default:
        printf(",很遗憾,未能中奖!!\n");
    }
}


void main()
{
    int d,a[N]={0},b[N]={0};
    while(1)
    {
        printf("---请选择彩票功能---\n");
        printf("1 用户选择彩票\n");
        printf("2 彩票开奖\n");
        printf("3 查看历史彩票数据\n");
        scanf("%d",&d);
        if(d<0 || d>3)
            break;
        switch(d)
        {
        case 1:
            buylottery(a);
            break;
        case 2:
            lottery(b);
            savedata(b);
```

```
            checklottery(a,b);
            break;
        case 3:
            showdata();
            break;
        }
    }
```

10.3.5 测试结果

运行程序,并输入功能选项 1,根据提示输入 5 个彩票数字,然后执行功能选项 2,查看彩票中奖情况,执行功能选项 3 可查看历史彩票数字。程序运行结果如下:

10.4 简单通讯录设计

10.4.1 功能要求

1. 数据文件

(1) 采用固定的文件名称。

(2) 自定存储格式。

(3) 首次运行程序时创建数据文件。

2. 记录的操作

(1) 添加新的通讯录成员信息。

(2) 删除已有的通讯录成员信息。

(3) 多种形式的查询并显示结果。

(4) 显示全部记录信息。

(5) 对某些成员信息进行编辑。

3. 数据的存储和读取

(1) 数据的存储采用覆盖方式,每次将数据内容重写一次。

（2）程序运行时,自动读取数据文件的内容,以备使用。

4．菜单设计

（1）创建文本格式的菜单。

（2）所有操作均由菜单提示,根据用户输入内容执行有关程序。

10.4.2　总体设计

根据题目要求,规划如下系统功能：

（1）添加记录：在原有记录的基础上添加新的记录。

（2）删除记录：根据用户输入的信息确定是否存在指定记录,经用户同意方可删除。

（3）查找记录：根据用户输入的信息在记录集中查找,若找到则输出记录信息,若找不到,则输出提示信息。

（4）修改记录：根据用户输入的信息修改通讯录指定成员的有关信息。

（5）保存数据：将当前记录集的内容保存到数据文件中。

（6）读取数据：程序运行时首先将数据文件的内容读取到有关结构中。

10.4.3　存储结构

由于通讯录成员的信息内容由姓名、邮箱和电话等内容组成,可以采用结构体的方式表示,对于通讯录内容的存储,既可以采用数组的方式,也可以采用链表的方式,从占用空间的角度而言,链表具有得天独厚的优势,但从操作的难易程度来看,无论是查找、排序和循环等操作,数组都是最简单的形式。为加深对结构体和指针的认识和应用,本程序示例采用链表的形式,对通讯录的内容进行存储和操作,结构体定义如下：

```
struct address
{
    char name[20];                      //姓名
    char mail[20];                      //邮箱
    char tel[20];                       //电话
    struct address * next;              //指向下一节点的指针
};
```

10.4.4　函数设计

（1）address

函数原型：struct address * addnew(char * name,char * email,char * phone);

功能：向链表中添加一条记录。

参数：name 表示姓名,email 表示邮箱,phone 表示电话号码。

返回值：返回指向链表头节点的指针。

（2）address

函数原型：struct address * delrec(char * name);

功能：按姓名方式删除一条记录。

参数：name 表示要删除记录的姓名。

返回值：返回指向链表头节点的指针。

（3）address

函数原型：struct address * modifyrec(char * name,char * email,char * phone)

功能：按姓名方式更改链表指定节点的邮箱和电话号码。

参数：name 表示姓名,email 表示邮箱,phone 表示电话号码。

返回值：返回指向链表头节点的指针。

（4）printrec

函数原型：void printrec(struct address * p);

功能：顺序显示链表中各记录的内容。

参数：p 是指向链表头节点的指针。

返回值：无。

（5）saverec

函数原型：void saverec(struct address * head,char * filename);

功能：将链表中各记录的内容保存到指定文件中。

参数：head 是指向链表头节点的指针,filename 表示要输出到的文件名。

返回值：无。

（6）address

函数原型：struct address * readrec(char * filename);

功能：将指定文件中的内容读入到链表中。

参数：filename 表示要读取记录内容的文件名。

返回值：是指向链表头节点的指针。

（7）sortbyname

函数原型：void sortbyname(struct address * head);

功能：按姓名方式对链表中各节点进行排序。

参数：head 是指向链表头节点的指针。

返回值：无。

（8）exchangenode

函数原型：void exchangenode(struct address * p,struct address * p1);

功能：交换两个节点的内容。

参数：p、p1 分别是指向要交换节点的指针。

返回值：无。

（9）querybyname

函数原型：void querybyname(struct address * h,char * qname);

功能：按姓名方式对链表中各节点进行查找,找到后输出节点的内容。

参数：h 是指向链表头节点的指针,qname 表示要查找的姓名。

返回值：无。

10.4.5 程序示例

```
#include "stdlib.h"
#include "string.h"
#include "stdio.h"
#include "conio.h"
#define recperpage 10                    //disp records per page
#define FILENAME "c:\\comlists"
struct address
{
    char name[20];                       //姓名
    char email[20];                      //邮箱
    char phone[20];                      //电话
    struct address * next;
} * head=NULL;
//向链表中添加新的记录内容
struct address * addnew(struct address * head,char * n,char * e,char * p)
{
    struct address * p0, * p1;
    p0= (struct address * )malloc(sizeof(struct address));
    strcpy(p0->name,n);
    strcpy(p0->email,e);
    strcpy(p0->phone,p);
    if(head==NULL)     head=p0;
    else
    {
        p1=head;
        while(p1->next!=NULL)
            p1=p1->next;
        p1->next=p0;
    }
    p0->next=NULL;
    return(head);
}
//从链表中删除姓名为指定内容的所有节点
struct address * delrec(char * name)
{
    struct address * p1, * p2;
    if(head==NULL)     return NULL;
    p1=head;
    //p1 不是要找的节点,并且其后还有节点
    while(strcmp(p1->name,name)!=0 && p1->next!=NULL)
    {
        p2=p1;p1=p1->next;                //p1 后移一个节点
    }
```

```
        if(strcmp(p1->name,name)==0)            //找到了
        {
            if(p1==head)head=p1->next;           //p1 指向首节点
            else p2->next=p1->next;
            printf("\nDelete OK!\n");
        }
        else
            printf("\nNot find!\n");
        return head;
}
//将链表中的数据内容保存到文件中
void saverec(struct address * head,char * filename)
{
    struct address * p=head;
    FILE * fp;
    if((fp=fopen(filename,"wb"))==NULL)
    {
        printf("cannot open file\n");
        return;
    }
    if(p!=NULL)
    do
    {
        if(fwrite(p,sizeof(struct address),1,fp)!=1)
        {
            printf("file write error\n");
            fclose(fp);
            break;
        }
        p=p->next;
    }while(p!=NULL);
    fclose(fp);
}
//显示链表的数据内容
void printrec(struct address * head)
{
    int n=0,key; struct address * p=head;
prints:
    printf("\n\nPress 0 to Exit,others to continue!\n");
    printf(" ID         Name            E_Mail            Phone\n");
    if(p!=NULL)
    do
    {
        printf("%3d",n+1);
        printf("%20s",p->name);
```

```
        printf("%20s",p->email);
        printf("%20s\n",p->phone);
        n++;
        p=p->next;
        if(p==NULL)    break;
        if(n%recperpage==0)
        {
            scanf("%d",&key);
            if(key==0)    break;
            else    goto prints;
        }
    }while(p!=NULL);
}
//从文件中读取数据内容到链表中
struct address * readrec(char * filename)
{
    char c;
    struct address * p, * p1, * head=NULL;
    FILE * fp;
    if((fp=fopen(filename,"rb"))==NULL)
    {
        printf("cannot open file\n");
        return NULL;
    }
    while(!feof(fp))
    {
        c=fgetc(fp);                        //首先预读1个字节,然后再向前定位一个字节
        if(feof(fp))break;
        fseek(fp,-1,SEEK_CUR);
        p=(struct address * )malloc(sizeof(struct address));
        fread(p,sizeof(struct address),1,fp);
        if(head==NULL)
            head=p;
        else
            p1->next=p;
        p1=p;
    }
    fclose(fp);
    p1->next=NULL;
    return(head);
}
//交换两个节点的内容
void exchangenode(struct address * p,struct address * p1)
{
    char cdata[20];
```

```
        strcpy(cdata,p1->name);
        strcpy(p1->name,p->name);
        strcpy(p->name,cdata);
        strcpy(cdata,p1->email);
        strcpy(p1->email,p->email);
        strcpy(p->email,cdata);
        strcpy(cdata,p1->phone);
        strcpy(p1->phone,p->phone);
        strcpy(p->phone,cdata);
}
//按照姓名排序
void sortbyname(struct address * head)
{
    struct address * p1,* p2,* p;
    if(head==NULL)   return;
    p1=head;
    do
    {
        p=p1;
        p2=p1->next;
        while(p2!=NULL)
        {
            if(strcmp(p->name,p2->name)>0)
                p=p2;
            p2=p2->next;
        }
        if(p!=p1)
            exchangenode(p,p1);
        p1=p1->next;
    }while(p1!=NULL);
}
//按姓名查询并显示查询结果
void querybyname(struct address * h,char * qname)
{
    struct address * p,* p0=NULL;
    p=h;
    if(p==NULL)
    {
        printf("Linklist is NULL,not find!");
        return;
    }
    while(p!=NULL)
    {
        //找到查找内容则加入到新的链表中,用于打印
        if(strcmp(p->name,qname)==0)
```

```
            p0=addnew(p0,p->name,p->email,p->phone);
        p=p->next;
    }
    //显示检索出来的链表内容
    if(p0==NULL)
    {
        printf("Sorry,Not find!");
        return;
    }
    else
        printrec(p0);
}
void mainmenu()
{
    printf("\n\n\n\nWelcome to use this program!\n");
    printf("Add New Record,press 1\n");
    printf("Delete One Record,press 2\n");
    printf("Modify Record,press 3\n");
    printf("Save Record,press 4\n");
    printf("Read Record,press 5\n");
    printf("Display Record,press 6\n");
    printf("Query Record,press 7\n");
    printf("Sort Record,press 8\n");
    printf("Exit, press 0\n");
}
void main()
{
    int key,key1;
    char name[20]={0},email[20]={0},phone[20]={0};
    mainmenu();
    scanf("%d",&key);
    while(key!=0)
    {
        switch(key)
        {
        case 1:                                      //添加新记录
            printf("Please Input User Name:");
            scanf("%s",name);
            printf("Please Input User E_Mail:"); scanf("%s",email);
            printf("Please Input User Phones:"); scanf("%s",phone);
            head=addnew(head,name,email,phone);     //调用函数
            break;
        case 2:                                      //删除一条记录
            printf("Input User Name to Del:");
            scanf("%s",name);
```

```
        head=delrec(name);
        break;
    case 3:                                      //修改一条记录
        printf("Input User Name to Modify:");
        scanf("%s",name);
        head=delrec(name);
        break;
    case 4:                                      //保存链表数据到数据文件中
        saverec(head,FILENAME);
        break;
    case 5:                                      //读取数据文件中的记录到链表
        head= readrec(FILENAME);
        break;
    case 6:                                      //显示链表中的数据内容
        printrec(head);
        break;
    case 7:                                      //按照姓名查找
        printf("Input User Name to Query:");
        scanf("%s",name);
        querybyname(head,name);
        break;
    case 8:                                      //按姓名排序
        sortbyname(head);
        break;
    case 0:
        printf("\nThanks,Good-Bye!Press Any Key to Quit\n");
        getch();
        return;
    }
    mainmenu();
    scanf("%d",&key);
    }
}
```

10.4.6　测试结果

编写完成源程序后,虽然能够通过编译并能运行源程序,但未必能保证得到正确的运行结果,因此必须要对编制的源程序进行测试,以便发现一些潜在的问题并及时予以修改,尽可能减少软件在正式使用后出现的问题。Grenford J. Myers 在《软件测试的艺术》(*The Art of Software Testing*)一书中对于软件测试所提出的观点是:

(1) 测试是程序的执行过程,目的在于发现错误。

(2) 一个好的测试用例在于它能发现至今未发现的错误。

(3) 一个成功的测试是发现了至今未发现的错误的测试。

由于本实例的目的是介绍利用所学 C 语言的基本知识进行综合程序的设计过程,在此只是按照程序的逻辑结构进行简单的验证性测试,使读者了解和掌握有关的设计方法,并能比较直观地查看程序的输出结果。

程序运行时输出如下功能菜单:

```
Welcome to use this program!
Add New Record,press 1
Delete One Record,press 2
Modify Record,press 3
Save Record,press 4
Read Record,press 5
Display Record,press 6
Query Record,press 7
Sort Record,press 8
Exit, press 0
```

输入 1 之后,系统出现有关提示,在提示后输入有关内容:

```
Please Input User Name: zhang
Please Input User E_Mail: zh@126.com
Please Input User Phones: 13512345678
```

此时系统返回主菜单,输入 6 查看记录,输出结果如下:

10.5 读取 dbf 数据表格

dbf 文件是一种格式简单、内容紧凑的数据文件格式,在早期的数据库系统如 dBASE、FoxBASE、FoxPro 中有成功的应用,目前主要用于 Visual FoxPro 数据库系统中。尽管这些软件产生的文件的扩展名都是 dbf,但是其内部格式并不相同(格式标志是文件的第一个字节),总共有 11 种之多。在 Visual FoxPro 3.0 之前,dbf 文件称为数据库,但自 Visual FoxPro 3.0 开始,dbf 文件就称为数据表文件。表文件由头记录及数据记录组成,头记录定义该表的结构并包含与表相关的其他信息。头记录由文件位置 0 开始;数据记录紧接在头记录之后(连续的字节),包含字段中实际的文本。

记录的长度(以字节为单位)等于所有字段定义的长度之和。表文件中存储整数时低位字节在前。

10.5.1 dbf 表文件的结构

一个简单的 dbf 表文件的二进制内容如图 10-1 所示。

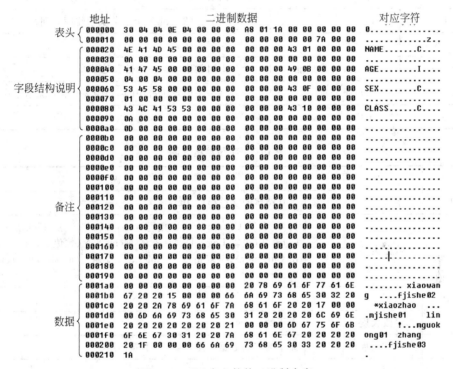

图 10-1   dbf 表文件的二进制内容

从图 10-1 中可以看出,一个 dbf 表文件主要由 4 部分组成,即表头、字段定义、备用内容和数据内容。其中表头、数据内容用于记录存储在表文件中的各条记录的信息内容。

1. 表头

在图 10-1 中,前两行是表头部分,共 32B,用于描述表格类型、修改日期、记录长度和记录总数等内容。具体说明见表 10-1。

2. 字段结构说明

字段结构说明用于描述字段名称、字段类型、字段长度和小数位数等信息,每个字段描述占 32B,具体说明见表 10-2。

表 10-1　表头说明

字　节	说　明	备　注
1	文件类型标识	0x02：FoxBASE 0x03：FoxBASE＋/dBASE Ⅲ plus,没有备注 0x30：Visual FoxPro 0x43：dBASE Ⅳ SQL 表文件,没有备注 0x8B：dBASE Ⅳ,带有备注 0xF5：FoxPro 2.x(或以前),带有备注 0xFB：FoxBASE
2	年	Visual FoxPro 为当前年份(如 04)
3	月	当前月份
4	日	当前日(2、3、4 三个字节表示建库日期)
5～8	记录数	高字节在后
9～10	数据段开始地址	指向数据区的一个偏移地址
11～12	每记录长度	每一条记录所占用的字节数(包括删除标记)
13～32	未用	

表 10-2　字段结构说明

字　节	说　明	备　注
1～11	字段名	以 0 结尾的字符串(Z 串)
12	数据类型	为 C(字符 Character)、I(整型 Integer)、F(浮点 Float)、D(日期 Date)、L(逻辑 Logical)、M(备注 Memo)、N(数值 Numeric)、Y(货币 Currency)、B(双精度 Double)、T(日期时间 DateTime)、P(图片 Picture)
13～16	未用	
17	字段长度	占用的字节数
18	小数点后的长度	无小数点的数据类型,本字节不起作用
19～32	未用	

3. 备注

字段定义结束至数据的存储起始位置之间相距 264B,用于存储备注,在创建文件时这些字节内容全为空。

4. 数据

从表头中记录的数据存储起始位置开始,顺序存放表格文件的各条记录的数据内容,每条记录的长度为各字段的长度之和。

10.5.2　读取 dbf 表的内容

当要编写程序读取 dbf 表的数据内容时应采取的步骤如下:

(1) 读取文件第 5～8 字节处的记录的条数;

（2）读取文件第 9～10 字节处表示的存储数据的开始位置，并定位到该位置。

（3）循环读取各条记录的内容，并显示结果。

本实例只是简介 C 语言读取 dbf 表文件的原理，在确知各字段名称、类型及长度的前提下读取各条记录的内容，所以功能较为简单，只定义了一个函数，用于读取记录内容。

函数名称：readdata

函数原型：void readdata(char * filename);

功能：从 filename 文件中读取记录信息。

读取 dbf 表格并显示记录的程序如下：

```c
#include "stdio.h"
struct dates                      //日期结构体
{
    char year;
    char month;
    char day;
};
struct header                     //头信息结构体
{
    char type;                    //文件类型标识
    struct dates date;            //日期
    long record_num;              //记录数
    short offset;                 //数据段开始地址
    short field_len;              //每记录长度
    char reserved[20];            //保留未用
}h;
struct student
{
    char nul;                     //每个记录开始为空格(0x20)字符
    char name[10];                //姓名字段的内容
    long age;                     //年龄,在 Visual C++下应写成 4 个 char 类型,这是为了字节对齐
    char sex;                     //性别
    char clas[10];                //班级字段的内容
}stu;
void readdata(char * filename)    //从文件中读取记录信息
{
    long i,j;
    FILE * fp;
    if((fp=fopen(filename,"rb"))==NULL)
    {
        printf("Read Error\n");
        return;
    }
    fread(&h,sizeof(struct header),1,fp);
    //输出头信息
```

```
        printf("\n%x %x %x %x",h.type,h.date.year,h.date.month,h.date.day);
        printf("\n%x %x %x\n",h.record_num,h.offset,h.field_len);
        //显示字段名称
        printf("  Name    age sex   class  \n");
        //读取并显示字段的内容
        fseek(fp,h.offset,SEEK_SET);          //自文件开头定位
        for(i=1;i<=h.record_num;i++)
        {
            fread(&stu,sizeof(struct student),1,fp);
            //将 name 和 clas 的空(0x20)替代为空(\0)
            for(j=0;j<10;j++)
                if(stu.name[j]==0x20)stu.name[j]=0;
            for(j=0;j<10;j++)
                if(stu.clas[j]==0x20)stu.clas[j]=0;
            printf("%-11s",stu.name);
            printf("%-5d",stu.age);
            printf("%c  ",stu.sex);
            printf("%-11s\n",stu.clas);
        }
        fclose(fp);
}
void main()
{
    readdata("c:\\student.dbf");
}
```

运行程序后的记录显示结果如下：

习　题

编程题

（1）参照本章实例，编写一个简单的图书管理系统，能实现数据的添加、删除、查询和修改等操作。

（2）参照本章实例，编写一个简单的学籍管理系统，能实现数据的添加、删除、查询和修改等操作。

（3）参照本章实例，编写一个简单的表达式分析函数，能对混合四则运算的字符串进行解析并得出结果。

（4）编写程序实现功能：输入一个字符串格式的大的十进制数字，转换成十六进制输出。

第 11 章　C 语言在单片机开发中的应用

【本章概述】

本章是初学 C 语言者的一大难点,属较高要求,主要应用于编写系统软件。读者应在掌握了计算机的几种基本数值编码的基础上开始本章的学习。通过本章的内容,可以进一步展示出 C 语言既具有高级语言的特点,又具有低级语言的功能,它能直接对计算机的硬件进行操作,因而具有广泛的用途和很强的生命力。

【学习要求】

- 了解：位运算的特殊应用。
- 掌握：位运算符的含义和使用方法。
- 重点：位运算符的含义。
- 难点：位运算符的使用方法。

11.1　位　运　算

在计算机内部,程序的运行、数据的存储及运算都是以二进制的形式进行的,一个字节由 8 个二进制位组成。在系统软件中,经常要处理二进制位的问题。C 语言提供了按位运算的功能,这使得它与其他高级语言相比具有很强的优越性。

表 11-1 列出了位操作的运算符,位运算符的操作对象为整型或字符型数据。

表 11-1　位操作的运算符含义与实例

位运算符	含　义	举　例
~	按位取反	~a,对变量 a 中全部二进制位取反
<<	左移	a<<2,a 中各位全部左移 2 位,右边补 0
>>	右移	a>>2,a 中各位全部右移 2 位,左边补 0
&	按位与	a&b,a 和 b 中各位按位进行"与"运算
|	按位或	a|b,a 和 b 中各位按位进行"或"运算
^	按位异或	a ^ b,a 和 b 中各位按位进行"异或"运算

说明:

(1) 运算量只能是整型或字符型的数据,不能为实型或结构体等类型的数据。

(2) 6 个位运算符的优先级由高到低依次为取反、左移和右移、按位与、按位异或、按位或。

(3) 两个不同长度的数据进行位运算时,系统会将二者按右端对齐。

11.1.1 "按位与"运算

1. 运算规则

参与运算的两数(以补码方式出现)对应的各二进位相与(即逻辑乘),只有对应的两个二进位均为 1 时,结果位才为 1,否则为 0,即 0&0=0,0&1=0,1&0=0,1&1=1。它是双目运算符。例如:

$$\begin{array}{r} 1\,0\,1\,1\,1\,0\,1\,0 \quad (\text{十六进制为 BA}) \\ \&\,0\,1\,1\,0\,1\,1\,1\,0 \quad (\text{十六进制为 6E}) \\ \hline 0\,0\,1\,0\,1\,0\,1\,0 \quad (\text{十六进制为 2A}) \end{array}$$

2. 用途

(1) 清零。按位与运算通常用来对某些位清零。由按位与的规则可知:为了使某数的指定位清零,可将该数与一特定数按位与运算。该数中为 1 的位,特定数中相应位应为 0;该数中为 0 的位,特定数中相应位可以为 0 也可以为 1。由此可见,能对某一个数的指定位清零的数并不唯一。

【例 11.1】 对原数 00110110 中为 1 的位清零。

```
#include "stdio.h"
void main()
{
    int a=0x36,b=0xc0,c;
    c=a&b;
    printf("a=%x\nb=%x\nc=%x\n",a,b,c);
}
```

$$\begin{array}{r} \text{原数补码} \rightarrow \quad 0\,0\,1\,1\,0\,1\,1\,0 \\ \text{清零的数} \rightarrow \& \quad 1\,1\,0\,0\,0\,0\,0\,0 \quad (\text{或 01000000、00000000 等}) \\ \hline \text{清零结果} \rightarrow \quad 0\,0\,0\,0\,0\,0\,0\,0 \end{array}$$

(2) 取一个数的某些位。可将该数与一个特定数进行按位与运算,对于要取的那些位,特定数中相应的位设为 1。

【例 11.2】 把短整型数字 a 的高 8 位清零,保留低 8 位。可进行 a&255 运算(短整型数 255 的二进制数为 0000000011111111)。

```
#include "stdio.h"
void main()
{
    short int a,b=255,c;
    scanf("%d",&a);
    c=a&b;
    printf("a=%x  b=%x  c=%x\n",a,b,c);
}
```

程序运行时输入 6709(十六进制表示为 1a35),程序输出结果如下:

```
6709
a=1a35 b=ff c=35
```

（3）取出数中的某一位。要想将一个数的某一位保留下来,可将该数与一个特定数进行按位与运算,特定数的对应位为1。

【例 11.3】 编写程序将 a(=9)的最低位取出。

```
#include "stdio.h"
void main()
{
    int a=9,b=1,c;
    c=a&b;
    printf("a=%x  b=%x  c=%x\n",a,b,c);
}
```

程序运行结果如下:

```
a=9  b=1  c=1
```

11.1.2 "按位或"运算

1. 运算规则

运算符|将两边对应的二进制位分别进行"或"运算,即二者之中只要有一个为1时结果就为1,两者都为0时结果才为0。例如:

$$10011010 \quad （十六进制为9A）$$
$$|\ 01010110 \quad （十六进制为56）$$
$$\overline{\quad\quad\quad\quad\quad\quad}$$
$$11011110 \quad （十六进制为DE）$$

可以发现,任何一位与0进行"或"运算时,结果就等同于这一位。

2. 用途

将一个数据的某些指定的位置1。

【例 11.4】 将一个数的低 5 位置 1。

只需将该数与00011111进行|运算。例如:

$$\#\#\#\#\#\#\#\# \quad （\#可代表0或1）$$
$$|\ 00011111$$
$$\overline{\quad\quad\quad\quad\quad\quad}$$
$$\#\#\# 11111$$

```
#include "stdio.h"
void main()
{
    int a,b=31,c;
    scanf("%d",&a);
    c=a|b;
    printf("a=%x  b=%x  c=%x\n",a,b,c);
}
```

程序运行时输入数字 5,输出结果如下:

```
a=5   b=1f   c=1f
```

11.1.3 "按位异或"运算

1. 运算规则

按位异或运算符 ∧ 的作用是判断两个相应位的值是否"相异"(不同),若相异,结果为 1,否则结果为 0。例如:

$$\begin{array}{r} 1\,0\,0\,1\,1\,0\,1\,0 \quad (十六进制为 9A) \\ \wedge\,0\,1\,0\,1\,0\,1\,1\,0 \quad (十六进制为 56) \\ \hline 1\,1\,0\,0\,1\,1\,0\,0 \quad (十六进制为 CC) \end{array}$$

可以发现,任何一位与 1"异或"时,其结果是将这一位取反,即由 1 变成 0,或者由 0 变成 1。

2. 用途

(1) 使特定位翻转。

【例 11.5】 将 01110001 的低 4 位翻转,高 4 位保留原值。

$$\begin{array}{r} 0\,1\,1\,1\,0\,0\,0\,1 \\ \wedge\,0\,0\,0\,0\,1\,1\,1\,1 \\ \hline 0\,1\,1\,1\,1\,1\,1\,0 \quad (十进制 126) \end{array}$$

```
#include "stdio.h"
void main()
{
    int a=0x71,b=0xf,c;
    c=a^b;
    printf("a=%x  b=%x  c=%x\n",a,b,c);
}
```

程序运行结果如下:

```
a=71   b=f   c=7e
```

要使哪几位翻转就将与其进行"按位异或"运算的数的相应位置 1。

(2) 使特定位保留原值。要使哪几位保留原值就将与其进行"按位异或"运算的数的相应位置 0。

(3) 交换两个值,不用临时变量。

【例 11.6】 设有整型数 a＝5,b＝7。编写程序利用位运算,将 a 和 b 的值互换。

程序中,通过顺序使用 a=a^b;,b=b^a;,a=a^b;这 3 个赋值语句将两个变量 a、b 的值互换。

```
#include "stdio.h"
void main()
{
    int a=5,b=7;
    printf("a=%d,b=%d,",a,b);
    a=a^b;  b=b^a;   a=a^b;
```

```
        printf("a=%d,b=%d\n",a,b);
    }
```

程序运行结果如下：

a=5,b=7,a=7,b=5

11.1.4 "求反"运算

1. 运算规则

对参与运算的数的各二进位按位求反，它是单目运算符，具有右结合性。即 $\sim 0 = 1$，$\sim 1 = 0$。

例如，~ 9 的运算为

$$\sim 0000000000001001$$
$$\overline{}$$
$$1111111111110110$$

2. 用途

适当的使用可增加程序的移植性。如要将整数 a 的最低位置为 0，通常采用语句 a＝ a&~1 来完成，因为这样对 a 是 16 位数还是 32 位数均不受影响。

11.1.5 "左移"运算

1. 运算规则

把<<左边运算数的各二进位全部左移由<<右边的数指定的位数，高位丢弃，低位补 0，它是双目运算符。

例如，a<<4 指把 a 的各二进位向左移动 4 位。设 a＝00000011（十进制 3），则左移 4 位后为 00110000（十进制 48）。

2. 用途

左移 1 位相当于该数乘以 2；左移 n 位相当于该数乘以 2 的 n 次方。但此结论只适用于该数左移时被溢出舍弃的高位中不包含 1 的情况。

左移比乘法运算快得多，有的 C 编译系统自动将乘 2 运算用左移一位来实现。

11.1.6 "右移"运算

1. 运算规则

把>>左边的运算数的各二进位全部右移由>>右边的数指定的位数。

2. 用途

右移 1 位相当于该数除以 2，右移 n 位相当于该数除以 2 的 n 次方。

3. 说明

对于有符号数，在右移时，符号位将随同移动；当为正数时，最高位补 0；而为负数时，符号位为 1，最高位是补 0 还是补 1 取决于计算机系统的规定。移入 0 的称为逻辑右移；移入 1 的称为算术右移。可以通过编写程序来验正所使用的系统是采用逻辑右移还是算术右移。很多系统规定为补 1，即算术右移。例如：

a	1001011111101101
a>>1	0100101111110110 （逻辑右移）
a>>1	1100101111110110 （算术右移）

11.1.7 位复合赋值运算

位运算符与赋值运算符结合组成位复合赋值运算符,位复合赋值运算符与算术复合赋值运算符相似,它们的运算级别较低,仅高于逗号运算符,是自右而左的结合性。

1. 分类

位复合赋值运算符共 5 种,如表 11-2 所示。

表 11-2 位复合赋值运算符

运算符	名 称	例 子	等价于
&=	位与赋值	a&=b	a=a&b
|=	位或赋值	a|=b	a=a|b
^=	位异或赋值	a^=b	a=a^b
>>=	右移赋值	a>>=b	a=a>>b
<<=	左移赋值	a<<=b	a=a<<b

2. 运算过程

(1) 先对两个操作数进行位操作。

(2) 再将结果赋予第一个操作数(因此第一个操作数必须是变量)。例如,a&=2;表示a=a&2。

11.2 89C52 单片机 C 语言应用

C 语言现在已成为应用最广泛的编程语言之一,1978 年后,C 语言已先后被移植到大、中、小及微型机上,它可以作为工作系统设计语言,编写系统应用程序,也可以作为应用程序设计语言,编写不依赖计算机硬件的应用程序。它的应用范围广泛,具备很强的数据处理能力,不仅仅是在软件开发上,而且各类科研都需要用到 C 语言,适于编写系统软件、三维、二维图形和动画软件以及各种具体应用,比如单片机和嵌入式系统开发。

本节将以 C 语言在 89C52 单片机上的简单编程与应用为中心,通过介绍单片机编程环境,下载调试以及应用等展示 C 语言在程序应用中的优势。

11.2.1 STC89C52RC 单片机介绍

STC89C52 是 STC 公司生产的一种低功耗、高性能 CMOS8 位微控制器,具有 8KB 在系统可编程 Flash 存储器。STC89C52 使用经典的 MCS-51 内核,但做了很多的改进使得芯片具有传统 51 单片机不具备的功能。在单芯片上,拥有灵巧的 8 位 CPU 和在系统可编程 Flash,使得 STC89C52 为众多嵌入式控制应用系统提供高灵活、超有效的解决方案。89C52 单片机的外观和针脚分布如图 11-1 和图 11-2 所示。

89C52 单片机的主要参数如下:

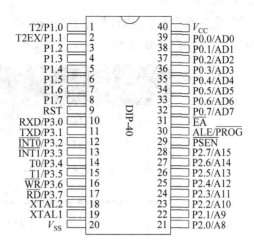

图 11-1　89C52 单片机　　　　　图 11-2　89C52 针脚分配图

（1）增强型 8051 单片机,6 时钟/机器周期和 12 时钟/机器周期可以任意选择,指令代码完全兼容传统 8051。

（2）工作电压：5.5～3.3V(5V 单片机)/3.8～2.0V(3V 单片机)。

（3）工作频率范围：0～40MHz,相当于普通 8051 的 0～80MHz,实际工作频率可达 48MHz。

（4）用户应用程序空间为 8KB。

（5）片上集成 512B RAM。

（6）通用 I/O 口(32 个),复位后,P0/P1/P2/P3 是准双向口/弱上拉。P0 口是漏极开路输出,作为总线扩展用时,不用加上拉电阻;作为 I/O 口用时,需加上拉电阻。

（7）ISP(在系统可编程)/IAP(在应用可编程),无须专用编程器和专用仿真器,可通过串口(RXD/P3.0,TXD/P3.1)直接下载用户程序。

（8）具有 EEPROM 功能,共 3 个 16 位定时器/计数器,即定时器 T0、T1 和 T2。

（9）外部中断 4 路,下降沿中断或低电平触发电路。

（10）Power Down 模式可由外部中断低电平触发中断方式唤醒。

（11）通用异步串行口(UART),还可用定时器软件实现多个 UART。

（12）工作温度范围：-40～+85℃(工业级)/0～75℃(商业级)。

（13）PDIP 封装。

11.2.2　Keil μVision2 单片机开发环境

Keil μVision2 是德国 Keil Software 公司出品的 51 系列兼容单片机 C 语言软件开发系统,使用接近于传统 C 语言的语法来开发。与汇编语言相比,C 语言在功能、结构性、可读性和可维护性上有明显的优势,因而易学易用,大大提高了工作效率和项目开发周期,其还能嵌入汇编语言,使程序达到接近于汇编语言的工作效率。

Keil C51 标准 C 编译器为 8051 微控制器的软件开发提供了 C 语言环境,同时保留了汇编代码高效、快速的特点。C51 编译器的功能不断增强,可以更加贴近 CPU 本身及其他的衍生产品。C51 已被完全集成到 μVision2 的集成开发环境中,这个集成开发环境包含编译器、汇编器、实时操作系统、项目管理器和调试器。μVision2 IDE 可为它们提供单一而灵活的开发环境。软件打开界面如图 11-3 所示。

图 11-3　Keil μVision2

最新版本的 C51 开发环境可以从 http://www.keil.com 网站上下载,各版本大同小异,核心功能并无改变,本节以 Keil μVision2 为例介绍单片机开发环境。

将安装程序下载并安装完成后,双击程序图标打开 μVision2,出现如图 11-4 所示的界面。基本界面包含菜单栏、工具栏等,与基本 Windows 程序界面相同。

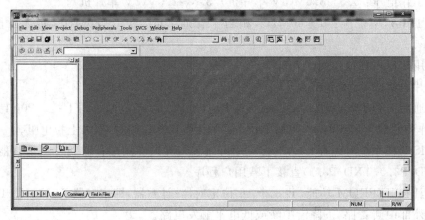

图 11-4　启动界面

程序启动后,即可按步骤进行单片机编程调试。首先新建项目工程,选择菜单栏 Project→New Project 命令,输入相应的文件名,单击"保存"按钮后会出现 CPU 选型界面,如图 11-5 所示,左侧列表中列出了 Keil μVision2 开发环境所支持的单片机型号,单击对应型号,在界面右侧会出现相应的参数介绍供使用者了解。

本例中使用 89C52 单片机,单击展开左侧列表中 Atmel 后选择 89C52,再单击"确认"按钮即可。由于 C 语言的方便移植性等特点,相似内核的不同型号单片机可以兼容。例如,实际使用 89S51 单片机,而列表中无此型号,则可选用相似内核与结构的 89C51 代替。

以上已经建立了一项新的工程,下面开始在工程中建立相应的文件,进行具体项目的编程工作。

单击"新建文件"按钮或按 Ctrl+N 键新建一个文件,然后单击"保存"按钮或按 Ctrl+S 键保存文件,出现 Save As(保存)对话框,如图 11-6 所示,在"文件名"文本框输入相应的文件名。注意在文件名后输入扩展名.c。

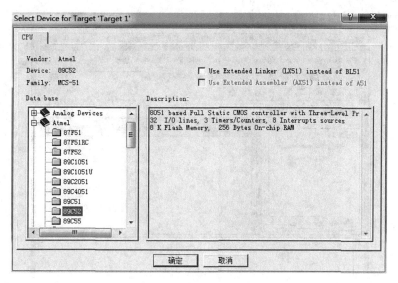

图 11-5　单片机选型界面

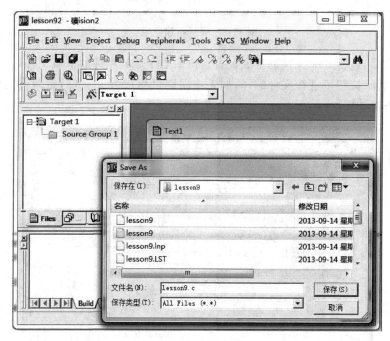

图 11-6　文件保存

　　由于 Keil μVision2 支持 C 语言与汇编语言两种语言,程序依靠文件扩展名调用不同语言的程序。如需使用汇编语言,则可在文件名后输入.asm,然后使用汇编语言编写相应程序。此处仅以 C 语言为例,对汇编语言不做介绍。

　　文件保存后,将文件添加到项目工程中。在程序界面左侧的文件树中找到 Target 1,在其下展开找到 Source Group 1,选中该项,然后右键单击,出现快捷菜单,在其中选择 Add Files to Group "Source Group 1"命令,在弹出的窗口中选择刚才新建的.c 文件,单击 add 按钮后单击 close 按钮退出窗口,此时可展开 Source Group 1,找到刚才添加的工程文件,如

图 11-7 所示。

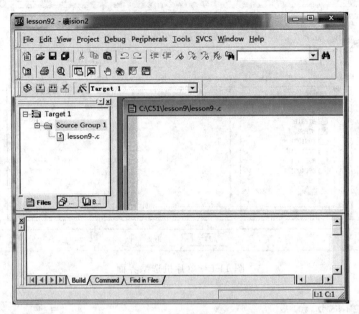

图 11-7　项目新建完成

　　文件建立后,进行 hex 文件的生成设置。hex 文件是单片机的下载文件,在程序编写完成后,单击"编译"按钮可进行文件编译,如无错误则可生成 hex 文件,然后将文件下载到单片机。设置方法如图 11-8 所示。

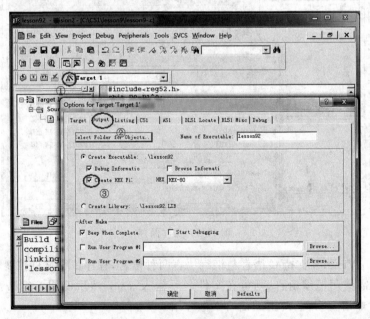

图 11-8　hex 文件生成设置

　　至此,一个新工程项目的文件建立过程已经完成,可进行源程序的编写调试工作了。下面先编写一个小程序。

【例 11.7】 编写一个程序,点亮一个与单片机 P1.0 口相连的发光二极管。

```
#include <reg52.h>          //调用 8052 单片机库函数
sbit D0=P1^0;               //将单片机 P1.0 口用 D0 表示
void main()                 //主函数
{
    D0=0;                   //将 D0 口置为低电平
}
```

程序编译完成后,将生成的 hex 文件下载到单片机,即可将单片机 P1.0 口外接的二极管点亮。

11.2.3 STC-ISP 软件介绍

STC-ISP 是一款单片机下载编程烧录软件,是针对 STC 系列单片机而设计的,可对 STC89 系列、12C2052 系列和 12C5410 系列等 STC 单片机进行程序下载,使用简便,现已被广泛使用。

操作说明如下:

(1) 打开 STC-ISP,如图 11-9 所示,在 MCU Type 列表框中选中单片机,例如 STC89C52RC。

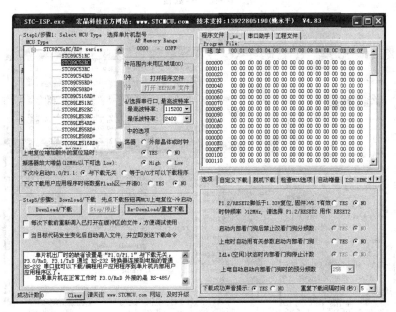

图 11-9 单片机选型

(2) 根据 9 针数据线连接情况选中 COM 端口,"最高波特率"一般保持默认值,如果遇到下载问题,可以将该值适当下调一些,按图 11-10 所示选中各项。

(3) 先确认硬件连接正确,单击"打开文件"按钮,在如图 11-11 所示的对话框内找到要下载的 hex 文件。

(4) 按图 11-12 所示选中两个复选框,这样可以在每次编译 Keil 时能将 hex 代码自动加载到 STC-ISP,单击"Download/下载"按钮。

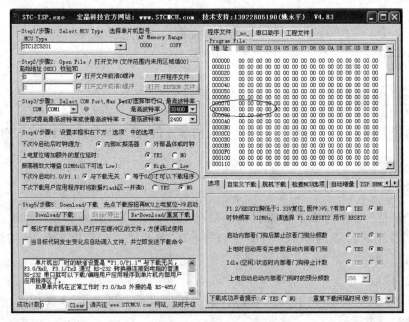

图 11-10　参数设置

图 11-11　打开下载文件

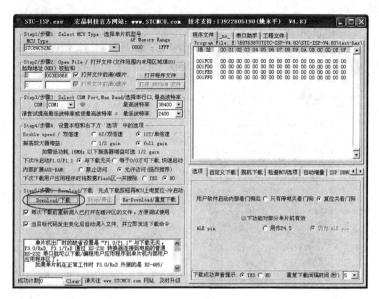

图 11-12　文件下载

（5）手动关闭电源开关，再打开，便可把可执行文件 hex 写入到单片机内，如图 11-13
所示是正在写入程序时的情况。

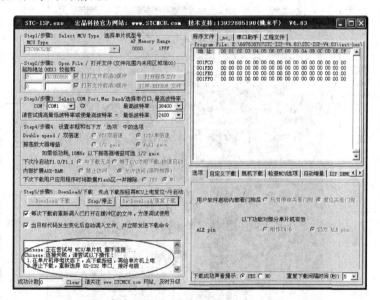

图 11-13　程序写入

（6）程序写入完毕如图 11-14 所示，然后目标板开始运行程序。

11.2.4　C51 单片机开发板介绍

单片机开发板是单片机初学者必备的设备，对于深入学习和了解单片机很有意义。本
节以图 11-15 所示的单片机开发板为例介绍实例编写。开发板的具体详细信息可在 www.
txmcu.com 获取。

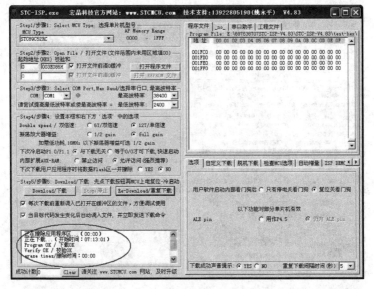

图 11-14　程序写入完毕

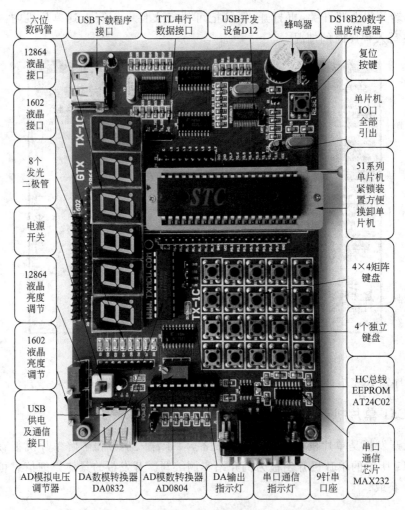

图 11-15　单片机开发板

11.2.5 C 语言单片机应用

下面通过两个例子对单片机用 C 语言进行编程。

【例 11.8】 将与单片机 P1 口相连的 8 个发光二极管中的一个循环移位点亮,同时蜂鸣器发出滴滴的响声。

蜂鸣器用一个 PNP 型三极管驱动,集电极(C 极)通过蜂鸣器线圈接 5V 电源,基极(B 极)是控制端,发射极(E 极)接地,当三极管 C 极和 B 极 PN 结正偏时,PN 结导通,即 B 极为低电平时,三极管导通,蜂鸣器发声。硬件电路及原理图如图 11-16 和图 11-17 所示。

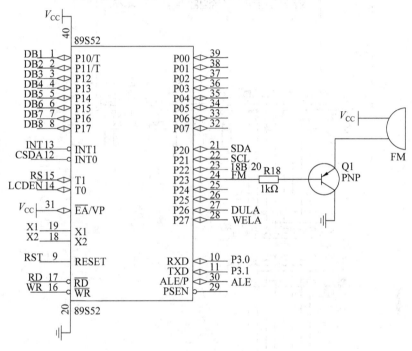

图 11-16 蜂鸣器硬件电路

参考程序如下:

```
#include <reg51.h>
#include <intrins.h>              /*后面要用到其中的_crol_(k,l)函数,这个函数用于把一个
                                    字符变量 k 循环左移 1 位,关于它的说明请看 Keil 安装
                                    目录下的\Keil\C51\HLP 文件夹中的 c51lib,这个文件中
                                    有各种用 C 语言封装好的函数库,用户在以后使用其中某
                                    些函数时可以直接使用而不必自己再写*/

unsigned char a,b,k,j;           //定义 4 个字符变量
sbit beep=P2^3;                  // 定义蜂鸣器的接口
void delay10ms()                 //延时子程序,大约延时 10ms
{
    for(a=100;a>0;a--)
    for(b=225;b>0;b--);
}
```

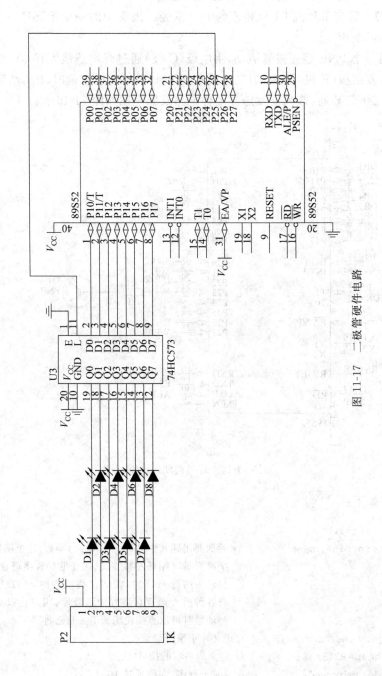

图 11-17 二极管硬件电路

```
    void main()
    {
        k=0xfe;                    //先给 k 一个初值 11111110 等待移位
        while(1)
        {
            delay10ms();
            beep=0;                //打开蜂鸣器
            delay10ms();           //让它响 10ms
            beep=1;                //关闭蜂鸣器
            j=_crol_(k,1);         //把 k 循环左移一位
            k=j;                   //把移位后的值再送给 k
            P1=j;                  //同时把值送到 P1 口点亮发光二极管
        }                          //再次循环
    }
```

【例 11.9】 按下开发板上的矩阵键盘,6 位数码管全部显示相应按键对应的数字,4×4 矩阵键盘从左向右、从上到下依次对应数字 0～F。

硬件电路如图 11-18 和图 11-19 所示。

参考程序如下:

```
#include<reg52.h>
#define uint unsigned int
#define uchar unsigned char
sbit key1=P3^4;
sbit dula=P2^6;
sbit wela=P2^7;
uchar num,temp,num1;
uchar code table[]={
            0x3f,0x06,0x5b,0x4f,
            0x66,0x6d,0x7d,0x07,
            0x7f,0x6f,0x77,0x7c,
            0x39,0x5e,0x79,0x71,0x0};
void delay(uint z)
{
    uint x,y;
    for(x=z;x>0;x--)
        for(y=110;y>0;y--);
}
void display(uchar num11)
{
    dula=1;
    P0=table[num11-1];
    dula=0;
}
uchar keyscan();
void main()
```

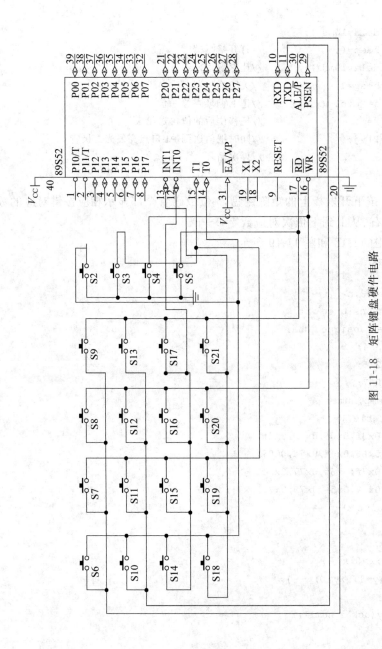

图 11-18　矩阵键盘硬件电路

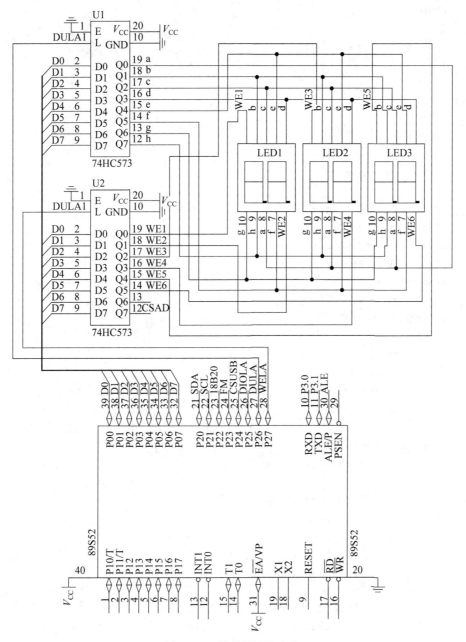

图 11-19 数码管硬件电路

```
{
    num=17;
    dula=1;
    P0=0;
    dula=0;
    wela=1;
    P0=0xc0;
    wela=0;
```

```
    while(1)
    {
        display(keyscan());
    }
}
uchar keyscan()
{
    uchar aa;

    for(aa=0;aa<4;aa++)
    {
    if(aa==0)      P3=0xfe;
    if(aa==1)      P3=0xfd;
    if(aa==2)      P3=0xfb;
    if(aa==3)      P3=0xf7;
    temp=P3;
    temp=temp&0xf0;
    while(temp!=0xf0)
        {
            delay(5);
            temp=P3;
            temp=temp&0xf0;
            while(temp!=0xf0)
            {
                temp=P3;
                switch(temp)
                {
                    case 0xee:num=1;
                        break;
                    case 0xde:num=2;
                        break;
                    case 0xbe:num=3;
                        break;
                    case 0x7e:num=4;
                        break;
                    case 0xed:num=5;
                        break;
                    case 0xdd:num=6;
                        break;
                    case 0xbd:num=7;
                        break;
                    case 0x7d:num=8;
                        break;
                    case 0xeb:num=9;
                        break;
```

```
            case 0xdb:num=10;
                break;
            case 0xbb:num=11;
                break;
            case 0x7b:num=12;
                break;
            case 0xe7:num=13;
                break;
            case 0xd7:num=14;
                break;
            case 0xb7:num=15;
                break;
            case 0x77:num=16;
                break;
            }
            while(temp!=0xf0)
            {
                temp=P3;
                temp=temp&0xf0;
            }
            }
        }
        }
    return num;
}
```

第 12 章   实 验 指 导

实验一   Visual C++ 6.0 集成环境调试

【实验目的】

（1）初步了解 C 程序的编译、连接和运行的过程。
（2）掌握和理解 C 程序的结构。

【实验内容】

（1）使用 Visual C++ 6.0 开发环境；
（2）运行一个简单的 C 程序。

【实验步骤】

（1）启动集成开发环境。
本部分内容可参照第 1 章的有关内容。
（2）输入程序并运行结果。
① 输入以下程序，并进行调试和运行。

```c
#include "stdio.h"
void main()
{
    printf("How are you!");
}
```

② 编程实现在屏幕上显示如下两行文字：

```
Hello, world !
Wolcome to the C language world!
```

③ 输入并运行程序，写出运行结果。

```c
#include "stdio.h"
void main()
{
    int a,b,sum;
    a=123;b=456;
    sum=a+b;
    printf("sum is %d\n",sum);
}
```

④ 输入并运行程序,写出运行结果。

```
#include "stdio.h"
void main()
{
    int a,b,c;
    scanf("%d,%d",&a,&b);
    c=max(a,b);
    printf("max=%d",c);
}
int max(int x,int y)
{
    int z;
    if(x>y)z=x;
    else z=y;
    return(z);
}
```

【问题讨论】

总结编辑、编译和运行等各环节中所出现的问题及解决方法。

实验二 数据类型、运算符和表达式

【实验目的】

(1) 熟悉表达式的表示方法并了解表达式的运行结果。

(2) 学会使用 C 语言的有关算术运算符和包含这些运算符的表达式,特别是自加(++)和自减(--)运算符的使用。

(3) 进一步熟悉 C 语言程序的编辑、编译、连接和运行的过程。

【实验内容和步骤】

(1) 用 printf 函数输出运行结果。

(2) 观察以下表达式的结果。

① 当 x=5,y=6,z=7 时,下述表达式的值是多少?

x<y	y>x	x!=y
x==z-2	x=x-2	x>=z

② 当 x=0,y=-1,z=1 时,下述表达式的值是多少?

x&&y	x||y	y&&z
y||z	x&y	x|y

(3) 输入并运行下面的程序,写出运行结果。

```
#include "stdio.h"
```

```
void main()
{
    char  c1, c2;    c1=97;c2=98;
    printf("%c %c", c1, c2);
}
```

在此基础上完成以下操作。

① 加入一个 printf 语句,并运行:

```
printf("%d,%d", c1, c2);
```

② 将第 4 行改为 int c1, c2;,使之运行。

③ 将第 4 行改为

```
c1=300; c2=400;
```

使之运行,分析其运行结果。

在该程序中,说明了字符型数据在特定情况下可作为整型数据处理,整型数据有时也可以作为字符型数据处理。

(4) 分析以下程序,写出运行结果,再输入计算机运行,将得到的结果与分析得到的结果比较对照。

```
#include "stdio.h"
void main()
{
    char c1='a',c2='b',c3='c',c4='\101',c5='\116';
    printf("a%c b%c\tabc\n",c1,c2,c3);
    printf("\t\b%c %c",c4,c5);
}
```

在该程序中,主要考查对转义字符的掌握情况。

(5) 分析以下程序,写出运行结果,再输入计算机运行,将得到的结果与分析得到的结果比较对照。

```
#include "stdio.h"
void main()
{
    int i, j, m, n; i=8; j=10;
    m=++i; n=j++;
    printf("%d,%d,%d,%d",i,j,m,n);
}
```

分别作以下改动之后,先分析再运行。

① 将第 5 行改为 m=i++; n= ++j;。

② 将程序改为

```
#include "stdio.h"
void main()
```

```
{
    int i, j;   i=8; j=10;
    printf("%d,%d", i++, j++);
}
```

③ 在②的基础上,将第 5 行改为

```
printf("%d,%d",++i,++j);
```

④ 再将第 5 行改为

```
printf("%d,%d,%d,%d",i,j,i++,j++);
```

⑤ 将程序改为

```
#include "stdio.h"
void main()
{  int i, j, m=0 , n=0 ;
   i=8; j=10;
   m+=i++; n-=--j;
   printf("i=%d,j=%d,m=%d,n=%d",i,j,m,n);
}
```

【问题讨论】

(1) ＝和＝＝有什么区别?

(2) ＆ 和 ＆＆、|和||有什么区别?

实验三　顺序程序设计

【实验目的】

(1) 进一步掌握 C 程序的编辑、编译、连接和运行的过程。

(2) 熟悉顺序结构的程序设计方法。

(3) 熟练使用 C 语言的各种表达式。

(4) 熟练掌握输入、输出函数的使用。

【实验内容和步骤】

(1) 编写程序输入一个 5 位的整型数字,实现以下内容。

① 顺序输出每位的数字。

② 将每位数字倒序输出。

(2) 输入圆半径和圆柱高,求圆周长和圆柱体积。

① 输入前要加提示语句。

② 输出结果前要有必要的文字说明。

③ 输入一组数据,圆半径 $r=5$、圆柱高 $h=20$,观察运算结果。

（3）从键盘输入 3 个变量的值，其中 $a=10, b=20, c=30$，然后将 3 个变量顺次交换数值。

① 输入前要加提示语句。

② 输出交换后的结果。

【问题讨论】

小结上机各个环节所出现的错误及解决的办法。

实验四　选择结构程序设计

【实验目的】

（1）进一步掌握关系表达式和逻辑表达式的使用。

（2）熟悉选择结构程序设计。

（3）熟练使用 if 语句进行程序设计。

（4）使用 switch 语句实现多分支选择结构。

【实验内容和步骤】

（1）编写程序，输入三角形的 3 边 a、b、c，判断 a、b、c 能否构成三角形，若不能则输出相应的信息，若能则判断组成的是等腰三角形、等边三角形、直角三角形还是一般三角形。

① 输入一组数据 3,4,8，观察程序的运行结果。

② 另外再输入几组数据进行测试：

3,4,5

3,3,3

3,3,5

③ 如果程序有误，可采用"跟踪打印"的调试方法，确定错误的出处。

（2）编写程序，输入奖金数 a，计算并输出税率、应缴税款和实得奖金数。

奖金税率如下：

$a<500$	0.00
$500\leqslant a<1000$	0.05
$1000\leqslant a<2000$	0.08
$2000\leqslant a<5000$	0.10
$5000\leqslant a$	0.15

① 用 if 语句编程，自变量和函数值均为双精度型。

② 用 scanf 函数输入奖金数 a，输出结果采用以下形式：

a=具体值 rate=税率值 tax=应缴税款 profit=实得奖金数

③ 分别输入 a＝280,512,1000,4250,5100，运行该程序。

④ 用 if…else if 语句和 switch 语句编程，其他同上。

（3）输入 4 个任意整数，按照从大到小的顺序输出结果。

① 利用"％d％d％d％d"格式输入数据。

② 利用单个的选择结构或嵌套选择结构进行编程。

【问题讨论】

对于多分支选择结构,何时使用 if 语句的嵌套,何时使用 switch 语句?

实验五 循 环 控 制

【实验目的】

(1) 熟练掌握 3 种循环语句的应用。
(2) 熟练掌握循环结构的嵌套。
(3) 掌握 break 和 continue 语句的使用。
(4) 练习调试与修改程序。

【实验内容和步骤】

(1) 分别用 while 语句和 do…while 语句编写程序,计算 $e \approx 1 + 1/1! + 1/2! + \cdots + 1/n!$
① 用单重循环编写程序。
② 使误差小于给定的 ε,设 $\varepsilon = 0.00001$。
③ 除了输出 e 以外,同时还要输出总的项数 n。
(2) 输入 x 和 n 的数值,计算 $x + x^2 + x^3 + \cdots + x^n$。
① 输入 double 型数值 x 和整型值 n。
② 输出计算结果。
(3) 用迭代法求 $x = \sqrt{a}$。求平方根的迭代公式为

$$x_{n+1} = \frac{1}{2}\left(x_n + \frac{a}{x_n}\right)$$

① 输入 double 型数值 a,计算平方根。
② 输出计算结果。
(4) 求 $100 \sim 1000$ 的全部素数。
① 用双重循环编写程序。
② 输出所有素数内容。
(5) 编写程序,输出两个数相乘的算式(如右式所示)。
① 利用循环显示每个数字乘积过程。
② 输出乘积结果。

```
   59
 X83
  177
 472
4897
```

【问题讨论】

(1) 对 3 种形式的循环在使用上的区别进行小结。
(2) 对循环嵌套的规定和应用进行小结。

实验六 数 组

【实验目的】

（1）掌握一维数组的定义、赋值和输入输出的方法。

（2）掌握字符数组的使用。

（3）掌握与数组有关的算法（例如排序算法）。

【实验内容和步骤】

（1）求矩阵 A 的转置矩阵 B，元素 $b_{ij}=a_{ji}$。

$$A = \begin{bmatrix} 1 & 2 & 3 \\ 4 & 5 & 6 \end{bmatrix} \quad B = \begin{bmatrix} 1 & 4 \\ 2 & 5 \\ 3 & 6 \end{bmatrix}$$

① 定义 a[2][3]和 b[3][2]两个数组。

② 利用二重循环完成对 b 数组的赋值。

（2）编写程序，生成 5 行 5 列的二维数组，计算并输出每行、每列及对角线的和。

① 定义整型二维数组。

② 利用循环计算每行、每列及两个对角线的和，输出结果。

（3）输入一行文字，删除其中重复的大小写和数字字符，即每个字符只出现一次。

① 利用字符数组接收输入的一行文字。

② 利用循环删除重复字符，并输出结果。

（4）输入一行文字，统计各字符出现的次数，并根据出现的次数在水平方向绘制各字符的柱状图。

① 利用字符数组接收输入的字符串。

② 将各字符出现的次数记录到数组中。

③ 绘制柱状图时利用■字符（ASCII 码值为 222）。

（5）不用 strcmp 函数，编程实现两个字符串的比较。

① 利用字符数组接收输入的两个字符串。

② 实现类似 strcmp 函数的功能。

【问题讨论】

（1）矩阵转置的原理。

（2）字符串比较的原理。

实验七 指 针

【实验目的】

（1）理解和掌握地址和指针的含义。

（2）理解和掌握指针与一维数组的关系。

（3）理解和掌握指针与二维数组的关系。

（4）理解和掌握指针与字符串的关系。

【实验内容和步骤】

（1）输入以下程序，观察程序的运行结果。

```c
#include "stdio.h"
void main()
{
    int a=15,b=27,* p=&a,* q=&b;
    printf("&a=%p,&b=%p,&p=%p,&q=%p\n",&a,&b,p,q);
    printf("a=%d,b=%d,* p=%d,* q=%d\n",a,b,* p,* q);
}
```

（2）用指针求一维数组所有元素和的平均值。

① 定义一维数组和指向一维数组的指针。

② 利用循环结构计算数组所有元素的和。

③ 输出平均值。

（3）分别利用指向二维数组行和列元素的指针，查找首次出现的最大元素所在的行和列位置，并输出结果。

① 定义二维数组并赋值。

② 利用指向二维数组行元素的指针查找首个最大值所在的下标位置。

③ 利用指向二维数组列元素的指针查找首个最大值所在的下标位置。

④ 输出下标位置。

（4）利用指向字符数组的指针，实现字符串内容的截取功能，若截取长度大于剩余长度，则按实际输出。例如，有字符串"ChinaShanDong"，输入截取的起始位置6和截取长度4后，输出结果为"Shan"。

① 定义一维字符数组并赋值。

② 定义指向该数组的指针。

③ 输入截取位置和截取长度。

④ 输出截取的字符串内容。

（5）利用指针法输出以下格式的杨辉三角。

```
                1
              1   1
            1   2   1
          1   3   3   1
              ...
```

① 定义二维整型数组。

② 定义指向该数组行的指针。

③ 计算杨辉三角的数值并输出任意行结果。

【问题讨论】

（1）指针和一维数组的关系。

（2）指向二维数组的指针的定义方法。

实验八　函　　数

【实验目的】

（1）理解和掌握函数的定义、声明和返回值。

（2）了解主调函数和被调函数之间的参数传递方式。

（3）学会使用递归方法进行程序设计。

（4）理解和掌握指针作为函数参数的形式。

（5）理解指向函数的指针和返回指针值的函数的定义及使用方法。

【实验内容和步骤】

（1）编写函数，判断一个数是不是素数，在主函数中输出 1000 以内的所有素数。

① 编写一个函数 prime(int n)，返回给定整数 n 是否为素数。

② 编写一个 main 函数，输出 1000 以内的所有素数。

（2）编写两个函数，分别求两个正数的最大公约数和最小公倍数，用主函数调用这两个函数并输出结果。两个正数由键盘输入。

① 写出最大公约数函数。

② 最小公倍数＝两个数的乘积/最大公约数。

（3）编写求 C_n^m 组合公式的函数。函数如下：

```
long Cmn(int m,int n);
```

① m、n 由键盘输入。

② 可以分别求 $m!$、$n!$、$(m-n)!$，然后由公式 $m!/(n!(m-n)!)$ 得到结果。

（4）编程实现下列函数功能，并在 main 函数中调用。

```
int  * bubblesort(int  a[ ], int  n)
{
    ……
}
```

① 在 bubblesort 函数中对数组 a 进行冒泡排序。

② 返回指向数组 a 首地址的指针，并在 main 函数中输出该指针指向的数组内容。

（5）编写如下用于格式化数字的函数，并在 main 函数中调用。

```
char  * digitformat(double f)
{
    ……
```

}

① 在 digitformat 函数中获得 f 的格式化数字。

② 如 f＝1234567.89,则返回指向"1,234,567.89"字符数组的指针。

(6) 编写字符串插入函数 char ＊strins(char ＊s1，char ＊s2),将字符串 s2 的内容插入到字符串 s1 之前,参数 s1、s2 为指向字符串的指针。函数执行后,返回值为结果字符串的首地址(即原 s1)。

① 在 main 函数中调用 strins 函数。

② 在 main 函数中输出结果。

【问题讨论】

(1) 对函数的定义及调用方法进行小结。

(2) 对函数中形参和实参的结合规则进行小结。

(3) 编写和调试包含多模块的程序时,容易出现什么样的错误? 根据自己的实践进行总结。

实验九 预 处 理

【实验目的】

掌握带参数和不带参数的宏的定义及使用方法。

【实验内容和步骤】

(1) 输入两个整数,求它们相除的余数。编写程序,用带参数的宏来实现。

(2) 用带参数的宏实现对圆柱体侧面积、底面积和体积的计算。

① 在 main 函数中输入圆柱体的底面半径和高度。

② 定义一个宏实现圆柱体侧面积、底面积和体积的计算。

【问题讨论】

宏的定义和使用方法。

实验十 结构体与共用体

【实验目的】

(1) 掌握结构体类型和结构体变量的定义。

(2) 掌握结构类型变量的定义和使用。

(3) 掌握链表的概念,初步学会对链表进行操作。

(4) 掌握共用体的概念和使用。

【实验内容和步骤】

(1) 定义平面内一个点的坐标的结构体,输入一个矩形的 4 个坐标,计算矩形的周长及面积。

要求:首先定义点的结构体,然后利用分量赋值的方式输入点的坐标,最后计算周长及面积。

(2) 利用共用体输出一个长整型数从高字节到低字节的十六进制数值。

① 定义如下共用体:

```
union bytes
    {    long a;    char b[4];}x;
```

② 程序中先对 x.a 赋值,然后依十六进制方式输出 x.b[0]、x.b[1]、x.b[2]、x.b[3] 的数值。

(3) 有 5 个学生,每个学生的数据包括学号、姓名和 3 门课的成绩,从键盘输入 5 个学生的数据,要求打印出每个学生的平均成绩,以及最高分的学生的数据(包括学号、姓名、3 门课的成绩和平均分数)。

要求:用一个函数输入 5 个学生的数据;用一个函数求总平均分;用一个函数找出最高分的学生的数据,总平均分和最高分的学生的数据都在主函数中输出。

实验十一　文件、位操作

【实验目的】

(1) 掌握文件和文件指针的概念以及文件指针的定义方法。

(2) 了解文件打开和关闭的概念和方法。

(3) 掌握有关文件的函数。

(4) 掌握按位运算的概念和方法,学会使用位运算符。

(5) 学会通过位运算实现对某些位的操作。

【实验内容和步骤】

(1) 从键盘上输入若干个字符存入 C 盘的 write.txt 文件中,遇到回车键输入结束。(用"\n"表示回车键)

① 以写方式建立并打开文件。

② 每输入一个字符就写入文件中,直到遇到回车键输入结束。

(2) 编程实现将文本文件 file1.dat 中的内容复制到文本文件 file2.dat 中去。

① 以读方式打开 file1.dat 文件,以写方式打开 file2.dat 文件。

② 对 file1.dat 文件的各字符进行循环,每读入一个字符就写入 file2.dat 文件中,直到遇到文件结尾。

(3) 编写一个函数 getbits,从一个 32 位的单元中取出某几位。函数调用形式为

```
getbits(value,n1,n2)
```

value 为该 32 位(4B)中的数据值,n1 表示起始位,n2 表示结束位。

综合运用位操作实现该题目。

(4) 编写 C 程序,读入文本文件 f1.txt 和 f2.txt 中的所有整数,并把这些数按从大到小的次序写到文本文件 f3.txt 中。

① 整数在文件中用空格隔开。

② 同一个数在文件 f3.txt 中最多只能出现一次。

【问题讨论】

(1) 缓冲文件系统和非缓冲文件系统的区别是什么?

(2) 文件打开和关闭的含义? 为什么要打开和关闭文件?

附录 A　运算符的优先级

级别	运 算 符	名称或含义	使 用 形 式	结合方向	说　明
1	[]	数组下标	数组名[常量表达式]	从左到右	
	()	圆括号	(表达式)/函数名(形参表)		
	.	成员选择(对象)	对象.成员名		
	->	成员选择(指针)	对象指针->成员名		
2	-	负号运算符	-表达式	从右到左	单目运算符
	(类型)	强制类型转换	(数据类型)表达式		
	++	自增运算符	++变量名/变量名++		
	--	自减运算符	--变量名/变量名--		
	*	取值运算符	*指针变量		
	&	取地址运算符	&变量名		
	!	逻辑非运算符	!表达式		
	~	按位取反运算符	~表达式		
	sizeof	长度运算符	sizeof(表达式)		
3	/	除	表达式/表达式	从左到右	双目运算符
	*	乘	表达式*表达式		
	%	余数(取模)	整型表达式%整型表达式		
4	+	加	表达式+表达式	从左到右	双目运算符
	-	减	表达式-表达式		
5	<<	左移	变量<<表达式	从左到右	双目运算符
	>>	右移	表达式>>变量		
6	<	小于	表达式<表达式	从左到右	双目运算符
	<=	小于等于	表达式<=表达式		
	>	大于	表达式>表达式		
	>=	大于等于	表达式>=表达式		
7	==	等于	表达式==表达式	从左到右	双目运算符
	!=	不等于	表达式!=表达式		
8	&	按位与	表达式&表达式	从左到右	双目运算符

级别	运算符	名称或含义	使用形式	结合方向	说　明
9	^	按位异或	表达式^表达式	从左到右	双目运算符
10	|	按位或	表达式|表达式	从左到右	双目运算符
11	&&	逻辑与	表达式 && 表达式	从左到右	双目运算符
12	||	逻辑或	表达式||表达式	从左到右	双目运算符
13	?:	条件运算符	表达式 1? 表达式 2:表达式 3	从右到左	三目运算符
14	=	赋值运算符	变量=表达式	从右到左	双目运算符
	/=	除后赋值	变量/=表达式		
	*=	乘后赋值	变量 * =表达式		
	%=	取余后赋值	变量%=表达式		
	+=	加后赋值	变量+=表达式		
	-=	减后赋值	变量-=表达式		
	<<=	左移后赋值	变量<<=表达式		
	>>=	右移后赋值	变量>>=表达式		
	&=	按位与后赋值	变量 &=表达式		
	^=	按位异或后赋值	变量^=表达式		
	|=	按位或后赋值	变量|=表达式		
15	,	逗号运算符	表达式,表达式,…	从左到右	

附录 B　常用字符与 ASCII 代码对照表

ASCII	字符	ASCII	字符	ASCII	字符	ASCII	字符	ASCII	字符	ASCII	字符
0	NULL	37	%	74	J	111	o	148	ö	185	╣
1	☺	38	&	75	K	112	p	149	ò	186	║
2	☻	39	'	76	L	113	q	150	û	187	╗
3	♥	40	(	77	M	114	r	151	ù	188	╝
4	♦	41	)	78	N	115	s	152	ÿ	189	╜
5	♣	42	*	79	O	116	t	153	Ö	190	╛
6	♠	43	+	80	P	117	u	154	Ü	191	┐
7	beep	44	,	81	Q	118	v	155	¢	192	└
8	□	45	─	82	R	119	w	156	£	193	┴
9	tab	46	.	83	S	120	x	157	¥	194	┬
10	line feed	47	/	84	T	121	y	158	Pts	195	├
11	♂	48	0	85	U	122	z	159	ƒ	196	─
12	♀	49	1	86	V	123	{	160	á	197	┼
13	回车	50	2	87	W	124			161	í	198	╞
14	♫	51	3	88	X	125	}	162	ó	199	╟
15	☼	52	4	89	Y	126	~	163	ú	200	╚
16	▶	53	5	90	Z	127	⌂	164	ñ	201	╔
17	◀	54	6	91	[	128	Ç	165	Ñ	202	╩
18	↕	55	7	92	\	129	ü	166	a	203	╦
19	‼	56	8	93	]	130	é	167	o	204	╠
20	¶	57	9	94	^	131	â	168	¿	205	═
21	§	58	:	95	_	132	ä	169	⌐	206	╬
22	▬	59	;	96	`	133	à	170	¬	207	╧
23	↨	60	<	97	a	134	å	171	½	208	╨
24	↑	61	=	98	b	135	ç	172	¼	209	╤
25	↓	62	>	99	c	136	ê	173	¡	210	╥
26	→	63	?	100	d	137	ë	174	«	211	╙
27	←	64	@	101	e	138	è	175	»	212	╘
28	∟	65	A	102	f	139	ï	176	░	213	╒
29	↔	66	B	103	g	140	î	177	▒	214	╓
30	▲	67	C	104	h	141	ì	178	▓	215	╫
31	▼	68	D	105	i	142	Ä	179	│	216	╪
32	空格	69	E	106	j	143	Å	180	┤	217	┘
33	!	70	F	107	k	144	É	181	╡	218	┌
34	"	71	G	108	l	145	æ	182	╢	219	█
35	#	72	H	109	m	146	Æ	183	╖	220	▄
36	$	73	I	110	n	147	ô	184	╕	221	▌

续表

ASCII	字符	ASCII	字符	ASCII	字符	ASCII	字符	ASCII	字符	ASCII	字符
222	▮	228	Σ	234	Ω	240	$\equiv$	246	$\div$	252	^{n}
223	■	229	σ	235	δ	241	$\pm$	247	$\approx$	253	^{2}
224	α	230	μ	236	∞	242	$\geqslant$	248	$\circ$	254	■
225	β	231	τ	237	φ	243	$\leqslant$	249	.	255	
226	Γ	232	Φ	238	ϵ	244	$\int$	250	·		
227	π	233	Θ	239	$\cap$	245	$\rfloor$	251	$\sqrt{}$		

附录 C 2012 年 3 月全国计算机等级考试二级 C 笔试试卷

一、选择题

1. 下列叙述中正确的是(　　)。
   - A. 循环队列是队列的一种顺序存储结构
   - B. 循环队列是队列的一种链式存储结构
   - C. 循环队列是非线性结构
   - D. 循环队列是一种逻辑结构

2. 下列叙述中正确的是(　　)。
   - A. 栈是一种先进先出的线性表
   - B. 队列是一种后进先出的线性表
   - C. 栈和队列都是非线性结构
   - D. 以上 3 种说法都不对

3. 一棵二叉树共有 25 个节点,其中 5 个是子节点,那么度为 1 的节点数为(　　)。
   - A. 4
   - B. 6
   - C. 10
   - D. 16

4. 在下列模式中,能够给出数据库物理存储结构与物理存取方法的是(　　)。
   - A. 内模式
   - B. 外模式
   - C. 概念模式
   - D. 逻辑模式

5. 在满足实体完整性约束的条件下(　　)。
   - A. 一个关系中可以没有候选关键词
   - B. 一个关系中只能有一个候选关键词
   - C. 一个关系中必须有多个候选关键词
   - D. 一个关系中应该有一个或者多个候选关键词

6. 有 3 个关系 R、S 和 T 如下:

则由关系 R 和 S 得到关系 T 的操作是(　　)。
   - A. 自然连接
   - B. 并
   - C. 差
   - D. 交

7. 软件生命周期中的活动不包括(　　)。
   - A. 软件维护
   - B. 市场调研
   - C. 软件测试
   - D. 需求分析

8. 下面不属于需求分析阶段任务的是(　　)。
   - A. 确定软件系统的性能需求
   - B. 确定软件系统的功能需求
   - B. 制定软件集成测试计划
   - D. 需求规格说明书评审

9. 在黑盒测试方式中,设计测试用例的主要根据是(　　)。
   - A. 程序外部功能
   - B. 程序内部逻辑
   - C. 程序数据结构
   - D. 程序流程图

10. 在软件设计中不使用的工具是(　　)。

  A. 系统结构图   B. 程序流程图

  C. PAD 图   D. 数据流图(DFD 图)

11. 针对简单程序设计,以下叙述的实施步骤正确的是(　　)。

  A. 确定算法和数据结构、编码、调试、整理文档

  B. 编码、确定算法和数据结构、调试、整理文档

  C. 整理文档、确定算法和数据结构、编码、调试

  D. 确定算法和数据结构、调试、编码、整理文档

12. 关于 C 语言中数的表示,以下叙述正确的是(　　)。

  A. 只有整型数在允许范围内能精确无误地表示,实型数会有误差

  B. 只要在允许范围内整型和实型都能精确表示

  C. 只有实型数在允许范围内能精确无误地表示,整型数会有误差

  D. 只有八进制表示的数不会有误差

13. 以下关于算法叙述错误的是(　　)。

  A. 算法可以用伪代码、流程图等多种形式来描述

  B. 一个正确的算法必须有输入

  C. 一个正确的算法必须有输出

  D. 用流程图可以描述的算法可以用任何一种计算机高级语言编写成程序代码

14. 以下叙述错误的是(　　)。

  A. 一个 C 程序可以包含多个不同名的函数

  B. 一个 C 程序只能有一个主函数

  C. C 程序在书写时,有严格的缩进要求,否则不能编译通过

  D. C 程序的主函数必须用 main 作为函数名

15. 设有以下语句:

```
char ch1,ch2, scanf("% c% c",&ch1,&ch2);
```

若要为变量 ch1 和 ch2 分别输入字符 A 和 B,正确的输入形式应该是(　　)。

  A. A 和 B 之间用逗号间隔   B. A 和 B 之间不能有任何间隔符

  C. A 和 B 之间可以用回车间隔   D. A 和 B 之间用空格间隔

16. 以下选项中非法的字符常量是(　　)。

  A. '\102'   B. '\65'   C. '\xff'   D. '\019'

17. 有以下程序

```
#include "stdio.h"
main()
{
    int A=0,B=0,C=0;
    C=(A-=A-5);
    (A=B,B+=4);
    printf("%d, %d, %d\n",A,B,C);
}
```

程序运行后输出的结果是(   )。

  A. 0,4,5   B. 4,4,5   C. 4,4,4   D. 0,0,0

18. 设变量均已正确定义并且赋值,以下与其他 3 组输出结构不同的一组语句是(   )。

  A. x++; printf("%d\n",x);   B. n=++x; printf("%d\n",n);

  C. ++x; printf("%d\n",x);   D. n=x++; printf("%d\n",n);

19. 以下选项中,能表示逻辑值"假"的是(   )。

  A. 1   B. 0.000001   C. 0   D. 100.0

20. 有以下程序:

```c
#include "stdio.h"
main()
{
    int a;    scanf("%d", &a);
    if(a++<9)
        printf("%d\n",a);
    else
        printf("%d\n",a--);
}
```

程序运行时从键盘输入 9<回车>,则输出的结果是(   )。

  A. 10   B. 11   C. 9   D. 8

21. 有以下程序:

```c
#include "stdio.h"
main()
{
    int s=0,n;
    for(n=0;n<3;n++)
    {
        switch(s)
        {
            case 0:
            case 1: s+=1;
            case 2: s+=2; break;
            case 3: s+=3;
            case 4: s+=4; break;
            default: s+=4;
        }
        printf("%d  ",s);
    }
}
```

程序运行后的结果是(   )。

  A. 1 2 4   B. 1 3 6   C. 3 10 14   D. 3 6 10

22. 若 k 是 int 类型变量，且有以下 for 语句：

```
for(k=-1;k<0;  k++)  printf(****\n");
```

下面关于语句执行情况的叙述中正确的是(   )。

    A. 循环体执行一次   B. 循环体执行两次

    C. 循环体一次也不执行   D. 构成无限循环

23. 有以下程序：

```
#include "stdio.h"
main()
{
    char A,B,C;        B='1';  C='A';
    for(A=0;A<6;A++)
    {
        if(A%2)  putchar(B+A);
        else  putchar(C+A);
    }
}
```

程序运行后输出的结果是(   )。

    A. 1B3D5F   B. ABCDFE   C. A2C4E6   D. 123456

24. 设有如下定义语句：

```
int m[ ]={2,4,6,8}, * k=m;
```

以下选项中，表达式的值为 6 的是(   )。

    A. $*(k+2)$ B. $k+2$ C. $*k+2$ D. $*k+=2$

25. fun 函数的功能是：通过键盘输入给 x 所指的整型数组的所有元素赋值。在下面划线处应该填写的是(   )。

```
#include "stdio.h"
#define N 5
viod fun(int   x[N])
{
    int m;
    for(m=N-1;m>=0;m--)
        scanf("%d\n",_____);
}
```

    A. $\&x[++m]$ B. $\&x[m+1]$ C. $x+(m++)$ D. $x+m$

26. 有函数

```
viod fun(double a[], int * n)
{……}
```

以下叙述中正确的是(   )。

    A. 调用函数时只有数组执行按值传送，其他实参和形参之间执行按地址传送

B. 形参 a 和 n 都是指针变量

C. 形参 a 是一个数组名,n 是指针变量

D. 调用 fun 函数时将把 double 型实参数组元素——对应地传送给形参 a 数组

27. 有以下程序:

```c
#include "stdio.h"
main()
{
    int a,b,k,m,* p1,* p2;
    k=1, m=8;   p1=&k, p2=&m;
    a=/* p1-m;   b= * p1+ * p2+6;
    printf("%d ",a);   printf("%d\n",b);
}
```

编译时编译器提示错误信息,则出错的语句是(   )。

    A. a＝/ * p1－m
                B. b＝ * p1＋ * p2＋6

    C. k＝1, m＝8;
                  D. p1＝&k, p2＝&m;

28. 以下选项中有语法错误的是(   )。

    A. char * str[ ]={"guest"};
         B. char str[10]={"guest"};

    C. char * str[3]; str[1]="guest";
    D. char str[3][10]; str[1]="guest";

29. avg 函数的功能是求整型数组中的前若干个元素的平均值,设数组元素个数最多不超过 10,则下列函数说明语句中错误的是(   )。

    A. int avg(int * a, int n);
         B. int avg(int a[10], int n);

    C. int avg(int a, int n);
           D. int avg(int a[], int n);

30. 有以下函数:

```c
#include "stdio.h"
#include "string.h"
main()
{ printf("%d\n",strlen("ATS\n012\1"));     }
```

程序运行后的输出结果是(   )。

    A. 3
          B. 8
          C. 4
          D. 9

31. 有以下函数:

```c
#include "stdio.h"
main()
{
    char a[20],b[20],c[20];
    scanf("%s%s",a,b);
    gets(c);
    printf("%s%s%s\n",a,b,c);
}
```

程序运行时从第一行开始输入 this is a cat! ＜回车＞,则输出结果是(   )。

A. thisisacat!　　　　　　　　　B. this is a

C. thisis a cat!　　　　　　　　 D. thisisa cat!

32. 有以下函数：

```c
#include "stdio.h"
void fun(char c)
{
    if(c>'x')
        fun(c-1);
    printf("%c",c);
}
main()
{   fun('z');    }
```

程序运行后的输出结果是(　　)。

A. xyz　　　　　　B. wxyz　　　　　　C. zyxw　　　　　　D. zyx

33. 有以下函数：

```c
#include "stdio.h"
void func(int n)
{
    int i;
    for(i=0;i<=n;i++)   printf(" * ");
    printf("#");
}
main()
{   func(3);    printf("????");        func(4);    printf("\n");}
```

程序运行后的输出结果是(　　)。

A. ****♯????***♯　　　　　　　B. ***♯????*****♯

C. **♯????*****♯　　　　　　　D. ****♯????*****♯

34. 有以下函数：

```c
#include "stdio.h"
void fun(int * s)
{
    static int j=0;
    do{
        s[j]=s[j]+s[j+1];
    } while(++j<2);
}
main()
{
    int k, a[10]={1,2,3,4,5};
    for(k=1; k<3; k++)  fun(a);
    for(k=0; k<5; k++)  printf("%d", a[k]);
```

```
    printf("\n");
}
```

程序运行后的输出结果是(   )。

    A. 12345   B. 23445   C. 34756   D. 35745

35. 有以下函数：

```
#include "stdio.h"
#define S(x)(x) * x * 2
main()
{
    int k=5,j=2;
    printf("%d,", S(k+j));
    printf("%d\n",S(k-j));
}
```

程序运行后的输出结果是(   )。

    A. 98,18   B. 39,11   C. 39,18   D. 98,11

36. 有以下函数：

```
#include "stdio.h"
void exch(int   t[ ])
{   t[0]=t[5];     }
main()
{
    int x[10]={1,2,3,4,5,6,7,8,9,10},i=0;
    while(i<=4){    exch(&x[i]);    i++;    }
    for(i=0;i<5;i++)
        printf("%d",x[i]);
    printf("\n");
}
```

程序运行后的输出结果是(   )。

    A. 2 4 6 8 10   B. 1 3 5 7 9   C. 1 2 3 4 5   D. 6 7 8 9 10

37. 设有以下程序段：

```
struct MP3
{    char name[20]; char color;   float price;}std, * ptr=&std;
```

若要引用结构体变量 std 中的 color 成员，以下写法错误的是(   )。

    A. std. color   B. ptr—>color   C. std—> color   D. (* ptr). color

38. 有以下函数：

```
#include "stdio.h"
struct stu
{    int mun; char name[10]; int age;};
void fun(struct stu * p)
```

```
{    printf("%s\n",p->name);}
main()
{    struct stu x[3]={{01,"zhang",20},{02,"wang",19},{03,"zhao",18}};
     fun(x+2);
}
```

程序运行后的输出结果是( )。

  A. zhang   B. zhao   C. wang   D. 19

39. 有以下函数

```
#include "stdio.h"
main()
{    int a=12,c;    c=(a<<2)<<1;    printf("%d\n",c);   }
```

程序运行后的输出结果是( )。

  A. 3   B. 50   C. 2   D. 96

40. 以下函数不能用于向文件写入数据的是( )。

  A. ftell   B. fwrite   C. fputc   D. fprintf

二、填空题

1. 在长度为 n 的顺序存储的线性表中删除一个元素,最坏情况下需要移动表中的元素个数是( )。

2. 设循环队列的存储空间为 Q(1:3),初始状态为 front＝rear＝30。现经过一系列入队与退队运算后,front＝16,rear＝15,则循环队列中有( )个元素。

3. 数据库管理系统提供的数据语言中,负责数据的增、删、改和查询的是( )。

4. 在将 E-R 图转换到关系模式时,实体和联系都可以表示成( )。

5. 常见的软件工程方法有结构化方法和面向对象方法,类、继承以及多态性等概念属于( )。

6. 设变量 a 和 b 已定义为 int 类型,若要通过 scanf("a＝%d,b＝%d",&a,&b);语句分别给 a 和 b 输入 1 和 2,则正确的数据输入内容是( )。

7. 以下程序的输出结果是( )。

```
#include "stdio.h"
main()
{    int a=37;    a+=a%9;    printf("%d\n",a);   }
```

8. 设 a、b、c 都是整型变量,如果 a 的值为 1,b 的值为 2,则执行 c＝a++||b++;语句后,变量 b 的值是( )。

9. 有以下程序段:

```
s=1.0;
for(k=1; k<=n; k++)
    s=s+1.0*(k*(k+1));
printf("%f\n", s);
```

请填空,使以下程序段的功能与上面的程序段完全相同。

```
s=1.0; k=1;
while(_____){s=s+1.0*(k*(k+1)); k=k+1;}  printf("%f\n",s);
```

10. 以下程序段的输出结果是(   )。

```
#include "stdio.h"
main()
{   char a, b; for(a=0;a<20;a+=7){b=a%10;putchar(b+'0');}}
```

11. 以下程序段的输出结果是(   )。

```
#include "stdio.h"
main()
{   char * ch[4]={"red","green","blue"};
    int i=0;
    while(ch[i]){    putchar(ch[i][0]);     i++;}
}
```

12. 有以下程序：

```
#include "stdio.h"
main()
{   int arr[]={1,3,5,7,2,4,6,8}, i, start;
    scanf("%d", &start);
    for(i=0;i<3;i++)  printf("%d",arr[(start+i)%8]);
}
```

若在程序运行时输入整数 10 <回车>，则输出结果为(   )。

13. 以下程序的功能是输出 a 数组中的所有字符串，请填空。

```
#include "stdio.h"
main()
{   char * a[]={"ABC","DEFGH","IJ","KLMNOP"};
    int i=0;
    for(; i<4; i++)  printf("%s\n", _____);
}
```

14. 以下程序的输出结果是(   )。

```
#include "malloc.h"
#include "string.h"
#include "stdio.h"
main()
{   char * p, * q, * r;  p=q=r=(char * )malloc(sizeof(char) * 20);
    strcpy(p,"attaboy,welcome!");
    printf("%c%c%c\n",p[11], q[3], r[4]);    free(p);
}
```

15. 设文件 test. txt 中原已写入字符串 Begin，执行以下程序后，文件中的内容为(   )。

```
#include "stdio.h"
main()
{    FILE * fp;       fp=fopen("c:\\test.txt","w+");
     fputs("test",fp);   fclose(fp);
}
```

参 考 答 案

一、选择题

1. A   2. D   3. D   4. A   5. D   6. C   7. B   8. C   9. A   10. D
11. A   12. A   13. B   14. C   15. B   16. D   17. A   18. D   19. C   20. A
21. C   22. A   23. C   24. A   25. D   26. B   27. A   28. D   29. C   30. B
31. C   32. A   33. D   34. D   35. B   36. D   37. C   38. B   39. D   40. A

二、填空题

1. $n-1$ 2. 29   3. 数据操纵语言

4. 关系   5. 面向对象方法   6. a＝1，b＝2

7. 2   8. 2   9. k＜＝n

10. 074   11. rgb   12. 572

13. a[i]   14. cab   15. test

附录 D　2012 年 9 月全国计算机等级考试二级 C 笔试试卷

一、选择题

1. 下列链表中,其逻辑结构属于非线性结构的是(　　)。

　　A. 循环链表　　　　B. 双向链表　　　　C. 带链的栈　　　　D. 二叉链表

2. 设循环队列的存储空间为 Q(1:35),初始状态为 front＝rear＝35,现经过一系列入队与退队运算后,front＝15,rear＝15,则循环队列中的元素个数为(　　)。

　　A. 16　　　　　　B. 20　　　　　　C. 0 或 35　　　　D. 15

3. 下列关于栈的叙述中,正确的是(　　)。

　　A. 栈顶元素一定是最先入栈的元素　　　　B. 栈操作遵循先进后出的原则

　　C. 栈底元素一定是最后入栈的元素　　　　D. 以上 3 种说法都不对

4. 在关系数据库中,用来表示实体间联系的是(　　)。

　　A. 二维表　　　　B. 树状结构　　　　C. 属性　　　　　D. 网状结构

5. 公司中有多个部门和多名职员,每个职员只能属于一个部门,一个部门可以有多名职员,则实体部门和职员间的联系是(　　)。

　　A. $m:1$ 联系　　　B. $1:m$ 联系　　　C. $1:1$ 联系　　　D. $m:n$ 联系

6. 有两个关系 R 和 S 如下:

R		
A	B	C
a	1	2
b	2	1
c	3	1

S		
A	B	C
c	3	1

则由关系 R 得到关系 S 的操作是(　　)。

　　A. 自然连接　　　B. 选择　　　　　C. 并　　　　　　D. 投影

7. 数据字典(DD)所定义的对象都包含于(　　)。

　　A. 程序流程图　　　　　　　　　　B. 数据流图(DFD)

　　C. 方框图　　　　　　　　　　　　D. 软件结构图

8. 软件需求规格说明书的作用不包括(　　)。

　　A. 软件可行性研究的依据

　　B. 用户与开发人员对软件要做什么的共同理解

　　C. 软件验收的依据

　　D. 软件设计的依据

9. 下面属于黑盒测试方法的是(　　)。

　　A. 逻辑覆盖　　　B. 语句覆盖　　　C. 路径覆盖　　　D. 边界值分析

10. 下面不属于软件设计阶段任务的是(   )。

    A. 数据库设计   B. 算法设计

    C. 软件总体设计   D. 制定软件确认测试计划

11. 以下叙述中正确的是(   )。

    A. 在 C 语言程序中,main 函数必须放在其他函数的最前面

    B. 每个后缀为.c 的 C 语言源程序都可以单独进行编译

    C. 在 C 语言程序中,只有 main 函数才可单独进行编译

    D. 每个后缀为.c 的 C 语言源程序都应该包含一个 main 函数

12. C 语言中的标识符分为关键字、预定义标识符和用户标识符,以下叙述中正确的是(   )。

    A. 预定义标识符(如库函数中的函数名)可以用作用户标识符,但失去原有含义

    B. 用户标识符可以由字母和数字按任意顺序组成

    C. 在标识符中大写字母和小写字母被认为是相同的字符

    D. 关键字可用作用户标识符,但失去原有含义

13. 以下选项中表示一个合法的常量是(   )。

    A. 9 9 9   B. 0Xab   C. 123E0.2   D. 2.7e

14. C 语言主要是借助以下(   )功能来实现程序模块化。

    A. 定义函数   B. 定义常量和外部变量

    C. 3 种基本结构语句   D. 丰富的数据类型

15. 以下叙述中错误的是(   )。

    A. 非零的数值型常量有正值和负值的区分

    B. 常量是在程序运行过程中值不能被改变的量

    C. 定义符号常量必须用类型名来设定常量的类型

    D. 用符号名表示的常量叫符号常量

16. 有定义和语句:

```
int a, b; scanf("%d,%d", &a, &b);
```

以下选项中的输入数据,不能把值 3 赋给变量 a,5 赋给变量 b 的是(   )。

    A. 3,5,   B. 3,5,4   C. 3 5   D. 3,5

17. C 语言中 char 类型数据所占的字节数为(   )。

    A. 3   B. 4   C. 1   D. 2

18. 下列关系表达式中,结果为"假"的是(   )。

    A. $(3+4)>6$ B. $(3!=4)>2$ C. $3<=4||3$ D. $(3<4)==1$

19. 若以下选项中的变量全部为整型变量,且已正确定义并赋值,则语法正确的 switch 语句是(   )。

    A. switch(a+9)

        {

        case c1:y=a−b;

        case c2:y=a+b;

```
    }
```

B. switch(a+9)
```
        {
        case 10:x=a+b;
        default:y=a-b;
        }
```

C. switch(a+b)
```
        {
        case1:case3:y=a+b; break;
        case0:case4:y=a-b;
        }
```

D. switch(a * a+b * b)
```
        {
        default:break;
        case 3:y=a+b; break;
        case 2:y=a-b; break;
        }
```

20. 有以下程序：

```
#include<stdio.h>
main()
{
    int a=-2,b=0;
    while(a++&&++b);
    printf("%d,%d\n",a,b);
}
```

程序运行后的输出结果是（   ）。

    A. 1,3   B. 0,2   C. 0,3   D. 1,2

21. 设有以下定义：

```
int x=0, * p;
```

且立刻执行以下语句，则正确的语句是（   ）。

    A. p=x;   B. * p=x;   C. p=NULL;   D. * p=NULL;

22. 下列叙述中正确的是（   ）。

    A. 可以用关系运算符比较字符串的大小

    B. 空字符串不占用内存，其内存空间大小是 0

    C. 两个连续的单引号是合法的字符常量

    D. 两个连续的双引号是合法的字符串常量

23. 有以下程序：

```
#include <stdio.h>
```

```
main()
{
    char a='H';
    a=(a>='A'&&a<='Z')?(a-'A'+'a'):a;
    printf("%c\n",a);
}
```

程序运行后的输出结果是( )。

　　A. A　　　　　　B. a　　　　　　C. H　　　　　　D. h

24. 有以下程序：

```
#include <stdio.h>
int f(int x);
main()
{
    int a,b=0;
    for(a=0;a<3;a++)
    {  b=b+f(a); putchar('A'+b);}
}
int f(int x)
{  return x*x+1;}
```

程序运行后的输出结果是( )。

　　A. ABE　　　　　B. BDI　　　　　C. BCF　　　　　D. BCD

25. 设有定义 int x[2][3];，则以下关于二维数组 x 的叙述错误的是( )。

　　A. x[0]可看作是由 3 个元素组成的一维数组

　　B. x[0]和 x[1]是数组名，分别代表不同的地址常量

　　C. 数组 x 包含 6 个元素

　　D. 可以用语句 x[0] = 0;为数组所有元素赋初值 0

26. 设变量 p 是指针变量，语句 p = NULL;是给指针变量赋 NULL 值，它等价于( )。

　　A. p="";　　　　B. p='0';　　　　C. p=0;　　　　D. p=";

27. 有以下程序：

```
#include <stdio.h>
main()
{
    int a[]={10,20,30,40},*p=a,i;
    for(i=0;i<=3;i++){a[i]=*p; p++;}
    printf("%d\n",a[2]);
}
```

程序运行后的输出结果是( )。

　　A. 30　　　　　　B. 40　　　　　　C. 10　　　　　　D. 20

28. 有以下程序：

```
#include <stdio.h>
#define N 3
void fun(int a[][N],int b[])
{
    int i,j;
    for(i=0;i<N;i++)
    {
        b[i]=a[i][0];
        for(j=i;j<N;j++)
            if(b[i]<a[i][j])
                b[i]=a[i][j];
    }
}
main()
{
    int x[N][N]={1,2,3,4,5,6,7,8,9},y[N],i;
    fun(x,y);
    for(i=0;i<N;i++)
        printf("%d,",y[i]);
    printf("\n");
}
```

程序运行后的输出结果是(   )。

    A. 2,4,8,   B. 3,6,9,   C. 3,5,7,   D. 1,3,5,

29. 有以下程序(strcpy 为字符串复制函数,strcat 为字符串连接函数):

```
#include <stdio.h>
#include <string.h>
main()
{
    char a[10]="abc",b[10]="012",c[10]="xyz";
    strcpy(a+1,b+2);
    puts(strcat(a,c+1));
}
```

程序运行后的输出结果是(   )。

    A. a12cyz   B. 12yz   C. a2yz   D. bc2yz

30. 以下选项中,合法的是(   )。

    A. char str3[]={'d','e','b','u','g','\0', };

    B. char str4;str4="hello world";

    C. char name[10];name="china";

    D. char str[5]= "pass", str2[6];str2=str1;

31. 有以下程序:

```
#include <stdio.h>
```

```
main()
{
    char * s="12134";
    int k=0,a=0;
    while(s[k+1]!='\0')
    {   k++;
        if(k%2==0){   a=a+(s[k]-'0'+1);   continue;}
        a=a+(s[k]-'0');
    }
    printf("k=%d a=%d\n",k,a);
}
```

程序运行后的输出结果是(   )。

    A. k＝6 a＝12   B. k＝3 a＝14   C. k＝4 a＝12   D. k＝5 a＝15

32. 有以下程序：

```
#include <stdio.h>
main()
{
    char a[5][10]={"one","two","three","four","five"},t;
    int i,j;
    for(i=0;i<4;i++)
        for(j=i+1;j<5;j++)
            if(a[i][0]>a[j][0]){t=a[i][0]; a[i][0]=a[j][0]; a[j][0]=t;}
    puts(a[1]);
}
```

程序运行后的输出结果是(   )。

    A. fwo   B. fix   C. two   D. owo

33. 有以下程序：

```
#include <stdio.h>
int a=1,b=2;
void fun1(int a,int b)
{   printf("%d %d ",a,b);}
void fun2()
{   a=3; b=4;   }
main()
{
    fun1(5,6);
    fun2();
    printf("%d %d\n",a,b);
}
```

程序运行后的输出结果是(   )。

    A. 1 2 5 6   B. 5 6 3 4   C. 5 6 1 2   D. 3 4 5 6

34. 有以下程序：

```c
#include <stdio.h>
void func(int n)
{
    static int num=1;
    num=num+n;
    printf("%d ",num);
}
void main()
{   func(3);   func(4);   printf("\n");   }
```

程序运行后的输出结果是(   )。

    A. 4 8   B. 3 4   C. 3 5   D. 4 5

35. 有以下程序：

```c
#include <stdio.h>
#include <malloc.h>
void fun(int * p1,int * p2,int * s)
{
    s=(int * )malloc(sizeof(int));
    * s= * p1+ * p2;   free(s);
}
void main()
{
    int a=1,b=40, * q=&a;
    fun(&a,&b,q);
    printf("%d\n", * q);   }
```

程序运行后的输出结果(   )。

    A. 42   B. 0   C. 1   D. 41

36. 有以下程序

```c
#include <stdio.h>
struct STU{
    char name[9];
    char sex;
    int score[2];
};
void f(struct STU a[])
{
    struct STU b={"Zhao", 'm', 85, 90};
    a[1]=b;
}
void main()
{
    struct STU c[2]={{"Qian", 'f', 95, 92}, {"Sun", 'm', 98, 99}};
    f(c);
```

```
printf("%s,%c,%d,%d,",c[0].name,c[0].sex,c[0].score[0],c[0].score[1]);
printf("%s,%c,%d,%d,",c[1].name,c[1].sex,c[1].score[0],c[1].score[1]);
}
```

程序运行后输出结果是(　　)。

A. Zhao,m,85,90,Sun,m,98,99 　　　　B. Zhao,m,85,90,Qian,f,95,92

C. Qian,f,95,92,Sun,m,98,99 　　　　D. Qian,f,95,92,Zhao,m,85,90

37. 以下叙述中错误的是(　　)。

A. 可以用 typedef 说明的新类型名来定义变量

B. typedef 说明的新类型名必须使用大写字母,否则会出现编译错误

C. 用 typedef 可以为基本数据类型说明一个新名称

D. 用 typedef 说明新类型的作用是用一个新的标识符来代表已存在的类型名

38. 以下叙述中错误的是(　　)。

A. 函数的返回值类型不能是结构体类型,只能是简单类型

B. 函数可以返回指向结构体变量的指针

C. 可以通过指向结构体变量的指针访问所指结构体变量的任何成员

D. 只要类型相同,结构体变量之间可以整体赋值

39. 若有定义语句 int b＝2;则表达式(b＜＜2) / (3||b)的值是(　　)。

A. 4　　　　　　　B. 8　　　　　　　C. 0　　　　　　　D. 2

40. 有以下程序:

```
#include <stdio.h>
main()
{
    FILE  * fp; int i, a[6]={1,2,3,4,5,6};
    fp=fopen("d2.dat", "w+");
    for(i=0; i <6; i++)  fprintf(fp,"%d\n",a[i]);
    rewind(fp);
    for(i=0; i <6; i++)fscanf(fp,"%d\n",&a[5-i]);
    fclose(fp);
    for(i=0; i <6; i++)  printf("%d,", a[i]);
}
```

程序运行后的输出结果是(　　)。

A. 4,5,6,1,2,3,　　B. 1,2,3,3,2,1,　　C. 1,2,3,4,5,6,　　D. 6,5,4,3,2,1,

二、填空题(每空 2 分,共 30 分)

1. 一棵二叉树共有 47 个节点,其中有 23 个度为 2 的节点,假设根节点在底 1 层,则该二叉树的深度为_____。

2. 设栈的存储空间为 S(1:40),初始状态为 bottom＝0,top＝0,经过一系列入栈与出栈运算后,top＝20,则当前栈中有_____个元素。

3. 数据独立性分为逻辑独立性和物理独立性。当总体逻辑结构改变时,其局部逻辑结构可以不变,从而根据局部逻辑结构编写的应用程序不必修改,称为_____。

4. 关系数据库中能实现的专门关系运算包括_____、连接和投影。

5. 软件按功能通常可分为应用软件、系统软件和支撑软件（或工具软件）。UNIX 操作系统属于_____软件。

6. 请写出与!(a <= b)等价的 C 语言表达式：_____。

7. 以下程序运行时从键盘输入 1.02.0,输出结果是 1.000000 2.000000,请填空。

```c
#include <stdio.h>
void main()
{
    double a; float b;
    scanf("_____", &a, &b);
    printf("%f %f\n", a, b);
}
```

8. 有以下程序：

```c
#include <stdio.h>
void main()
{
    int n1=0, n2=0, n3=0;
    char ch;
    while((ch=getchar())!='!')
    switch(ch)
    {   case '1' : case '3' : n1++; break;
        case '2' : case '4' : n2++; break;
        default : n3++; break;
    }
    printf("%d %d %d\n", n1, n2, n3);
}
```

若程序运行时输入 01234567! <回车>,则输出结果是_____。

9. 有以下程序：

```c
#include <stdio.h>
void main()
{
    int i, sum=0;
    for(i=1; i<9; i+=2)
        sum+=i;
    printf("%d\n", sum);
}
```

程序运行后的输出结果是_____。

10. 有以下程序：

```c
#include <stdio.h>
void main()
{
```

```
    int d,n=1234;
    while(n!=0)
    {  d=n%10; n=n/10; printf("%d",d);}
}
```

程序运行后的输出结果是_____。

11. 有以下程序：

```
#include <stdio.h>
int k=7;
int * st(int * a)
{
    int * c=&k;
    if(* a> * c)
        c=a;
    return c;
}
void main()
{  int i=3,* p=&i,* r;  r=st(p);?? printf("%d\n",* r);  }
```

程序运行后的输出结果是_____。

12. 以下程序的输出结果是_____。

```
#include <stdio.h>
#define N 3
#define M(n)   (N+1) * n
void main()
{int x;    x=2 * (N+M(2));  printf("%d\n",x);}
```

13. 若有定义语句 char str[]="0";，则字符串 str 在内存中实际占_____字节。

14. 有以下程序：

```
#include <stdio.h>
int fun(int n)
{
    if(n==0)return(1);
    return(fun(n-1) * n);
}
void main()
{  int t;  t=fun(3); printf("%d\n",t);}
```

程序运行后的输出结果是_____。

15. 以下函数的功能是输出链表节点中的数据，形参指针 h 已指向如下链表，请填空。

```
struct slist{char data; struct slist * next;};
void fun(struct slist * h)
{
```

```
struct slist * p;   p=h;
while(p)
{
    printf("%c ", p->data; p=_____;
} printf("\n");
}
```

参 考 答 案

一、选择题

1. D   2. C   3. B   4. A   5. B   6. B   7. B   8. A   9. D   10. D
11. B   12. A   13. B   14. A   15. C   16. C   17. C   18. B   19. D   20. D
21. C   22. D   23. D   24. B   25. D   26. C   27. A   28. B   29. C   30. A
31. C   32. A   33. B   34. A   35. C   36. D   37. B   38. A   39. B   40. D

二、填空题

1. 6   2. 20   3. 逻辑独立   4. 选择
5. 系统软件   6. a ＞ b   7. ％lf ％f   8. 2 2 4
9. 16   10. 4321   11. 7   12. 22
13. 2   14. 6   15. p＝p->next

参 考 文 献

[1] 谭浩强. C 程序设计. 4 版. 北京：清华大学出版社,2010.

[2] 谭浩强. C 程序设计. 3 版. 北京：清华大学出版社,2005.

[3] 谭浩强. C 语言程序设计教程. 北京：高等教育出版社,1998.

[4] 谭浩强. C 程序设计. 北京：清华大学出版社,1991.

[5] 张莉,陈雷,雷宏洲,等. C/C＋＋程序设计教程. 2 版. 北京：清华大学出版社,2007.

[6] 王开铸. 实用 C 语言程序设计. 哈尔滨：哈尔滨工业大学出版社,2002.

[7] 刘振安,孙忱,刘燕君. C 程序设计课程设计. 北京：机械工业出版社,2005.

[8] 王士元. C 高级实用程序设计. 北京：清华大学出版社,1999.

[9] 徐金梧,杨德斌,徐科. Turbo C 实用大全. 北京：机械工业出版社,2001.

[10] 谭明金,等. C 语言程序设计实例精粹. 北京：电子工业出版社,2006.

[11] 李盘林. C 语言程序设计(二级). 北京：科学出版社,1998.

[12] 杨开城. C 语言程序设计教程、实验与练习. 北京：人民邮电出版社,2006.

[13] 王敬华,林萍,张维. C 语言程序设计教程习题解答与实验指导. 北京：清华大学出版社,2006.

[14] 黄远林,张冬梅. C 语言程序设计实验与题解. 广州：中山大学出版社,2005.

[15] 鲍有文. C 语言程序设计全真模拟试卷(二级). 北京：清华大学出版社,2006.

[16] 教育部考试中心. C 语言程序设计：全国计算机等级考试二级考试参考书. 北京：高等教育出版社,
2003.

[17] 田淑清. 全国计算机等级考试二级教程——C 语言程序设计. 北京：高等教育出版社,1998.

[18] Brian W K, Dennis M R. C 程序设计语言(英文版). 2 版. 北京：机械工业出版社,2007.

[19] Brian W K, Rob P. 程序设计实践(英文版). 北京：机械工业出版社,2005.

[20] 数码微控技术室. Keil 工程建立及设置. http://www. 01mcu. net/Technic/Keil/ Keil_project.
pdf,2008.

[21] 明浩. WWW. CDLE. NET 单片机 C 语言入门教程. www. mcuol. com/aspx/down. aspx? id ＝
763. 2005.

[22] 天祥电子. http://www.txmcu.com/. 2014.